U0148090

新文京開發出版股份有限公司

NEW WCDP

新世紀・新視野・新文京 ─ 精選教科書・考試用書・專業參考書

**New Wun Ching Developmental Publishing Co., Ltd.**

New Age · New Choice · The Best Selected Educational Publications—NEW WCDP

胡志堅 —— 編著

# Java 物件導向
# 程式設計
## 理論與實作

第 **2** 版
Second Edition

二版序

　　《Java 物件導向程式設計：理論與實作》一書深入探討 Java 物件導向程式設計的核心概念，為讀者提供了一場深度學習物件導向程式設計的旅程。

　　在第一章，讀者將瞭解程式設計的基本原理以及 Java 開發環境的構建。第二章、第三章循序漸進地引導讀者理解類別與物件的概念，以及如何運用它們解決實際問題。

　　第四章至第七章著重於物件導向程式設計的重要觀念，如繼承、抽象類別、以及介面。這些章節將深入挖掘 Java 核心技術，讓讀者能夠靈活運用物件導向程式的特性。

　　第八章及第九章，說明泛型與集合，引導讀者認識資料結構的基礎理論(如堆疊、序列等)與實作，並於第十章深入探討例外處理的技術。

　　這些主題是每位 Java 程式設計師必須掌握的重要觀念，也是應對程式專案開發不可或缺的技能。本書不僅提供了理論基礎，更透過豐富的實例演練，讓讀者能夠深刻理解 Java 物件導向程式設計的各個層面。

　　筆者於執行教育部教學實踐計畫（計畫編號：PBM1120352）期間，嘗試導入【採學習模組化之「敏捷式學習策略」改善學生程式設計能力】於教學活動中，而發展出一系列學習模組。將這些學習模組對應於本書各章節，表示如下：

- **物件導向思維模組**：介紹封裝、類別、物件、繼承等原理，以及物件與類別之關係（第二章、第三章）。

- **物件導向理論模組**：說明多載、複寫、繼承結構、多型等理論（第四章、第五章）。

- **物件導向應用模組**：解析抽象類別與介面之架構及其實作應用（第六章、第七章）。

- **實作練習模組**：著重主題觀念解析，引用實例以演示程式設計的技巧，並搭配 UML 解說程式範例（各章節）。

- **問題導向專題模組**：採用問題導向教學法，按照各章節課程進度設計範例，鼓勵學生自主實作練習範例，並給予適當指導（各章節）。

- **例外處理模組**：針對例外處理機制詳加介紹，強化學習者的系統分析能力（第十章）。

- **學習評估模組**：針對不同學習階段提供學習成就評估，包含程式設計理論觀念評量、以及程式設計實作評量兩部分（各章節）。

　　讀者亦可採用上述學習模組的架構，依序練習，親自實作程式，並針對不同階段的學習模組進行學習評估。期盼本書能夠成為讀者學習 Java 物件導向程式設計的得力助手。

　　關於本書的完成，必須感謝新文京開發出版股份有限公司全體同仁的辛勞協助、教育部教學實踐計畫的支持，以及邱奕祺同學的校稿。

　　雖然本書力求編排與校稿的正確完整，作者深知才疏學淺，若有謬誤之處，敬請讀者、先進、專家及學者不吝指正。

胡志堅 謹識

ABOUT
THE AUTHOR
編著者簡介

🔍 胡志堅

☑ **現職**

大同大學資訊經營學系
副教授

☑ **經歷**

國立雲林科技大學助理教授
工業技術研究院研究員
明新科技大學兼任講師
春合昌股份有限公司經理
仁寶電腦產品經理
美台電訊工程師

CONTENTS 目錄

 Java

×

01

CHAPTER

 程式設計與開發
環境

## 1-1 Java 源起與現況

Java 源自於至 1991 年，昇陽電腦(Sun Microsystems)的工程師 James Gosling 及其團隊在當時啟動了一個名為 Green Project 的實驗，旨在開發一種可在家電設備上執行的程式語言，希望設計一種可攜性的語言，能夠在各種不同平台上運行。於是，Sun Microsystems 在 1995 年正式推出了 Java 1.0 版本，代表著 Java 語言的誕生(Gosling et al., 2005)。

隨著時間的推移，Java 經歷多個版本的演進，每個版本都引入新的功能和改進。從 1995 年到 2009 年，Java 由 Sun Microsystems 主導。然而，2009 年，甲骨文公司(Oracle Corporation)收購了 Sun Microsystems，取得了 Java 的主導權。即使如此，Java 至今仍是廣泛應用的程式語言，其跨平台、物件導向、可廣泛應用於網頁、行動應用及大型企業系統等特性。讓開發者可使用豐富的開發工具及生態系統，使得 Java 在軟體開發領域占有重要地位。以下簡介關鍵特性：

1. **跨平台性(Write Once, Run Anywhere)**：Java 以其卓越的跨平台特性而聞名，開發者能夠在單一平台上編寫 Java 應用程式，然後在不同的操作系統和硬體平台上運行，而無需修改原始程式碼。透過 Java 虛擬機(JVM)，允許 Java 應用程式在各種環境中執行。

2. **物件導向**：Java 是一種物件導向語言，支援封裝、繼承和多型等物件導向技術，有助於提高程式碼的模組化、可重用性和可維護性。

3. **廣泛應用領域**：Java 廣泛應用於多個領域，包括：網頁應用、行動應用、大型企業系統，以及嵌入式系統等。

4. **豐富的開發工具**：Java 提供多種開發工具和整合開發環境(IDE)，例如 Eclipse、IntelliJ IDEA 和 NetBeans 等。這些工具讓開發者能夠有效率地撰寫、測試和維護程式碼。

5. **龐大的生態系統**：Java 擁有一個龐大且活躍的生態系統，包括眾多的第三方類別庫、框架和工具。因此，開發者能夠利用現有的資源，並在社群中獲得充分的支援，以加速應用程式的開發流程。

　Java 的開發版本主要包括 Java SE(Standard Edition)、Java EE(Enterprise Edition)和 Java ME(Micro Edition)。以下是對這些版本的詳細介紹：

| Java 的開發版本 | 介紹 |
|---|---|
| Java SE（標準版） | Java SE 是用於一般 Java 應用程式開發的標準版本，包含了 Java 語言的核心庫、JVM（Java 虛擬機）以及其他一些基本工具和技術。Java SE 主要應用於視窗程式以及一些小型伺服器應用程式。<br>主要特點：<br>1. 語言特性：包括物件導向、跨平台性、垃圾回收等。<br>2. Package 和 API：提供了豐富的 Package 和 API，支援各種應用程式開發。<br>3. JVM：Java SE 包含用於執行 Java 應用程式的 Java 虛擬機。 |
| Java EE（企業版） | Java EE 是針對大型企業應用程式的一個擴充版本，提供了額外的類別庫、API 和服務，以滿足企業級應用程式的需求。其建立在 Java SE 的基礎上，擴展了對企業級功能的支援。<br>主要特點：<br>1. 企業級應用支援：提供了支援分布式計算、事務管理、持久性、安全性等企業級功能。<br>2. JavaBeans：支援可重用的元件，例如 EJB(Enterprise JavaBeans)。<br>3. Web 應用程式：包括 Java Servlet、JavaServer Faces(JSF)、JavaServer Pages(JSP)等。 |

| Java 的開發版本 | 介紹 |
|---|---|
| Java ME<br>（微型版） | Java ME 是針對嵌入式和行動設備的版本，適用於有限的資源環境。它允許在行動手機、嵌入式設備和其他資源受限的場景中運行 Java 應用程式。<br>主要特點：<br>1. 資源受限：適用於記憶體和處理能力較低的設備。<br>2. 配置文件和概要配置：定義不同設備類型的配置文件和概要配置，以滿足不同需求。 |

Java 由 Sun Microsystems 主導時期，幾乎所有的 Java 開發版本都是免費授權給企業開發產品使用，主要原因包括：

1. **推廣 Java 技術**：Sun Microsystems 當初希望藉由提供免費的 Java 開發版本，促進 Java 技術的普及和廣泛使用。其助於建立 Java 的生態系統，吸引更多開發者和企業使用這一平台。

2. **推廣標準的物件導向語言**：Sun Microsystems 希望 Java 成為一種廣泛使用的標準物件導向語言，並且能夠在各種環境中實現跨平台性。提供免費授權有助於加速這一目標的實現，使更多人採用 Java。

3. **建立開發者社群**：免費的 Java 開發版本鼓勵了全球的開發者社群參與 Java 項目，共同貢獻和改進語言、類別庫和工具。這種開放性有助於 Java 技術的快速發展和不斷優化。

因此，Java 仍然是全球使用最廣泛的程式語言之一，並在不同領域中占有重要地位。以下是一些 Java 常見的應用範疇：

1. **企業應用**：Java 在大型企業應用和後端系統中仍然廣泛使用，特別是在金融、保險、製造、零售等產業，許多企業的核心系統都是由 Java 開發的。

2. **行動應用**：在行動通訊應用方面，Java 在 Android 平台上占據主導地位。Android 應用程式通常使用 Java 語言或 Kotlin（一種運行於 Java 虛擬機的語言）進行開發。

3. **大數據和雲端運算**：Java 在大數據領域和雲端運算中也扮演著重要角色，許多大數據框架和雲端服務使用 Java 進行開發，包括 Apache Hadoop、Apache Spark 等。

4. **Web 應用程式開發**：Java 在 Web 開發中仍然是一個強大的選擇，特別是在企業級應用中。Java 的框架如 Spring Framework 廣泛應用於 Web 程式的開發。

5. **物聯網(IoT)**：在物聯網領域，Java ME(Micro Edition)亦是常見的選擇。

即使在現階段，由 Oracle Corporation 主導 Java 的發展，基於商業考量和盈利模型的調整，Oracle 推出了商業授權模型，特別是針對某些商業用途的 Java SE 版本，企業若下載 Java SE 商業軟體，需簽訂商業授權協議，以合法使用，依然有大量的廠商及工作室採用 Java 開發產品。

## 1-2 開發環境介紹

Java 的開發環境主要包括 JDK(Java Development Kit)、IDE(Integrated Development Environment)，以及版本控制工具和建構工具等。

JDK 包含用於將 Java 原始程式碼編譯成 bytecode 的 Java Compiler (javac)，以及用於執行 Java 應用程式的 Java Runtime Environment (JRE)，JRE 內部又包含 Java 虛擬機(JVM)和 Java 類別庫。一般而言，開發者可從 Oracle 官方網站或其他可信賴的來源下載 JDK 安裝檔。安裝 JDK 後，必須設定環境變數（如 JAVA_HOME 和 PATH）以便系統識別 JDK 的安裝位置。

除了標準的 JDK，Java 程式開發有多種整合開發環境(IDE)可供選擇下載與安裝，以下是一些常見的 Java 開發環境：

1. Eclipse：Eclipse 是一個廣泛使用的開源 Java 集成開發環境(IDE)，提供豐富功能的程式碼編輯、語法檢查、除錯、自動完成等功能。

2. IntelliJ IDEA：IntelliJ IDEA 是 JetBrains 推出的一個 Java IDE，提供高效的程式碼編輯、除錯和自動化工具。

3. NetBeans：NetBeans 是另一個開源的 Java IDE，擁有類似於 Eclipse 的功能，並且支援多種程式語言。

4. Visual Studio Code：雖然是一個通用的程式碼編輯器，但它有豐富的擴充性，可以讓我們輕鬆的開發 Java 應用程式。

除了安裝於電腦的單機版 SDK 外，我們也可以考慮使用 Internet 線上開發環境，線上整合開發環境允許我們在網頁瀏覽器中編寫和執行 Java 程式碼。由於它們不需要被安裝在個人電腦中，這些線上 IDE 提供了一個簡單方便的平台，可以讓我們隨時隨地都能立即開始編寫和測試 Java 程式碼，是學習 Java 和進行簡單實驗的絕佳選擇，對於學習 Java 非常便捷。

以下是一些常見的 Internet 線上 Java 開發環境：

1. JDoodle：https://www.jdoodle.com/c-online-compiler

2. Repl.it：https://replit.com/

3. CompileJava：https://www.compilejava.net/

4. OnlineGDB：https://www.onlinegdb.com/online_java_compiler

基於上述介紹,我們特別建議初學者使用 Internet 線上 Java 開發環境來進行 Java 程式演練。由於大部分 Internet 線上 Java 開發環境並不支援繁體中文的編碼,經過實測,使用 OnlineGDB(https://www.onlinegdb.com/online_java_compiler)這個 Java 開發平台,可以支援大多數繁體中文的編碼,因此我們建議初學者可以使用 OnlineGDB 配合本書的步驟進行實作演練。

另外,再次提醒,Java 程式檔案名稱必須參照類別名稱(Class Name)命名,並使用".java"作為檔案的副檔名。例如,如果有一個類別名稱為"MyClass",則該類別的檔案名稱應為"MyClass.java";同樣的,若類別名稱為"HelloWorld",則該類別的檔案名稱應為"HelloWorld.java"。因此,在後續的實作案例中,當我們將 Java 程式碼貼上 OnlineGDB 的程式碼編輯器之後,必須記得變更 Java 程式檔案名稱使之與類別名稱相同後,程式才能被編譯並正常執行。

## 1-3　OnlineGDB

為了方便讓尚未安裝 Eclipse 的學習者依照本書的流程學習物件導向程式設計,並實際撰寫程式設計實例,首先,我們介紹 OnlineGDB (https://www.onlinegdb.com/)線上整合程式開發平台,說明如何進行 Java 程式語言的程式編寫(Editing)、編譯(Compiling)、執行(Executing)以及除錯(Debugging)等功能。

其實,只需在瀏覽器(Google Chrome 或 Microsoft Edge 等)上,輸入網址 https://www.onlinegdb.com/,即可進入 OnlineGDB。當進入 OnlineGDB 網頁後,點選右上角的"Language"選擇"Java",即可切換成 Java 的整合程式開發平台。

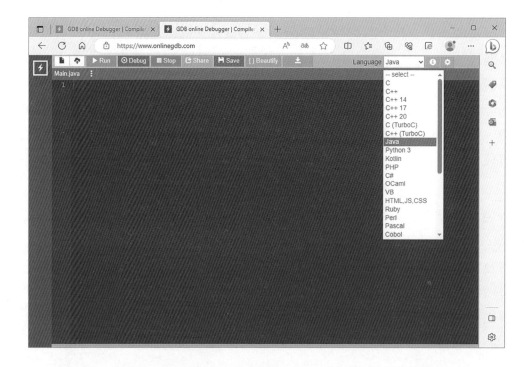

當切換至 Java 開發環境後，整個環境就會基於 Java 的虛擬機(VM)，
自動設置成可以編輯 Java 程式碼的整合程式開發環境。

如下圖，Java 的整合程式開發環境會產生一預設會印出"Hello World"
字串的 Java 測試程式，該程式碼如下：

```java
public class Main
{
    public static void main(String[] args) {
        System.out.println("Hello World");
    }
}
```

使用者僅需點選左上角的"Run"，此程式便會被編譯後執行，並將執
行結果印出於下方黑色的終端機(Console)。

由於，此測試程式（類別名稱為 Main）內，在主方法 main 裡僅有一行指令 System.out.println("Hello World");，其他文字皆為註解（Java 的註解符號為/* ... */、或是//等）並不會被編譯與執行。因此，執行結果僅會於終端機印出 Hello World 的英文字。如下所示：

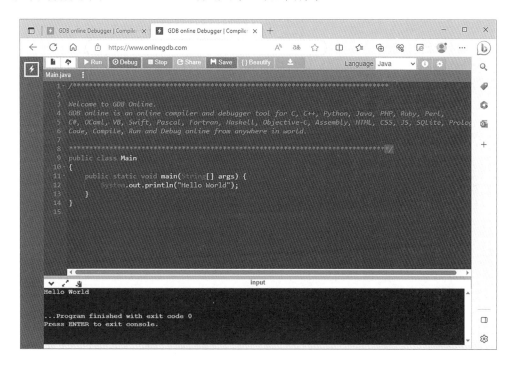

若我們想測試 ChatGPT 所產生的程式碼，僅需複製該程式碼並於 OnlineGDB 的程式編輯欄上方貼上該程式碼，再去點選左上角的"Run"，就可以測試該程式的執行結果。

如同前述，Java 程式檔案名稱必須參照類別名稱(Class Name)命名，並使用".java"作為檔案的副檔名。因此，在後續的實作案例中，當我們將 Java 程式碼貼上 OnlineGDB 的程式碼編輯器之後，必須記得變更 Java 程式檔案名稱使之與類別名稱相同後，程式才能正常執行。變更 Java 程式檔案名稱時，請點選 OnlineGDB 網頁的左上角檔案名稱部分，當它顯示

"rename"時則立刻點選"rename"選單,則會彈出"Rename File"的視窗供我們修改程式檔案名稱。當完成程式檔案名稱修改後,再點選"ok"按鈕後,即可執行該程式了。

關於如何在 OnlineGDB 網頁變更 Java 程式檔案名稱,如下畫面所示:

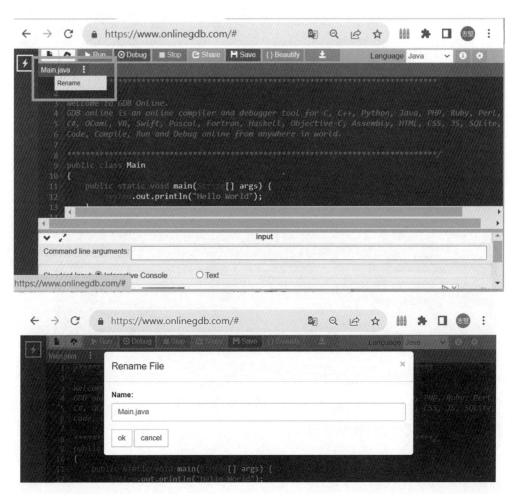

讓我們示範如何在 OnlineGDB 上撰寫一個 Java 程式,並進行編譯與執行程式的操作流程吧!

首先，請將以下程式碼輸入到 OnlineGDB 的程式碼編輯器中。

```java
public class SequentialProgram {
    public static void main(String[] args) {
        // 宣告並初始化兩個數字
        int number1 = 123;
        int number2 = 456;

        // 計算兩個數字的和
        int sum = number1 + number2;

        // 輸出計算結果
        System.out.println("兩個數字的總和為: " + sum);
    }
}
```

已經在 OnlineGDB 的程式碼編輯器中輸入上述之程式碼，並將檔案名稱變更成"SequentialProgram"，如下所示：

再來，我們就可以直接按下"Run"編譯並執行此程式了。當按下"Run"之後，OnlineGDB 呈現出編譯程式中的畫面"Compiling Program..."，如下所示：

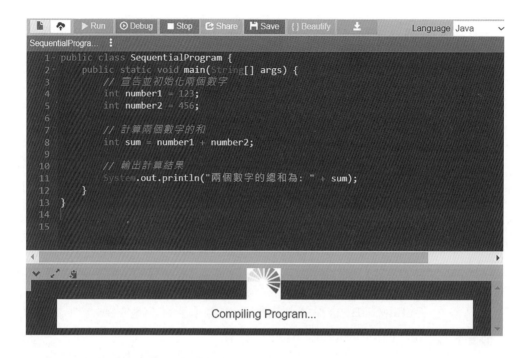

當編譯完成後，此程式的執行結果如下。這個簡單的順序結構程式主要進行了三個步驟，首先，在程式的一開始，我們使用 int 關鍵字宣告了兩個整數變數 number1 和 number2，並將它們初始化為分別為 123 和 456 的數值。接著，我們使用 + 運算子將這兩個數字相加，並將結果存儲在變數 sum 中。最後，使用 System.out.println 方法(Method)，將計算得到的總和 579 輸出到控制台(Console)。所以 OnlineGDB 的控制台印出「兩個數字的總和為: 579」。

　　若程式執行時需要使用者輸入特定的資料時，OnlineGDB 亦可透過控制台與使用者互動。讓我們修改上述程式來讓使用者輸入數值吧！

　　我們將程式修改如下：

```java
import java.util.Scanner;

public class SequentialProgram1 {
    public static void main(String[] args) {
        Scanner scanner = new Scanner(System.in);

        // 提示使用者輸入第一個數字
        System.out.print("請輸入第一個數字: ");
        // 接收使用者輸入的第一個數字
        int number1 = scanner.nextInt();

        // 提示使用者輸入第二個數字
        System.out.print("請輸入第二個數字: ");
        // 接收使用者輸入的第二個數字
```

```
        int number2 = scanner.nextInt();

        // 計算兩個數字的總和
        int sum = number1 + number2;

        // 輸出計算結果
        System.out.println("兩個數字的總和為: " + sum);

        // 關閉 Scanner
        scanner.close();
    }
}
```

然後，在 OnlineGDB 的程式碼編輯器中輸入上述之程式碼，並將檔案名稱變更成"SequentialProgram1"，如下所示：

再來，直接按下 "Run" 編譯並執行此程式了。當按下 "Run" 之後，OnlineGDB 在控制台顯示要求使用者輸入數值的畫面，如下所示：

當使用者分別輸入兩個整數值後，執行結果如下：

### 隨|堂|練|習

請使用 OnlineGDB 設計一個 BMI (Body Mass Index)計算程式，並呈現其執行結果。

該程式將接收使用者的身高（以公分為單位）和體重（以公斤為單位），然後計算並輸出其 BMI 值以及對應的健康狀態。BMI 的計算公式如下：

- BMI= 體重(公斤) / (身高(公尺) * (身高(公尺))

BMI 值的健康狀態分類如下：
- BMI < 18.5：體重過輕
- 18.5 <= BMI < 24：正常範圍
- 24 <= BMI < 27：過重
- 27 <= BMI < 30：輕度肥胖
- 30 <= BMI < 35：中度肥胖
- BMI >= 35：重度肥胖

#### 解答

```java
import java.util.Scanner;

public class BMICalculator {
    public static void main(String[] args) {
        Scanner scanner = new Scanner(System.in);

        // 提示使用者輸入身高（公分）
        System.out.print("請輸入身高（公分）: ");
        double height = scanner.nextDouble();

        // 提示使用者輸入體重（公斤）
        System.out.print("請輸入體重（公斤）: ");
        double weight = scanner.nextDouble();

        // 計算BMI值
        double bmi = calculateBMI(height, weight);
```

```java
        // 判斷並輸出健康狀態
        String healthStatus = determineHealthStatus(bmi);
        System.out.printf("您的BMI值為: %.2f%n", bmi);
        System.out.println("健康狀態: " + healthStatus);

        // 關閉 Scanner
        scanner.close();
    }

    // 計算BMI值的方法
    public static double calculateBMI(double height, double weight) {
        double heightInMeter = height / 100; // 將身高轉換為公尺
        return weight / (heightInMeter * heightInMeter);
    }

    // 判斷健康狀態的方法
    public static String determineHealthStatus(double bmi) {
        if (bmi < 18.5) {
            return "體重過輕";
        } else if (bmi < 24) {
            return "正常範圍";
        } else if (bmi < 27) {
            return "過重";
        } else if (bmi < 30) {
            return "輕度肥胖";
        } else if (bmi < 35) {
            return "中度肥胖";
        } else {
            return "重度肥胖";
        }
    }
}
```

## 運作原理

這個 BMI 計算程式的運作原理如下：

1. 使用者輸入：程式開始執行後，使用 Scanner 類別接收使用者的輸入。使用者需要輸入身高（以公分為單位）和體重（以公斤為單位）。

2. BMI 計算：使用者輸入完成後，這些數值將被傳遞給 calculateBMI 方法，該方法將身高轉換為公尺，然後使用 BMI 計算公式：

   ・BMI= 體重(公斤) / (身高(公尺) * (身高(公尺))

3. 健康狀態判斷：計算完 BMI 後，BMI 值將被傳遞給 determineHealthStatus 方法，該方法根據 BMI 值的範圍判斷並傳回對應的健康狀態，例如「體重過輕」、「正常範圍」、「過重」等。

4. 輸出結果：最後，程式將使用 System.out.printf 和 System.out.println 輸出計算得到的 BMI 值和對應的健康狀態。

   整個過程是一個順序結構，按照使用者輸入、BMI 計算、健康狀態判斷的順序執行。

## 執行結果

```java
import java.util.Scanner;

public class BMICalculator {
    public static void main(String[] args) {
        Scanner scanner = new Scanner(System.in);

        // 提示使用者輸入身高（公分）
        System.out.print("請輸入身高（公分）: ");
        double height = scanner.nextDouble();

        // 提示使用者輸入體重（公斤）
        System.out.print("請輸入體重（公斤）: ");
        double weight = scanner.nextDouble();

        // 計算BMI值
        double bmi = calculateBMI(height, weight);

        // 判斷並輸出健康狀態
        String healthStatus = determineHealthStatus(bmi);
        System.out.printf("您的BMI值為: %.2f%n", bmi);
        System.out.println("健康狀態: " + healthStatus);

        // 關閉 Scanner
        scanner.close();
    }

    // 計算BMI值的方法
    public static double calculateBMI(double height, double weight) {
        double heightInMeter = height / 100; // 將身高轉換為公尺
        return weight / (heightInMeter * heightInMeter);
    }

    // 判斷健康狀態的方法
    public static String determineHealthStatus(double bmi) {
        if (bmi < 18.5) {
            return "體重過輕";
        } else if (bmi < 24) {
```

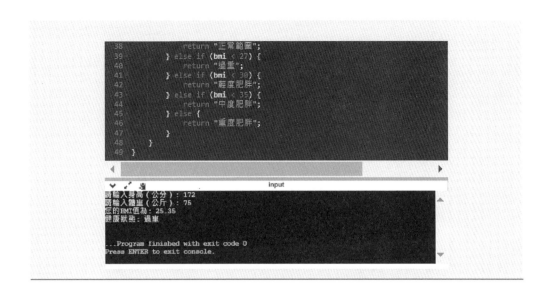

## 1-4 Eclipse IDE

　　Eclipse 是一個免費、開源的整合開發環境(IDE)，主要針對 Java 開發者。它提供豐富的開發者工具，最初主要用於 Java 開發，目前已擴展支援多種程式語言，包括 Java、C/C++、Python、PHP 等。Eclipse 的擴充性是其重要特點，開發者可以透過安裝現有插件或自行開發插件，以擴展 Eclipse 的功能。因此，Eclipse 適用於各種不同的開發需求和領域，包括網頁開發和行動應用開發。

　　Eclipse 內建支援版本管理系統，如 Git、SVN 等，開發者可以方便地管理程式碼版本，促進協作和團隊開發。此外，Eclipse 擁有龐大的社群和生態系統，提供豐富的教學資源和問題解決方案，使開發者更容易找到所需的資源。

　　我們可以透過 Eclipse 的網址下載 Eclipse 的整合開發環境(IDE)軟體，並安裝於我們的電腦中。以下是 Eclipse 的官網：

1. https://www.eclipse.org/

2. https://www.eclipse.org/downloads/

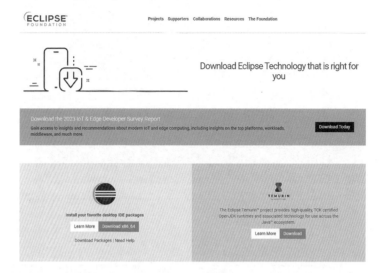

當連接到該網站後，可以點選左側的選項(Install your favorite desktop IDE packages)下方之"Download x86_64"，則會產生以下畫面：

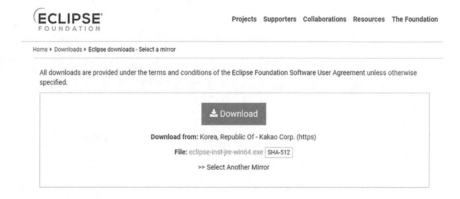

接著就可以點選"Download"，下載軟體並安裝。當我們點選所下載之軟體後，即啟動安裝程序。如下圖，請點選"Eclipse IDE for Java Developers"：

緊接的，我們可以選擇欲安裝之檔案路徑，或採用預設檔案路徑，即可點選"INSTALL"開始進行安裝。

然後，就開始進入安裝程序。我們只須按照其建議步驟點選，就能夠完成安裝程序了。相關細節可以參照官網，或是網路上的安裝程序說明，這裡就不贅述了。

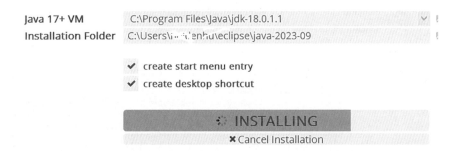

　　當我們完成安裝 Eclipse 於電腦中，則就可以在 Windows 的應用程式選單或是桌面找到該程式。

　　或是　

於是，我們就可以點選該程式，啟動 Eclipse IDE 後（關於 Eclipse IDE 首次啟用之操作細節，請自行搜尋網站資源，在此不贅述），即可先行創造一個專案。

專案之新增，必須先點選 "File"，然後點選 "New"，然後點選 "Java Project"，即可新增一個專案 (Project)，在此我們將其命名為 "Book_Java2_2023"。當然，範例中的專案名稱 (Project)、類別庫 (Package)，以及類別名稱(Class)等，皆可以依照自己的需求選用合適的名稱來命名。

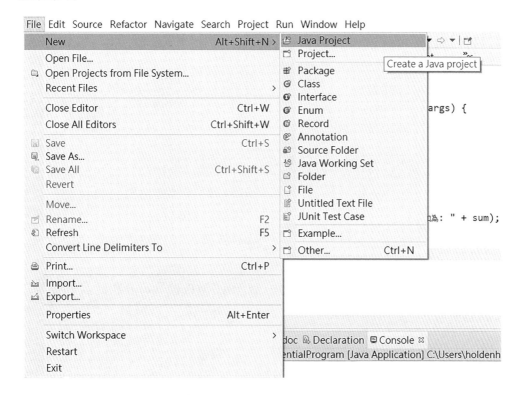

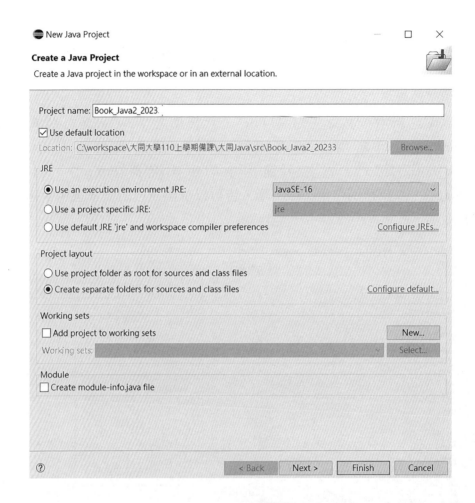

　　然後，在此專案下，可以新增一個類別庫(Package)，在此我們新增了一個名稱為"CH1"的類別庫。

src - Book_Java2_2023/src/CH1/SequentialProgram.java - Eclipse IDE

File  Edit  Source  Refactor  Navigate  Search  Project  Run  Window  Help

| | | | |
|---|---|---|---|
| New | Alt+Shift+N > | Java Project | |
| Open File... | | Project... | |
| Open Projects from File System... | | Package | |
| Recent Files | > | Class | |
| | | Interface | |
| Close Editor | Ctrl+W | Enum | |
| Close All Editors | Ctrl+Shift+W | Record | |
| | | Annotation | |
| Save | Ctrl+S | Source Folder | |
| Save As... | | Java Working Set | |
| Save All | Ctrl+Shift+S | Folder | |
| Revert | | File | |
| Move... | | Untitled Text File | |
| Rename... | F2 | JUnit Test Case | |
| Refresh | F5 | Example... | |
| Convert Line Delimiters To | > | Other... | Ctrl+N |
| Print... | Ctrl+P | | |
| Import... | | | |
| Export... | | | |
| Properties | Alt+Enter | | |
| Switch Workspace | > | doc  Declaration  Console | |
| Restart | | ntialProgram [Java Application | |
| Exit | | | |

New Java Package                                    —    □    ✕

**Java Package**

⚠ Discouraged package name. By convention, package names usually start
with a lowercase letter

Creates folders corresponding to packages.

| | | |
|---|---|---|
| Source folder: | Book_Java2_2023/src | Browse... |
| Name: | CH1 | |

☐ Create package-info.java

    ☐ Generate comments (configure templates and default value here)

⑦                                          Finish        Cancel

然後，我們可以新增一個程式，也就是 Java 的類別(Class)。將此新增之類別命名為"SequentialProgram"。

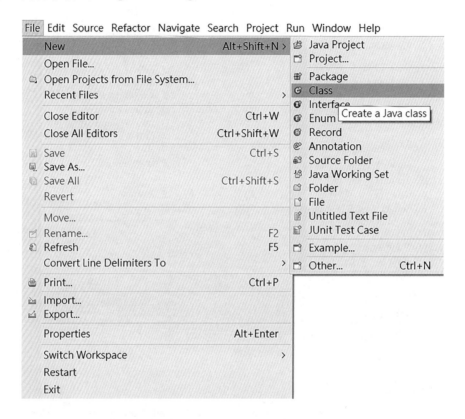

**New Java Class** — □ ✕

**Java Class** ©

⚠This package name is discouraged. By convention, package names usually start with a lowercase letter

| | | |
|---|---|---|
| Source folder: | Book_Java2_2023/src | Browse... |
| Package: | CH1 | Browse... |
| ☐ Enclosing type: | | Browse... |

Name: SequentialProgram

Modifiers: ⦿ public ○ package ○ private ○ protected
☐ abstract ☐ final ☐ static

Superclass: java.lang.Object — Browse...

Interfaces:
Add...
Remove

Which method stubs would you like to create?
☐ public static void main(String[] args)
☐ Constructors from superclass
☑ Inherited abstract methods

Do you want to add comments? (Configure templates and default value here)
☐ Generate comments

? Finish Cancel

　　於是，就會產生一個類別名稱為"SequentialProgram"，如下圖所示。我們可以發現專案(Project)、類別庫(Package)，以及類別(Class)之間，其實具備著階層關係（如下圖左側所示）。

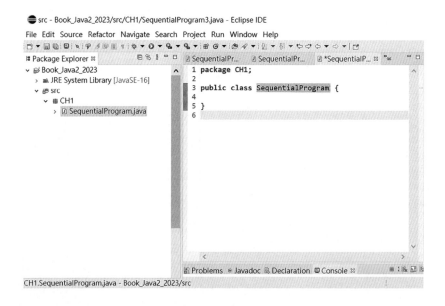

若我們點選類別"SequentialProgram"，則在右側便會顯示該類別的程式碼。也就是說，我們可以在右側的「編輯區」撰寫程式碼。

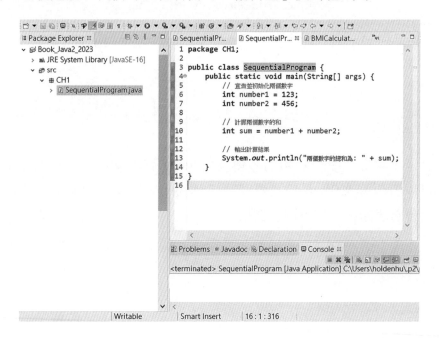

當我們想執行程式"SequentialProgram"時，必須先點選該類別；然後，選擇"Run"，於是 Eclipse IDE 就會開始編譯該程式，並將執行結果呈現於下方的控制台(Console)。

由於 Eclipse IDE 的安裝、設定以及使用等細節，並非本書的重點。況且在 Google 上搜尋，將會發現大量的說明資訊與細節，因此在此僅簡潔地介紹重要的功能與程序。相關的細部功能，煩請自行參照官網以及相關網站的資訊。

作業

1. 什麼是 JDK？它包含哪些主要元件？

2. 請列舉至少三個常見的 Java 整合開發環境(IDE)並簡要介紹它們的特點。

3. 什麼是 Java SE、Java EE 和 Java ME？請簡要說明它們的主要特點和適用範圍。

4. Java 的跨平台性是指什麼？它是如何實現的？

5. Java 有哪些常見的應用範疇？請舉例說明。

CHAPTER

 類別與物件概念

本章首先介紹了在程式設計中儲存不同類型資料的方式，包括區域變數、類別變數和實例變數。接下來，我們闡述了類別方法和實例方法的運作原理，並深入探討了物件導向程式設計中的重要概念—封裝。封裝允許我們隱藏內部實作細節，同時提供公共介面供外部存取或修改內部狀態。為實現封裝，我們引入了 Setter 和 Getter 方法，前者用於設置內部屬性值，後者則用於獲取屬性值，這樣可確保資料的安全性，同時隱匿實作的細節。最後，我們以洗牌和發牌的模擬程式作為實例，示範如何將這些概念應用於實際程式設計中，建構出一個完整的程式。

## 2-1 區域變數、類別變數與實例變數

在 Java 中，有三種主要類型的變數：區域變數(Local Variables)、類別變數(Class/Static Variables)和實例變數(Instance Variables)。這些不同類型的變數在 Java 中具有不同的生命週期、可見性和用途，我們可以根據程式的需求來選擇適當的變數類型。

### 2-1-1 區域變數

1. 區域變數是在方法、建構子或區塊（例如 if 或 for 區塊）內宣告的變數。

2. 定義在方法內，僅在方法內有效。由於僅在方法內有效，不能使用存取權限修飾詞(Access Level Modifier)。

3. 它們僅在宣告它們的區域內可見，並且在該區域的生命週期內有效。

4. 區域變數不會自動初始化，無預設值，使用前必須先賦值。

5. 如果您在使用區域變數之前未賦予初始值，編譯器將報告錯誤。

```
public void exampleMethod() {
    int localVar = 10; // 這是一個區域變數
    // ...
}
```

```
public void exampleMethod() {
    int localVar; // 區域變數，未初始化
    System.out.println(localVar); // 這會導致編譯錯誤
}
```

## 2-1-2 類別變數

1. 類別變數也稱為靜態變數，是使用關鍵字"static"修飾的變數。

2. 這些變數屬於整個類別，而不是特定的實例。只有一個變數副本，被所有實例共享。

3. 類別變數在類別被加載時初始化，並且一直存在於整個應用程式運行期間。只有程式結束，類別變數才會被回收。

4. 類別變數可使用「類別名稱.類別變數名稱」直接呼叫，例如：ClassName.VariableName。

5. 類別變數在類別被載入時會根據其資料類型自動初始化，具體預設值與實例變數相同，但是對於基本資料類型（如 int、float、boolean）的類別變數，預設值是與實例變數不同的。

   (1) 整數類型(int、byte、short、long)：0

   (2) 浮點數類型(float、double)：0.0

   (3) 字符類型(char)：'\u0000'（空字元）

   (4) 布林類型(boolean)：false

   (5) 物件引用類型（如 String）：null

```
public class MyClass {
    public static int classVar; // 類別變數，預設值為 0
    public static String strVar; // 類別變數，預設值為 null
    // ...
}
```

## 2-1-3　實例變數

1. 實例變數是在類別中但在方法外部宣告的變數，通常用關鍵字 "private"、"protected"或"public"等修飾。

2. 它們屬於類別的實例，每個實例（物件）都有自己的一份獨立的實例變數副本。

3. 實例變數在物件的生命週期內有效，它們的值因不同物件而相異（各自獨立存在）。

4. 通常類別內有效，但可使用存取權限修飾詞(Access Level Modifier)來改變存取限制。如：private 僅類別內有效；public 除類別內，子類別內也有效。

5. 有預設值，依資料類型而不同。實例變數在創建物件（實例）時會根據其資料類型自動初始化，具體預設值如下：

   (1) 整數類型(int、byte、short、long)：0

   (2) 浮點數類型(float、double)：0.0

   (3) 字符類型(char)：'\u0000'（空字元）

   (4) 布林類型(boolean)：false

   (5) 物件引用類型（如 String）：null

```
public class MyClass {
    private int instanceVar; // 實例變數，預設值為 0
    private String strVar;   // 實例變數，預設值為 null
```

```
        // ...
    }
```

　　以下是一個針對區域變數、類別變數和實例變數的 Java 程式隨堂練習，以幫助我們理解這些不同類型變數的使用方式：

 隨|堂|練|習

　　設計一個 Java 類別 Product，代表商品。每個商品都有一個名稱、一個售價，並且有一個計數器，用於計算創建了多少個商品實例。完成以下任務：

1. 創建一個類別變數 totalProducts，用於累加計算已經創建的商品實例數量，並初始化為 0。
2. 創建一個實例變數 name 用於儲存商品的名稱，和一個實例變數 price 用於儲存商品的售價。
3. 創建一個實例變數 instanceId 用於儲存每個商品實例的唯一識別號，並在每次創建商品時增加 totalProducts 和 instanceId。

　　在主方法（即 main(String[] args) ）中，創建多個商品實例並輸出商品的名稱、售價、商品實例數量以及每個商品實例的唯一識別號。

■ 解答

```java
public class Product {
    // 類別變數，用於跟蹤已經創建的商品實例數量
    static int totalProducts = 0;

    // 實例變數，用於儲存商品的名稱和售價
    String name;
    double price;

    // 實例變數，用於儲存每個商品實例的唯一識別號
    int instanceId;
```

```java
        // 商品建構子，初始化名稱和售價，並增加 totalProducts 和
instanceId
        public Product(String name, double price) {
            this.name = name;
            this.price = price;
            totalProducts++;
            instanceId = totalProducts;
        }

        // 主方法
        public static void main(String[] args) {
            // 創建多個商品實例
            Product product1 = new Product("商品1", 19.99);
            Product product2 = new Product("商品2", 29.99);
            Product product3 = new Product("商品3", 9.99);

            // 輸出商品資訊和實例數量
            System.out.println("商品名稱：" + product1.name + "，售價："
+ product1.price + "，實例數量：" + Product.totalProducts + "，實例識別
號：" + product1.instanceId);
            System.out.println("商品名稱：" + product2.name + "，售價："
+ product2.price + "，實例數量：" + Product.totalProducts + "，實例識別
號：" + product2.instanceId);
            System.out.println("商品名稱：" + product3.name + "，售價："
+ product3.price + "，實例數量：" + Product.totalProducts + "，實例識別
號：" + product3.instanceId);
        }
    }
```

上述程式碼使用 Java 程式語言撰寫，必須將此程式命名為 Product.java
的檔案，使用 Java 編譯器進行編譯。

---

### 運作原理

1. 我們創建了一個名為 Product 的類別，其中包含了一個類別變數
   totalProducts，以及實例變數 name、price 和 instanceId。

2. 在商品的建構子中，每次創建一個商品實例時，我們將 totalProducts 增加 1，並將 instanceId 設置為當前的 totalProducts 值，這樣每個商品實例都具有唯一的識別號。

3. 在主方法中，我們創建了三個商品實例 (product1、product2、product3)，然後輸出了每個商品的名稱、售價、商品實例數量和唯一識別號。

4. 這個程式示範了如何使用類別變數、實例變數和區域變數，以及它們之間的區別。

---

**▓ 執行結果**

```
商品名稱：商品 1，售價：19.99，實例數量：3，實例識別號：1
商品名稱：商品 2，售價：29.99，實例數量：3，實例識別號：2
商品名稱：商品 3，售價：9.99，實例數量：3，實例識別號：3
```

---

## 2-2 類別方法與實例方法

　　類別方法(Class Methods)和實例方法(Instance Methods)是兩種不同類型的方法，它們用於類別（或稱為類）和類別的實例（或稱為物件）中，具有不同的特性和用途。類別方法用於處理與整個類別相關的操作，而實例方法則用於處理與特定類別實例相關的操作。選擇使用哪種方法取決於我們的需求，以及是否需要存取類別實例的數據。

### 2-2-1 類別方法

1. 類別方法是使用 static 修飾符定義的方法。

2. 它們屬於整個類別，而不屬於特定的類別實例（物件）。

3. 類別方法可以直接透過類別的名稱來調用，無需先創建類別的實例。

4. 由於它們不依賴於實例物件，所以無法存取實例變數，但可以存取其他靜態成員（如類別變數）。

5. 常見的例子是工具類別中的方法，如 Math 類別的數學運算方法。

```java
public class MyClass {
    public static void classMethod() {
        // 類別方法的實作
    }
}

// 調用類別方法
MyClass.classMethod();
```

以下是一個針對類別方法(Class Methods)的 Java 程式隨堂練習，旨在幫助我們理解類別方法的使用：

## 隨|堂|練|習

設計一個 Java 類別 Circle，該類別具有以下特徵：

1. 類別變數 PI，用於儲存數學常數 π（圓周率），並且是一個靜態常數，其值為 3.14159。

2. 一個實例變數 radius，用於儲存圓的半徑。

3. 一個類別方法 calculateArea，用於計算並回傳圓的面積，面積的計算公式為 π*半徑*半徑。

在主方法（即 main(String[] args)）中，創建一個 Circle 物件，設置半徑，然後使用 calculateArea 方法計算並輸出圓的面積。

### 解答

```java
public class Circle {
    // 類別變數，儲存圓周率
```

```java
static final double PI = 3.14159;

// 實例變數，儲存圓的半徑
double radius;

// 類別方法，計算圓的面積
static double calculateArea(double radius) {
    return PI * radius * radius;
}
// 主方法
public static void main(String[] args) {
    // 創建 Circle 物件
    Circle myCircle = new Circle();

    // 設置圓的半徑
    myCircle.radius = 5.0;

    // 使用類別方法，計算並輸出圓的面積
    double area = Circle.calculateArea(myCircle.radius);
    System.out.println("圓的面積為：" + area);
    }
}
```

　　上述程式碼使用 Java 程式語言撰寫，必須將此程式命名為 Circle.java 的檔案，使用 Java 編譯器進行編譯。

**運作原理**

1. 我們創建了一個名為 Circle 的類別，其中包含了一個靜態類別變數 PI，以及一個實例變數 radius 和一個靜態類別方法 calculateArea。

2. 在主程式中，我們創建了一個 Circle 物件 myCircle，並設置其半徑為 5.0。

3. 然後，我們調用 calculateArea 類別方法，傳遞 myCircle 的半徑作為參數，該方法使用類別變數 PI 和傳遞的半徑計算圓的面積。

4. 最後，我們輸出計算得到的圓的面積。

5. 這個程式示範了如何使用類別方法，它可以直接透過類別的名稱來調用，而不需要創建類別的實例。此外，類別方法可以存取類別變數，但不能存取實例變數。

---

**執行結果**

圓的面積為：78.53975

---

### ⌒2-2-2　實例方法

1. 實例方法是在類別中定義的方法，沒有使用 static 修飾符號。

2. 實例方法屬於物件（或稱為類別的實例），必須透過類別的實例來存取。

3. 實例方法可以存取實例變數和其他實例成員，以及類別變數和類別方法。

4. 大多數類別中的方法都是實例方法，它們用於操作和管理類別的實例資料。

5. 建構子(Constructor)是一種特殊類型的實例方法，用於初始化類別物件成員（如變數）。

6. 建構子(Constructor)的名稱與類別名相同，並且沒有回傳(Return)類型，甚至不包括 void。

7. 建構子(Constructor)在使用 new 關鍵字創建類別物件時被調用，使得所創建之物件達到初始狀態。

以下是一個不具備建構子的 Java 類別範例，並包含一個實例方法：

```
public class MyClass {
    private String myVariable;

    // 無數建構子（constructor），可省略

    // 設定變數的方法
    public void setMyVariable(String value) {
        myVariable = value;
```

```
        }

        // 取得變數的方法
        public String getMyVariable() {
            return myVariable;
        }

        // 主方法(主程式入口)
        public static void main(String[] args) {
            MyClass myObject = new MyClass(); // 創建類別的實例
            myObject.setMyVariable("這是我的變數值"); // 使用實例方法
設定變數值
            String variableValue = myObject.getMyVariable(); // 使用實例
方法取得變數值
            System.out.println("變數的值是：" + variableValue);
        }
    }
```

　　這個範例中，我們建立了一個名為 MyClass 的類別，該類別包含一個
私有變數 myVariable，以及兩個公有的實例方法 setMyVariable 和
getMyVariable，分別用於設定和取得變數的值。在主方法（主程式入口）
中，我們創建了 MyClass 的一個實例並使用這些方法來設定和取得變數的
值。這個範例不需要具備建構子，因為 Java 會提供一個預設的無參數建
構子。

　　以下是一個具備建構子的 Java 類別範例，並包含一個實例方法：

```
    public class MyClass {
        private int myVariable;

        // 建構子
        public MyClass(int initialValue) {
            myVariable = initialValue;
        }

        // 實例方法
```

```java
        public void printMyVariable() {
            System.out.println("變數的值是：" + myVariable);
        }

        // 主方法(主程式入口)
        public static void main(String[] args) {
            // 使用建構子創建類別的實例，並傳入初始值
            MyClass myObject = new MyClass(42);

            // 使用實例方法印出變數的值
            myObject.printMyVariable();
        }
    }
```

在這個範例中，我們建立了一個名為 MyClass 的類別，該類別包含一個私有變數 myVariable、一個具備參數的建構子，以及一個實例方法 printMyVariable。建構子接受一個整數參數，並用該參數的值初始化 myVariable。printMyVariable 方法用於印出 myVariable 的值。

在主方法（主程式入口）中，我們使用具備建構子的方式創建了 MyClass 的一個實例，並傳入初始值。然後，我們使用 printMyVariable 方法來印出變數的值。這樣的設計允許我們在創建類別的實例時初始化變數的值。

以下是一個不具備建構子的 Java 實例方法運用的程式範例，不使用建構子來初始化學生的屬性，可以讓我們理解實例方法（不需使用建構子）的使用：

📁 隨│堂│練│習

設計一個 Java 程式，建立一個名為 Student_NonConstructor 的類別（不需使用建構子），用來表示學生的資訊。

每個學生都應該有以下資訊：名字(String)、年齡(int)、分數(int)。

請完成以下任務：

1. 創建一個 Student_NonConstructor 類別，包含實例變數 name、age 和 score。
2. 提供 setName 方法，用於設定學生的名字。
3. 提供 setAge 方法，用於設定學生的年齡。
4. 提供 setScore 方法，用於設定學生的分數。
5. 提供 getDetails 方法，用於回傳學生的詳細資訊。
6. 提供 isPassed 方法，用於判斷學生是否通過考試。

在主程式的 main 方法中，創建多個學生實例，設定他們的名字、年齡和分數，並使用 getDetails 方法輸出學生的詳細資訊，以及使用 isPassed 方法判斷學生是否通過考試。

🔒解答

```java
public class Student_NonConstructor {
    // 實例變數，儲存學生的名字、年齡和分數
    String name;
    int age;
    int score;

    // 實例方法，用於設定學生的名字
    public void setName(String studentName) {
        name = studentName;
    }

    // 實例方法，用於設定學生的年齡
    public void setAge(int studentAge) {
        age = studentAge;
    }
```

```java
// 實例方法，用於設定學生的分數
public void setScore(int studentScore) {
    score = studentScore;
}

// 實例方法，回傳學生的詳細資訊
public String getDetails() {
    return "學生名字：" + name + "，年齡：" + age + "，分數：" + score;
}

// 實例方法，判斷學生是否通過考試
public boolean isPassed() {
    return score >= 60;
}

public static void main(String[] args) {
    // 創建多個學生實例
    Student_NonConstructor student1 = new Student_NonConstructor();
    Student_NonConstructor student2 = new Student_NonConstructor();
    Student_NonConstructor student3 = new Student_NonConstructor();

    // 使用實例方法設定學生的屬性
    student1.setName("Alice");
    student1.setAge(18);
    student1.setScore(88);

    student2.setName("Bob");
    student2.setAge(20);
    student2.setScore(55);

    student3.setName("Charlie");
    student3.setAge(19);
    student3.setScore(77);

    // 使用 getDetails 方法輸出學生的詳細資訊
    System.out.println(student1.getDetails());
    System.out.println(student2.getDetails());
    System.out.println(student3.getDetails());

    // 使用 isPassed 方法判斷學生是否通過考試並輸出結果
    System.out.println(student1.name + " 通過考試：" + student1.isPassed());
```

```
        System.out.println(student2.name + " 通過考試：" + student2.isPassed());
        System.out.println(student3.name + " 通過考試：" + student3.isPassed());
    }
}
```

這 個 程 式 是 一 個 學 生 資 訊 管 理 程 式 ， 設 計 了 一 個 Student_NonConstructor 類別，用來表示學生的資訊，包括名字、年齡和分數。以下是這個程式的運作原理：

## 運作原理

1. Student_NonConstructor 類別的設計：

   這個程式首先定義了一個名為 Student_NonConstructor 類別，其中包含三個實例變數：

   (1) name：用來儲存學生的名字（字串型別）。

   (2) age：用來儲存學生的年齡（整數型別）。

   (3) score：用來儲存學生的分數（整數型別）。

2. 類別中還包含了五個實例方法（成員方法）：

   (1) setName 方法：用於設定學生的名字，接受一個字串參數，將名字賦值給 name 變數。

   (2) setAge 方法：用於設定學生的年齡，接受一個整數參數，將年齡賦值給 age 變數。

   (3) setScore 方法：用於設定學生的分數，接受一個整數參數，將分數賦值給 score 變數。

   (4) getDetails 方法：用於回傳學生的詳細資訊，包括名字、年齡和分數，以字串的形式回傳這些資訊。

   (5) isPassed 方法：用於判斷學生是否通過考試，如果分數大於等於 60，則回傳 true，否則回傳 false。

3. 主程式入口：

   (1) 在 main 方法中，我們創建了三個 Student_NonConstructor 類別的實例（學生物件），分別命名為 student1、student2 和 student3。

45

(2) 使用 setName、setAge 和 setScore 方法，我們分別設定了每個學生的
    名字、年齡和分數。

(3) 接著，我們使用 getDetails 方法來獲取每個學生的詳細資訊，該方法
    會回傳一個包含名字、年齡和分數的字串。

(4) 我們也使用 isPassed 方法判斷每個學生是否通過考試，如果學生的分
    數大於等於 60，就會回傳 true，否則回傳 false。

4. 運行結果：

(1) 程式執行後，會輸出每個學生的詳細資訊，包括名字、年齡和分數。
    這些詳細資訊是使用 getDetails 方法來獲取。

(2) 同時，程式會判斷每個學生是否通過考試，並輸出相應的結果。例
    如，如果一個學生的分數大於等於 60，那麼 isPassed 方法會回傳
    true，表示該學生通過了考試，否則回傳 false，表示該學生未通過考
    試。

## ⧖ 執行結果

學生名字：Alice，年齡：18，分數：88
學生名字：Bob，年齡：20，分數：55
學生名字：Charlie，年齡：19，分數：77
Alice 通過考試：true
Bob 通過考試：false
Charlie 通過考試：true

以下是一個針對實例方法的 Java 程式設計題目，旨在幫助我們理解
實例方法與建構子的使用：

📁 隨│堂│練│習

設計一個 Java 類別 Student 來表示學生。每個學生都有一個名字、一個年齡和一個分數。完成以下任務：

創建一個 Student 類別，包含實例變數 name、age 和 score，以及以下方法：

1. 一個建構子方法，用於初始化學生的名字、年齡和分數。

2. 一個 getDetails 方法，用於回傳學生的詳細信息（名字、年齡、分數）。

3. 一個 isPassed 方法，用於查核學生是否通過考試（如果分數大於等於 60，則回傳 true，否則回傳 false）。

在主方法中，創建多個學生實例，然後使用 getDetails 方法輸出學生的詳細信息，並使用 isPassed 方法判斷學生是否通過考試。

🔓解答

```java
public class Student {
    // 實例變數，儲存學生的名字、年齡和分數
    String name;
    int age;
    int score;

    // 建構子方法，初始化學生的名字、年齡和分數
    public Student(String name, int age, int score) {
        this.name = name;
        this.age = age;
        this.score = score;
    }

    // 實例方法，回傳學生的詳細資訊
    public String getDetails() {
        return "學生名字：" + name + "，年齡：" + age + "，分數：" + score;
    }

    // 實例方法，判斷學生是否通過考試
```

```java
    public boolean isPassed() {
        return score >= 60;
    }

    public static void main(String[] args) {
        // 創建多個學生實例
        Student student1 = new Student("Alice", 18, 88);
        Student student2 = new Student("Bob", 20, 55);
        Student student3 = new Student("Charlie", 19, 77);

        // 使用 getDetails 方法輸出學生的詳細資訊
        System.out.println(student1.getDetails());
        System.out.println(student2.getDetails());
        System.out.println(student3.getDetails());

        // 使用 isPassed 方法判斷學生是否通過考試並輸出結果
        System.out.println(student1.name + " 通過考試：" + student1.isPassed());
        System.out.println(student2.name + " 通過考試：" + student2.isPassed());
        System.out.println(student3.name + " 通過考試：" + student3.isPassed());
    }
}
```

上述程式碼使用 Java 程式語言撰寫，必須將此程式命名為 Student.java 的檔案，使用 Java 編譯器進行編譯。

━━━━━ 🔓解答 ━━━━━━━━━━━━━━━━━━━━━━━━━━━

1. 我們創建了一個名為 Student 的類別，其中包含了實例變數 name、age 和 score，以及建構子方法 Student、getDetails 實例方法和 isPassed 實例方法。

2. 在主程式中，我們創建了多個學生實例，每個學生都有名字、年齡和分數。

3. 我們使用 getDetails 方法輸出每個學生的詳細資訊，這個方法回傳學生的名字、年齡和分數。

4. 我們使用 isPassed 方法判斷每個學生是否通過考試，該方法回傳 true 或 false。

5. 這個程式示範了如何使用實例方法，實例方法屬於類別的實例，可以存取實例變數和其他實例成員。

⌛ **執行結果**

學生名字：Alice，年齡：18，分數：88

學生名字：Bob，年齡：20，分數：55

學生名字：Charlie，年齡：19，分數：77

Alice　通過考試：true

Bob　通過考試：false

Charlie　通過考試：true

以下是一個結合類別方法和實例方法的 Java 程式隨堂練習，旨在幫助我們理解這兩種方法的使用和協同工作：

📁 隨|堂|練|習

設計一個 Java 類別 BankAccount 來表示銀行帳戶。每個銀行帳戶都有一個帳號（編號）和帳戶餘額。完成以下任務：

創建一個 BankAccount 類別，包含實例變數 accountNumber 和 balance，以及以下方法：

1. 一個建構子方法，用於初始化帳戶的帳號和帳戶餘額，並將新帳戶的數量增加 1。
2. 一個實例方法 getAccountInfo，用於回傳帳戶的詳細資訊（帳號和餘額）。
3. 創建一個類別變數 totalAccounts，用於計算銀行帳戶的總數，並初始化為 0。
4. 創建一個類別方法 createAccount，用於創建新的銀行帳戶，接受帳號和初始餘額作為參數。

在主方法中,創建多個銀行帳戶實例,然後使用實例方法 getAccountInfo 輸出每個帳戶的詳細資訊。同時使用類別方法 createAccount 創建新的銀行帳戶,並在每次創建後輸出目前的銀行帳戶總數。

**解答**

```java
public class BankAccount {
    // 實例變數,儲存帳戶的帳號和餘額
    int accountNumber;
    double balance;

    // 類別變數,用於跟蹤銀行帳戶的總數
    static int totalAccounts = 0;

    // 建構子方法,初始化帳戶的帳號和帳戶餘額,並將新帳戶的數量增加1。
    public BankAccount(int accountNumber, double initialBalance) {
        this.accountNumber = accountNumber;
        this.balance = initialBalance;
        totalAccounts++;
    }

    // 實例方法,回傳帳戶的詳細資訊
    public String getAccountInfo() {
        return "帳號:" + accountNumber + ",餘額NT:" + balance;
    }

    // 類別方法,用於創建新的銀行帳戶
    static void createAccount(int accountNumber, double initialBalance)
{
        BankAccount newAccount = new BankAccount(accountNumber, initialBalance);
        System.out.println("已創建新帳戶:" + newAccount.getAccountInfo());
    }

    public static void main(String[] args) {
        // 創建多個銀行帳戶實例
        BankAccount account1 = new BankAccount(10001, 1000.0);
        BankAccount account2 = new BankAccount(10002, 2000.0);
```

```
        // 使用實例方法 getAccountInfo 輸出帳戶詳細資訊
        System.out.println(account1.getAccountInfo());
        System.out.println(account2.getAccountInfo());

        // 使用類別方法 createAccount 創建新的銀行帳戶
        createAccount(10003, 1500.0);
        createAccount(10004, 3000.0);

        // 輸出目前的銀行帳戶總數
        System.out.println("目前的銀行帳戶總數：" + totalAccounts);
    }
}
```

上述程式碼使用 Java 程式語言撰寫，必須將此程式命名為 BankAccount.java 的檔案，使用 Java 編譯器進行編譯。

---

## 運作原理

1. 我們創建了一個名為 BankAccount 的類別，其中包含實例變數 accountNumber 和 balance，以及建構子方法 BankAccount、實例方法 getAccountInfo，和類別變數 totalAccounts 以及類別方法 createAccount。

2. 在主方法中，我們創建了多個銀行帳戶實例 account1 和 account2，然後使用實例方法 getAccountInfo 輸出每個帳戶的詳細資訊。

3. 我們使用類別方法 createAccount 創建了兩個新的銀行帳戶，並在每次創建後將 totalAccounts 增加 1。

4. 最後，我們輸出目前的銀行帳戶總數，這個總數是透過類別變數 totalAccounts 取得的。

5. 這個程式示範了如何同時使用類別方法和實例方法，並展示了它們的不同作用和如何協同工作。

---

**執行結果**

帳號：10001，餘額 NT：1000.0

帳號：10002，餘額 NT：2000.0

已創建新帳戶：帳號：10003，餘額 NT：1500.0

已創建新帳戶：帳號：10004，餘額 NT：3000.0

目前的銀行帳戶總數：4

---

以下是一個結合類別方法和實例方法的另一個 Java 程式隨堂練習，讓我們更清楚這兩種方法的運用：

---

**隨|堂|練|習**

設計一個 Java 類別 Car 來表示汽車。每輛汽車都有一個品牌名稱、型號、年份和行駛狀態。完成以下任務：

創建一個 Car 類別，包含實例變數 brand、model、year 和 isRunning，以及以下方法：

1. 一個建構子方法，用於初始化汽車的品牌、型號、年份，並將 isRunning 初始化為 false。

2. 一個實例方法 start，用於啟動汽車，將 isRunning 設置為 true。

3. 一個實例方法 stop，用於停止汽車，將 isRunning 設置為 false。

4. 一個類別方法 getCarInfo，接受一個 Car 實例作為參數，並回傳該汽車的詳細資訊（品牌、型號、年份、行駛狀態）。

在主方法中，創建多個汽車實例，然後使用實例方法 start 和 stop 來控制汽車的行駛狀態。同時使用類別方法 getCarInfo 來獲取並輸出每輛汽車的詳細資訊。

🔒解答

```java
public class Car {
    // 實例變數，儲存汽車的品牌、型號、年份和行駛狀態
    String brand;
    String model;
    int year;
    boolean isRunning;

    // 建構子方法，初始化汽車的品牌、型號、年份，並將行駛狀態
    初始化為 false
    public Car(String brand, String model, int year) {
        this.brand = brand;
        this.model = model;
        this.year = year;
        this.isRunning = false;
    }

    // 實例方法，用於啟動汽車，將行駛狀態設置為 true
    public void start() {
        isRunning = true;
    }

    // 實例方法，用於停止汽車，將行駛狀態設置為 false
    public void stop() {
        isRunning = false;
    }

    // 類別方法，接受一個 Car 實例作為參數，回傳汽車的詳細資訊
    static String getCarInfo(Car car) {
        String status = car.isRunning ? "行駛中" : "已停止";
        return "品牌：" + car.brand + "，型號：" + car.model + "，年
份：" + car.year + "，狀態：" + status;
    }

    public static void main(String[] args) {
        // 創建多個汽車實例
        Car car1 = new Car("BMW", "X7", 2020);
        Car car2 = new Car("Tesla", "Cybertruck", 2019);

        // 使用實例方法 start 啟動汽車1
        car1.start();
```

```
                // 使用實例方法 stop 停止汽車2
                car2.stop();

                // 使用類別方法 getCarInfo 獲取並輸出汽車的詳細信息
                System.out.println(getCarInfo(car1));
                System.out.println(getCarInfo(car2));
        }
    }
```

上述程式碼使用 Java 程式語言撰寫，必須將此程式命名為 Car.java 的檔案，使用 Java 編譯器進行編譯。

---

### 運作原理

1. 我們創建了一個名為 Car 的類別，其中包含實例變數 brand、model、year 和 isRunning，以及建構子方法 Car、實例方法 start 和 stop，以及類別方法 getCarInfo。

2. 在主方法中，我們創建了多個汽車實例 car1 和 car2，並使用實例方法 start 和 stop 來控制汽車的行駛狀態。

3. 我們使用類別方法 getCarInfo 來獲取每輛汽車的詳細資訊，並輸出該資訊。這個類別方法接受一個 Car 實例作為參數，然後根據該汽車的行駛狀態回傳相應的狀態。

⌛ **執行結果**

品牌：BMW，型號：X7，年份：2020，狀態：行駛中
品牌：Tesla，型號：Cybertruck，年份：2019，狀態：已停止

---

綜合上述觀念，我們彙整一完成 Java 程式結構中的區域變數、類別變數、實例變數、類別方法、實例方法、以及引數等，將其整理成以下圖示以釐清相關概念。

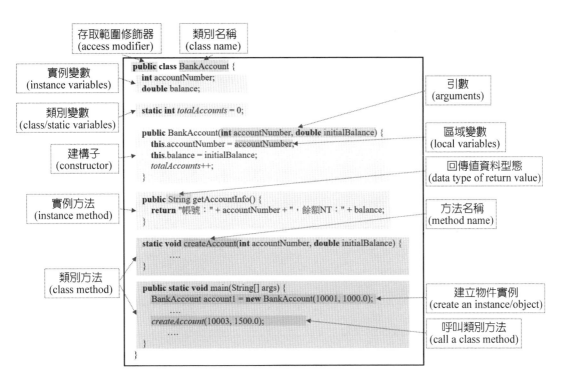

## 2-3 封裝與 Setter、Getter 方法

封裝與 set 和 get 方法密切相關，它們共同用於管理類別的內部狀態，並確保對這些狀態的存取是受控的。

### 2-3-1 封裝

在 Java 程式設計中，封裝(Encapsulation)是指將一個類別的內部細節（例如變數和方法）隱藏起來，同時提供公開介面以供外部使用。封裝有助於確保類別的內部狀態和行為不容易被外部程式碼直接存取或修改，因此提高了程式碼的可維護性、安全性和可擴展性。

以下是封裝的一些重要概念和實作的方式：

1.  **私有變數** (Private Variables)：將類別內部的變數聲明為私有 (Private)，這意味著只有該類別的內部方法可以存取這些變數。使用 private 修飾符號來實現這一部分。

    ```
    private int age;
    ```

2.  **保護存取修飾符號**(Protected Access Modifier)：除了 private 和 public 之外，還有 protected 存取修飾符號。當變數或方法聲明為 protected 時，它們對於同一個 package 內的類別和子類別是可見的 (Visible)。如此，將允許一些限制的存取權限，通常在繼承和多型性中使用（後續章節將介紹）。

    ```
    protected int age;
    ```

3.  **公共方法**(Public Methods)：提供公共方法以存取和修改私有變數，這些方法被稱為設置方法(Setter)和取得方法(Getter)。這些方法允許外部程式碼透過公共介面來與類別互動。設置方法是用於設定私有變數值的方法，其允許外部程式碼向類別設定新的值，通常檢查並驗證輸入資料的有效性，然後再進行設定。取得方法是用於取得私有變數值的方法，其允許外部程式碼查詢類別的內部狀態，並回傳相應的值。透過設置方法和取得方法，可以對變數的存取和修改進行更多的控制，例如驗證輸入資訊的有效性。

    下面是兩個簡單的例子，說明了封裝、設置方法和取得方法的概念：

    ```
    private int age; // 私有變數

    // 設置方法
    public void setAge(int age) {
    ```

```
    if (age >= 0) {
        this.age = age;
    }
    }

// 取得方法
public int getAge() {
    return age;
    }
```

以下這一個例子中，name 是一個私有變數，無法直接從類別外部存取。我們提供了 setName 方法來設定名字，以及 getName 方法來取得名字。這樣，外部程式碼可以透過這兩個公共方法(Public Methods)來與 name 互動，同時我們可以在 setName 方法中加入驗證邏輯，確保名字的有效性。

```
public class Person {
    private String name; // 私有變數

    // 設置方法，用於設定名字
    public void setName(String newName) {
        // 可以在這裡加入驗證邏輯
        name = newName;
    }

    // 取得方法，用於取得名字
    public String getName() {
        return name;
        }
    }
```

使用封裝可以確保對類別內部狀態的存取是受控的，並提供了類別設計的彈性。它有助於隱藏實作細節，允許進行內部修改而不會影響外部使用程式碼。封裝有助於確保對於敏感資料的存取受到限制，從而提高程式碼的安全性。只有經過授權的方法才能存取敏感資料。當需要對類別進行修改時，封裝可以減少對內部程式碼的影響。藉由提供公共方法(Public Methods)以存取和修改這些私有變數(Private Variables)，這些方法通常是設置方法(Setters)和取得方法(Getters)，它們具有 public 修飾符號，可以被外部程式碼取用。getter 和 setter 常見的命名慣例是使用 get 前綴來表示取得方法，使用 set 前綴來表示設置方法，例如，getName 和 setName，這種命名慣例有助於提高程式碼的可讀性和可理解性。

封裝的設計原則通常採用單一職責原則(Single Responsibility Principle; SRP)，其建議每個類別應該只有一個單一的職責。單一職責原則的主要觀點是確保每個類別都集中於執行單一的任務或功能，並且不涉及多個不同的功能或職責。這有助於提高程式碼的可維護性、可讀性和可擴展性，因為每個類別都相對簡單且專注於特定的工作。以下是單一職責原則的一些觀點：

1. **專注性**：一個類別應該只關心一個特定的工作或職責。當一個類別有太多不同的職責時，它變得難以理解和維護。

2. **修改的原因**：如果一個類別有多個職責，當需要對其中一個職責進行修改時，可能會影響到其他職責，增加了程式碼的風險。

3. **高內聚性**：高內聚性是指一個類別中的元素（方法、變數等）彼此相關聯且相互支持，單一職責原則有助於實現高內聚性。

4. **分離關注點**：單一職責原則有助於將不同關注點(Concerns)分離，這使得程式碼更容易理解和測試。

例如，當我們設計一個用於處理用戶註冊的類別，如果這個類別同時負責處理用戶身分驗證、以及發送註冊確認郵件，它就不遵守單一職責原則。更好的設計是將身分驗證和郵件發送分成不同的類別，每個類別專注於單一職責。總之，單一職責原則是一個有助於建立清晰、模組化和易於維護的程式碼的重要設計原則，它強調類別專注於一個職責，以提高軟體品質和可讀性。

## 2-3-2　Getter 和 Setter 方法

Getter 和 Setter 方法之觀念是物件導向程式設計中的重要機制，有助於實現封裝、提高程式碼的安全性和可讀性，並允許對資料進行有效的驗證。它們是建立良好設計實作的重要元素之一，有助於建構高品質、易於維護的程式碼。

Getter 和 Setter 方法有助於實現封裝(Encapsulation)，這是一個重要的設計原則。封裝指的是將物件的內部狀態隱藏起來，只允許透過公開介面（Getter 和 Setter 方法）來存取和修改內部狀態。這樣可以確保物件的內部狀態不會被不當存取或修改，提高了程式碼的安全性和可維護性。getter 和 setter 方法允許開發人員控制對物件屬性的存取權限。例如，可以將某些屬性設為私有化，只提供 getter 方法而不提供 setter 方法，因而實現只讓外部程式碼讀取該屬性而不允許修改。

使用 setter 方法可以在設定屬性值之前進行資料驗證，這意味著可以檢查輸入資料的有效性，並在需要時拒絕無效的輸入。例如，可以確保年齡屬性不是負數。getter 和 setter 方法使程式碼更具可讀性和可理解性。開發人員可以清晰地看到如何存取和修改物件的屬性，而不會影響到使用這些方法的外部程式碼。如果需要修改屬性的內部實現方式，只需在getter 和 setter 方法中進行修改，而不需要修改外部程式碼，使程式碼更易於維護和協作。

當談到 getter 和 setter 方法時，通常我們會使用它們來存取和修改物件的私有屬性。以下是一個簡單的 Java 程式設計題目，以展示 getter 和setter 方法的使用：

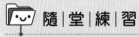 隨|堂|練|習

設計一個 Java 類別 Person，該類別具有以下屬性：

1. name：表示人的姓名。
2. age：表示人的年齡。

並提供以下功能：

1. 提供 setName 方法來設定人的姓名。
2. 提供 getName 方法來取得人的姓名。
3. 提供 setAge 方法來設定人的年齡。
4. 提供 getAge 方法來取得人的年齡。

請設計一個主程式(class PersonTest)，示範如何使用這些 getter 和 setter 方法來設定和取得 Person 物件的屬性。

🔓解答

```java
class Person {
    private String name;
    private int age;

    // 設置姓名的setter方法
    public void setName(String name) {
        this.name = name;
    }

    // 取得姓名的getter方法
    public String getName() {
        return name;
    }

    // 設置年齡的setter方法
    public void setAge(int age) {
        if (age >= 0) {
            this.age = age;
        }
    }
```

```
        // 取得年齡的getter方法
        public int getAge() {
            return age;
        }
    }

    public class PersonTest {
        public static void main(String[] args) {
            // 創建一個新的Person物件
            Person person = new Person();

            // 使用setter方法設定姓名和年齡
            person.setName("Alice");
            person.setAge(30);

            // 使用getter方法取得姓名和年齡並輸出
            System.out.println("姓名：" + person.getName());
            System.out.println("年齡：" + person.getAge());
        }
    }
```

上述程式碼使用 Java 程式語言撰寫，必須將此程式命名為 PersonTest.java 的檔案，使用 Java 編譯器進行編譯。

## 運作原理

1. 在這個程式中，我們首先創建了一個 Person 物件，然後使用 setName 和 setAge 方法來設定該物件的姓名和年齡。接著，我們使用 getName 和 getAge 方法分別取得姓名和年齡的值，並將它們輸出到控制台。

2. getter 方法用於取得物件的私有屬性值，而 setter 方法用於設定這些值。這樣的設計可以確保對物件的屬性進行受控的存取和修改，同時保持了對這些屬性的封裝。

3. getter 和 setter 方法是物件導向程式設計中常見的設計模式，它們有以下重要緣由：

    (1) 封裝：getter 和 setter 方法有助於實現封裝(Encapsulation)，這是一個重要的設計原則。封裝指的是將物件的內部狀態隱藏起來，只允許透過公開介面（getter 和 setter 方法）來存取和修改內部狀態。這樣可以確保物件的內部狀態不會被不當存取或修改，提高了程式碼的安全性和可維護性。

(2) 控制存取權限：getter 和 setter 方法允許開發人員控制對物件屬性的存取權限。例如，可以將某些屬性設為私有化，只提供 getter 方法而不提供 setter 方法，因而實現只讓外部程式碼讀取該屬性而不允許修改。這提供了更細粒度的控制。

(3) 資料驗證：使用 setter 方法可以在設定屬性值之前進行資料驗證。這意味著可以檢查輸入資料的有效性，並在需要時拒絕無效的輸入。例如，可以確保年齡屬性不是負數。

(4) 可讀性和可理解性：getter 和 setter 方法的命名慣例（例如 getPropertyName 和 setPropertyName）使程式碼更具可讀性和可理解性。開發人員可以清晰地看到如何存取和修改物件的屬性，從而使程式碼更易於維護和協作。

(5) 後期更改：使用 getter 和 setter 方法可以輕鬆地進行後期更改，而不會影響到使用這些方法的外部程式碼。如果需要修改屬性的內部實現方式，只需在 getter 和 setter 方法中進行修改，而不需要修改外部程式碼。

4. 總之，getter 和 setter 方法是物件導向程式設計中的重要工具，其有助於實現封裝、提高程式碼的安全性和可讀性，並允許對資料進行有效的驗證。getter 和 setter 方法是設計實作的重要觀點，有助於建構高品質、易於維護的程式碼。

## ⧖ 執行結果

姓名：Alice
年齡：30

關於 getter 和 setter 方法，我們可以思考另一個更具體的案例。設計一個 Java 類別來表示一本書(Book)，並使用 getter 和 setter 方法設定和獲取書的相關屬性。以下是藉由兩個類別（Book 以及 BookTest）的詳細描述以及運作原理：

---

### 隨|堂|練|習

設計一個類別 Book，該類別具有以下屬性：

1. title：表示書名。
2. author：表示作者姓名。
3. isbn：表示書本的 ISBN 編碼。
4. price：表示書本的售價。

該類別並提供以下功能：

1. 提供 setTitle 方法來設置書的標題之 setter 方法。
2. 提供 getTitle 方法來取得書的標題的 getter 方法。
3. 提供 setAuthor 方法來設置書的作者的 setter 方法。
4. 提供 getAuthor 方法來取得書的作者的 getter 方法。
5. 提供 setIsbn 方法來設置書的國際標準書號的 setter 方法。
6. 提供 getIsbn 方法來取得書的國際標準書號的 getter 方法。
7. 提供 setPrice 方法來設置書的價格的 setter 方法。
8. 提供 getPrice 方法來取得書的價格的 getter 方法。

另外設計一個類別 BookTest，class BookTest 之程式碼，如下所示。該類別示範如何使用上述的 getter 方法來設定資料欄位值，以及使用 setter 方法取得資料欄位值。

```java
public class BookTest {
    public static void main(String[] args) {
        // 創建一本新書的實例
```

```
        Book book = new Book();

        // 使用setter方法設定書的屬性
        book.setTitle("Java入門教程");
        book.setAuthor("John Doe");
        book.setIsbn("978-1234567890");
        book.setPrice(29.99);

        // 使用getter方法取得書的屬性並輸出
        System.out.println("書標題：" + book.getTitle());
        System.out.println("書作者：" + book.getAuthor());
        System.out.println("書ISBN：" + book.getIsbn());
        System.out.println("書價格：" + book.getPrice());
    }
}
```

請基於上述需求，完成類別 Book 之程式碼，使得執行 BookTest.java 時呈現以下的執行結果：

書標題：Java 入門教程

書作者：John Doe

書 ISBN：978-1234567890

書價格：29.99

🔒 解答

```
public class Book {
    private String title;
    private String author;
    private String isbn;
    private double price;

    // 設置書的標題的setter方法
    public void setTitle(String title) {
        this.title = title;
    }

    // 取得書的標題的getter方法
    public String getTitle() {
        return title;
```

```
        }

        // 設置書的作者的setter方法
        public void setAuthor(String author) {
            this.author = author;
        }

        // 取得書的作者的getter方法
        public String getAuthor() {
            return author;
        }

        // 設置書的國際標準書號的setter方法
        public void setIsbn(String isbn) {
            this.isbn = isbn;
        }

        // 取得書的國際標準書號的getter方法
        public String getIsbn() {
            return isbn;
        }

        // 設置書的價格的setter方法
        public void setPrice(double price) {
            if (price >= 0) {
                this.price = price;
            }
        }

        // 取得書的價格的getter方法
        public double getPrice() {
            return price;
        }
    }
```

## Book 運作原理

1. Book 類別代表一本書的資料模型，具有四個私有屬性（成員變數）：

   (1) title：書的標題。

   (2) author：書的作者。

(3) isbn：書的國際標準書號。

(4) price：書的價格（以雙精度浮點數表示）。

2. 這個程式中，我們首先創建了一個 Book 物件，即 book。然後，我們使用 book 的 setter 方法來設定書的標題、作者、國際標準書號和價格。最後，我們使用 book 的 getter 方法來獲取這些屬性的值並輸出到控制台。

3. getter 方法用於取得物件的私有屬性值，而 setter 方法用於設定這些值。這樣的設計確保了對屬性的存取受到控制，同時提供了對這些屬性的封裝。這使得我們可以輕鬆地設定和獲取物件的屬性，同時確保屬性值的有效性。

4. Book 類別的設計：

(1) Book 類別具有四個私有屬性(title、author、isbn、price)，這些屬性被封裝在類別內，外部程式碼無法直接存取它們。

(2) 對每個屬性，都提供了一對 setter 和 getter 方法，這些方法負責設定和獲取對應屬性的值。

(3) 在 setter 方法中，我們可以添加驗證邏輯。例如，在 setPrice 方法中，我們檢查價格是否為非負數，只有當價格大於等於 0 時，才設定價格屬性的值。這是一種資料驗證的示範，確保價格不會設定為負數。

### ⧗ 執行結果

書標題：Java 入門教程

書作者：John Doe

書 ISBN：978-1234567890

書價格：29.99

## 2-4 實作案例：洗牌和發牌模擬 🔍

這個實作案例將演示如何設計一個 Java 程式，模擬一副撲克牌的洗牌(Card Shuffling)和發牌(Dealing)的過程。我們將建立兩個 Java 類別(Class)，分別是 Cards 和 DeckOfCardsSet，然後使用主程式（或可稱為驅使類別 Driver Class）DeckOfCardsSetTest 來操作和展示這些功能。

這個程式模擬了一副撲克牌的洗牌和發牌，以下是程式執行步驟：

1. Cards 類別用於表示單張撲克牌，它包含兩個私有屬性 face（點數）和 suit（花色）。

2. DeckOfCardsSet 類別代表一副撲克牌，它初始化了一副完整的撲克牌（52 張牌）。

3. shuffle 方法用於將牌的順序隨機打亂，模擬洗牌的過程。

4. dealCard 方法用於發牌，每次呼叫此方法都會回傳一張牌，同時更新目前發牌的位置。

5. DeckOfCardsSetTest 類別是主程式(Driver Class)，它創建了一副撲克牌，然後洗牌並模擬發牌過程。它使用 System.out.printf 以整齊的格式在控制台上顯示。

以下各節將詳細說明各個類別程式的設計方式以及原理。

### 2-4-1 Cards 類別

Cards 類別代表一張撲克牌。它有兩個私有屬性 face 和 suit，分別表示撲克牌的點數和花色。這兩個屬性在建構子(Constructor)中初始化，然後透過 toString 方法以字串形式回傳撲克牌的描述。

在 toString 方法中，我們檢查面值是否為"10"，如果不是的話表示該字串僅包含一位數，我們在顯示時多加一個空格，以保持排版整齊。如此將確保不論是單位數字還是雙位數字的牌，使得所有牌的外觀擺設都一致。輸出格式，如：|J　♥|、|8　♠|、|10♣|，以及 |A　♥|等樣式。

```java
class Cards {
    private final String face; // 撲克牌的點數
    private final String suit; // 撲克牌的花色

    // Cards 類別的建構子，初始化點數和花色
    public Cards(String cardFace, String cardSuit) {
        this.face = cardFace;
        this.suit = cardSuit;
    }

    // 以字串形式回傳撲克牌的描述
    public String toString() {
        // 如果 face 值為不為"10"，在顯示時多加一個空格，以保持
排版一致整齊
        // 輸出格式，如：|J　♥|, |8　♠|, |10♣|, |A　♥|
        if (face.equals("10")) {
            return "|" + face + " " + suit + "|";
        } else {
            return "|" + face + "   " + suit + "|";
        }
    }
}
```

toString()方法是 Java 中的一個內建方法，用於將物件轉換為字串形式。它是 java.lang.Object 類別的方法，在所有 Java 類別中都可以使用，因為所有的類別都直接或間接地繼承自 Object 類別。toString()方法的原理是將物件的內容轉換為一個字串，以便於輸出或顯示。預設情況下，Object 類別中的 toString()方法會回傳一個包含類別名稱和物件的雜湊碼 (Hash Code)的字串，例如："ClassName@hashCode"。這個預設的實作通

常對於我們設計程式沒有具體功用,因此在自定義的類別中,我們通常會覆寫(Override)此 toString()方法,以回傳更有意義的字串。以下是如何使用 toString()方法:

1. **覆寫 toString()方法**:當我們希望一個類別的物件以特定的方式顯示時,我們可以在該類別中覆寫 toString()方法。在 toString()方法中,我們可以定義如何將物件的內容轉換為字串。

2. **使用 toString()方法**:一旦我們在類別中覆寫了 toString()方法,我們可以在程式中使用這個方法來獲取該物件的字串表示。通常,我們可以透過呼叫物件的 toString()方法,例如 myObject.toString(),來取得該物件的字串表示。

3. **輸出或顯示物件**:常見的用途是將物件的字串表示輸出到控制台或在使用者界面中顯示。這樣可以使程式的輸出更容易閱讀,並且提供有用的資訊。

## 2-4-2 DeckOfCardsSet 類別

DeckOfCardsSet 類別代表一副完整的撲克牌,包含 52 張牌。在這個類別中,我們使用了 SecureRandom 類別來產生亂數,用於洗牌的過程。

java.security.SecureRandom 是 Java 中的一個類別,用於產生安全的隨機數字。這個類別提供了一個隨機亂數生成器,通常用於需要高度隨機性的應用,例如密碼產生、加密、安全通訊等領域。SecureRandom 可以生成高品質的隨機數字。這些數字具有很高的隨機性,因此在安全性要求較高的應用中非常有用。透過使用 nextBytes(byte[] bytes) 方法。SecureRandom 可運用於防止可預測的隨機數字產生,它使用了各種隨機性源,包括作業系統、硬體設備和其他不可掌握的因素,以確保所生成的數字具備足夠隨機性。

因此，我們使用以下方式載入所需 SecureRandom 元件：

```
import java.security.SecureRandom;
```

在建構子（即 public DeckOfCardsSet() {...}）中，我們初始化了一副撲克牌。我們使用兩個字串陣列 faces 和 suits 來定義牌的面值和花色。牌的面值包括 "A"（代表 Ace）、"2" 到"10"（代表數字牌）、"J"（代表 Jack）、"Q"（代表 Queen）和"K"（代表 King）。花色使用特殊符號"♠"（黑桃）、"♥"（紅心）、"♣"（梅花）和"♦"（方塊）表示。在建構過程中，我們使用兩個巢狀的 for 迴圈來組合所有可能的面值和花色，以創建一副完整的撲克牌。

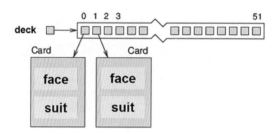

1. **洗牌方法**：shuffle 方法模擬了洗牌的過程。我們使用 SecureRandom 類別生成隨機數字，然後將每張牌的位置與另一張隨機選擇的牌位置進行交換。這樣，牌的順序就被隨機打亂了，從而實現了洗牌的效果。

2. **發牌方法**：dealCard 方法用於模擬發牌。每次呼叫此方法時，它將回傳一張牌並將 currentCard 的值增加，以表示下一張將要發的牌。如果所有牌都已發完，則回傳 null。

```
import java.security.SecureRandom;

class DeckOfCardsSet {
    private static final SecureRandom randomNumbers = new SecureRandom();
    private static final int NUMBER_OF_CARDS = 52;

    private Cards[] deck = new Cards[NUMBER_OF_CARDS];
    private int currentCard = 0;

    // DeckOfCardsSet 類別的建構子，初始化撲克牌
    public DeckOfCardsSet() {
        String[] faces = {"A", "2", "3", "4", "5", "6", "7", "8", "9", "10", "J", "Q", "K"};
        String[] suits = {"♠", "♥", "♣", "♦"}; // 使用特殊符號表示花色
        //spade ♠黑桃 · heart ♥紅心 · diamond ♦方塊 · club ♣梅花

        // 建立一副完整的撲克牌，將面值和花色組合起來
        for (int count = 0; count < deck.length; count++) {
            deck[count] = new Cards(faces[count % 13], suits[count / 13]);
        }
    }

    // 洗牌方法，將牌的順序隨機打亂
    public void shuffle() {
        currentCard = 0;

        // 隨機交換牌的位置，模擬洗牌過程
        for (int first = 0; first < deck.length; first++) {
            int second = randomNumbers.nextInt(NUMBER_OF_CARDS);
            Cards temp = deck[first];
            deck[first] = deck[second];
            deck[second] = temp;
        }
    }

    // 發牌方法，回傳一張牌，直到牌用完
    public Cards dealCard() {
        if (currentCard < deck.length) {
            return deck[currentCard++];
        } else {
```

```
                return null;
            }
        }
    }
```

### 2-4-3 DeckOfCardsSetTest 主類別

DeckOfCardsSetTest 類別是整個程式的入口點。它創造了一副撲克牌並進行洗牌，然後模擬了發牌的過程。DeckOfCardsSetTest 是主類別 (Driver Class)，它包含了 DeckOfCardsSet 類別的物件實例化和使用，用於模擬撲克牌的洗牌和發牌過程。以下是 DeckOfCardsSetTest 主程式的詳細介紹：

```java
public class DeckOfCardsSetTest {
    public static void main(String[] args) {
        // 創建 DeckOfCardsSet 物件實例 myDeckOfCards
        DeckOfCardsSet myDeckOfCards = new DeckOfCardsSet();
        myDeckOfCards.shuffle();    // 使用 shuffle 方法洗牌

        // 模擬發牌過程，連續發出所有牌
        for (int i = 1; i <= 52; i++) {
            Cards dealtCard = myDeckOfCards.dealCard();    // 使用 dealCard 方法發牌
            System.out.printf("%-19s", dealtCard);

            // 每發出四張牌換行
            if (i % 4 == 0) {
                System.out.println();
            }
        }
    }
}
```

　　再來，我們針對 DeckOfCardsSetTest 主程式的運作給予詳細解釋：

1.　main 方法是 Java 程式的入口點，當程式啟動時首先運行此方法。

2.　我們首先創建一個 DeckOfCardsSet 的物件實例 myDeckOfCards。這是我們用來代表整副撲克牌的物件。

3.　使用 myDeckOfCards 的 shuffle 方法來洗牌。這個方法會隨機打亂牌堆中的牌，以確保它們的順序是隨機的。

4.　接下來，我們使用 for 迴圈模擬發牌過程。迴圈從 1 開始，一直到 52（表示一副撲克牌的總牌數）。

5.　在每次迭代中，我們使用 myDeckOfCards 的 dealCard 方法來發一張牌。這個方法會回傳一張卡片並將 currentCard 的索引增加，以表示發出的下一張牌。

6.　使用 System.out.printf 方法將每張牌的描述輸出到控制台，並使用%-19s 的格式設定來確保牌之間的排版整齊。這樣，每張牌都會以相同的寬度顯示。

7.　每當發出四張牌後，我們插入一個新的行，以確保顯示的牌是以每行四張的方式排列。

　　總之，DeckOfCardsSetTest 主程式負責創建撲克牌的物件實例、洗牌、模擬發牌過程，並以整齊的格式輸出牌組。這個程式的目的是演示如何使用 DeckOfCardsSet 類別來操作撲克牌的洗牌和發牌過程，我們可以將上述 Cards 類別、DeckOfCardsSe 類別，以及 DeckOfCardsSetTest 主類別等，彙整放入同一個 Java 檔案中，並將此檔案名為 DeckOfCardsSetTest.java，如此便能夠在 Java IDE 環境中執行此案例了。

　　由於程式中以隨機方式操作撲克牌的洗牌和發牌，所以每一次的執行結果應該都不相同。以下演示其中的兩種執行結果：

第一次執行結果：

```
|3  ♦|        |K  ♥|        |6  ♦|        |Q  ♣|
|9  ♣|        |8  ♦|        |8  ♠|        |J  ♦|
|7  ♦|        |5  ♠|        |A  ♣|        |J  ♣|
|Q  ♦|        |6  ♥|        |2  ♦|        |4  ♣|
|10 ♠|        |8  ♥|        |J  ♠|        |Q  ♥|
|4  ♦|        |K  ♣|        |4  ♠|        |6  ♣|
|3  ♥|        |6  ♠|        |7  ♣|        |A  ♥|
|A  ♦|        |9  ♠|        |10 ♦|        |2  ♣|
|9  ♦|        |7  ♠|        |5  ♥|        |5  ♣|
|5  ♦|        |J  ♥|        |Q  ♠|        |8  ♣|
|A  ♠|        |7  ♥|        |3  ♠|        |4  ♥|
|10 ♥|        |10 ♣|        |K  ♦|        |3  ♣|
|2  ♠|        |2  ♥|        |9  ♥|        |K  ♠|
```

第二次執行結果：

```
|9  ♥|        |4  ♣|        |A  ♥|        |4  ♥|
|2  ♣|        |2  ♠|        |9  ♦|        |10 ♦|
|7  ♦|        |5  ♠|        |7  ♠|        |4  ♠|
|2  ♥|        |J  ♣|        |7  ♣|        |4  ♣|
|A  ♦|        |8  ♠|        |K  ♦|        |9  ♣|
|5  ♣|        |6  ♠|        |Q  ♠|        |Q  ♥|
|9  ♠|        |Q  ♦|        |A  ♣|        |8  ♣|
|Q  ♣|        |3  ♦|        |2  ♦|        |10 ♣|
|K  ♣|        |6  ♣|        |6  ♦|        |J  ♦|
|3  ♠|        |5  ♥|        |7  ♥|        |J  ♠|
|K  ♥|        |3  ♣|        |10 ♥|        |8  ♥|
|6  ♥|        |K  ♠|        |8  ♦|        |10 ♠|
|5  ♦|        |A  ♠|        |J  ♥|        |3  ♥|
```

## 程式實作演練

### 題目 機器人資訊管理系統

請設計一個 Java 程式，建立一個 RoboticCH 類別，該類別具有以下私有(Private)屬性：

1. name：機器人的名字

2. breed：機器人的品種

3. age：機器人的年齡

4. color：機器人的顏色

提供以下功能：

1. 提供公開(Public)的設定(Setter)和取得(Getter)上述私有屬性的方法。

2. 改寫 toString 方法，傳回機器人的相關資訊。

3. 在主程式中，建立一個 RoboticCH 物件，設定其名字、品種、年齡和顏色，然後輸出機器人的相關資訊。

請基於上述需求，整合以下 main(String[] args) method，使之成為一個完整的 RoboticCH.java 程式，並呈現如下的執行結果。

```java
public static void main(String[] args) {
    RoboticCH kitty = new RoboticCH();
    System.out.println(kitty.toString());
    kitty.setName("Kitty");
    kitty.setAge(58);
    kitty.setBreed("日本製");
```

```
                    System.out.println(kitty.toString());
                    System.out.println(kitty);
            }
```

🖥 **執行結果**

你好！我是一台機器人。我的名字是 null。
我的品種、年齡和顏色分別是 null、0 歲，以及 null。

你好！我是一台機器人。我的名字是 Kitty。
我的品種、年齡和顏色分別是日本製、58 歲，以及 null。

你好！我是一台機器人。我的名字是 Kitty。
我的品種、年齡和顏色分別是日本製、58 歲，以及 null。

**題目** ┃ 動物園管理系統

　　設計一個動物園管理系統。每隻動物有種類、名字、年齡和棲息地等
基本資訊。系統應該能夠執行以下操作：

1. 新增動物：能夠輸入動物的種類、名字、年齡和棲息地等資訊，並將
   該動物添加到系統中。

2. 顯示動物資訊：利用 toString()方法呼叫自己設計之 getter 方法，列印
   出系統中動物的各項資訊。

3. 更新動物資訊：能夠根據動物的名字更新該動物的資訊。

4. 程式應該使用物件導向的概念,包含一個 Animal 類別,該類別擁有動物的基本資訊。然後,使用一個 Zoo 類別來管理所有的動物。

5. 程式碼中的變數需宣告為 private。

   請基於上述需求,整合以下 class Zoo,並設計 class Animal 類別,使之成為一個完整的 Zoo.java 程式,並呈現如下的執行結果。

```java
public class Zoo {
    public static void main(String[] args) {
        // 建立動物物件並設定資訊
        Animal myAnimal = new Animal();
        myAnimal.setSpecies("獅子");
        myAnimal.setName("Leo");
        myAnimal.setAge(5);
        myAnimal.setHabitat("非洲草原");

        // 印出動物資訊
        System.out.println(myAnimal.toString());

        // 更新並設定動物物件資訊,印出動物資訊
        myAnimal.setAnimal("台灣土狗", "黑狗兄", 2, "台灣大街小巷");
        System.out.println(myAnimal.toString());
    }
}
```

**執行結果**

動物資訊: [種類= 獅子, 名字= Leo, 年齡= 5, 棲息地= 非洲草原]
動物資訊: [種類= 台灣土狗, 名字= 黑狗兄, 年齡= 2, 棲息地= 台灣大街小巷]

**題目** 三個整數的相等檢查程式

請設計一個 Java 程式，該程式能夠接受使用者輸入的三個整數，並檢查這三個整數是否各不相同。如果三個整數各不相同，則輸出這三個整數；如果有任意兩個整數相同，則顯示警告訊息。程式要求如下：

1. 設計一個名為 IntegersCH 的類別，該類別包含以下方法：
   (1) 一個建構子，用來初始化三個整數的值，並檢查這三個整數是否各不相同。
   (2) 一個方法 getState()，用來傳回三個整數是否各不相同的狀態（true 代表各不相同，false 代表有相同的整數）。
   (3) 三個方法 getInt1()、getInt2() 和 getInt3()，用來取得三個整數的值。

2. 使用者輸入三個整數，如果使用者輸入的三個整數各不相同，則輸出格式為：「**輸入的三個整數分別為：xx, xx, 和 xx，它們是不同的。**」；如果有任意兩個整數相同，則輸出警告訊息：「**警告：有些整數的數值相同！**」

3. 使用 IntegersCH 類別來實現檢查和輸出功能。

請基於上述需求，整合以下 class IntegerCheckCH，並設計 class IntegersCH 類別，使之成為一個完整的 IntegerCheckCH.java 程式，並呈現如下的執行結果。

```java
public static void main(String[] args) {
    Scanner sc = new Scanner(System.in);
    System.out.println("═══════════════════════════════════");
    System.out.println("請輸入三個整數:");
    int e1 = sc.nextInt();
    int e2 = sc.nextInt();
    int e3 = sc.nextInt();
    IntegersCH numInt = new IntegersCH(e1, e2, e3);


    if (numInt.getState() == true) {
        System.out.printf("輸入的三個整數分別為：%d, %d, 和
%d，它們是不同的。\n", numInt.getInt1(), numInt.getInt2(), numInt.getInt3());
    } else {
        System.out.println("警告：有些整數的數值相同！");
    }
    System.out.println("═══════════════════════════════════");
    }
}
```

## ⌛ 執行結果

```
=========================================
請輸入三個整數:
33 56 33
警告：有些整數的數值相同！

=========================================
```

```
=======================================
請輸入三個整數:
999 888 77
輸入的三個整數分別為：999, 888, 和 77，它們是不同的。
=======================================


=======================================
請輸入三個整數:
12 12 12
警告：有些整數的數值相同！
=======================================
```

作業

1. 什麼是區域變數？請簡要描述其特性。

2. 什麼是類別變數（靜態變數）？它們有哪些特點？

3. 實例變數是什麼？它們在哪裡聲明，並具有哪些特性？

4. 在 Java 中，區域變數、類別變數和實例變數在宣告時是否需要賦予初值？如果需要，那麼它們的預設初值是什麼？

5. 什麼是類別方法(Class Methods)？請簡要描述其特性。

6. 什麼是實例方法(Instance Methods)？它們有哪些特點？

7. 在 BankAccount 類別的範例中，實例方法和類別方法的作用分別是什麼？

8. 在 BankAccount 類別的範例中，totalAccounts 是一個什麼類型的變數？它的初始值是多少？

9. 解釋什麼是封裝(Encapsulation)？封裝在物件導向程式設計中的作用是什麼？

10. 在 Java 中，如何實現封裝的概念？請提供至少一個示範例。

11. 在物件導向程式設計中，為什麼使用 getter 和 setter 方法是一個重要的設計模式？列出至少兩個理由。

12. 請設計一個 Java 類別表示手機(Phone)，該類別具有品牌(Brand)和價格(Price)這兩個屬性。為這個類別設計合適的 getter 和 setter 方法。

MEMO

CHAPTER

 # 類別與物件深度理解

3-1 類別、建構子與方法

3-2 成員的存取控制

3-3 建構子與多載的運用方式

☑ 程式實作演練

☑ 作業

類別代表了一個物件的藍圖或模板，包含了該物件的特性（成員變數）和行為（方法）。建構子用於初始化類別的實例，通常在物件被創建時自動調用，並設置物件的初始狀態。方法則定義了物件的操作和功能，它們可以被其他程式碼調用以執行特定的任務。存取控制用於限制成員變數和方法的可見性和存取權限，確保程式碼的安全性和隔離性。本章深入探討類別、建構子、方法和存取控制在物件導向程式設計的運用，使我們能夠維護複雜的程式碼。

## 3-1　類別、建構子與方法

類別是物件的模板，建構子用於初始化物件的狀態，而方法則定義了物件可以執行的操作行為。這些概念協助開發人員以更有組織和模組化的方式設計和實現軟體，使程式碼更易於理解、維護和擴展。讓我們詳細解釋其涵義：

1. **類別是物件的模板**：在物件導向程式設計中，類別(Class)是一個抽象的概念，它定義了一個類別的特徵和行為。類別可以視為是一個用來創建相似物件的藍圖或模板。它描述了物件的屬性（稱為成員變數或屬性）和方法（行為）。

2. **建構子用於初始化物件的狀態**：建構子(Constructor)是一個特殊的方法，用於創建和初始化類別的實例（物件），通常在物件被實例化（創建）時自動調用。當我們創建一個新的物件時，建構子負責為該物件設定初始狀態。這包括設定物件的成員變數，以使它們具有初始值；亦可於建構子中採用邏輯判斷，設計一些防呆機制。

3. **方法則定義了物件可以執行的操作行為**：方法(Method)可被視為類別中的函數或子程序，它定義了物件可以執行的操作行為。每個方法都包含了一組指令，用於執行特定的任務或操作。這些方法可以被外部程式碼調用，以要求物件執行其定義的操作。方法可以用於存取和操作物件的成員變數，並提供了對物件行為的描述。

### 3-1-1　薪資系統的設計

現在我們準備設計一個簡單的薪資系統程式，包含兩個類別：PayrollTest 和 Payroll。這個薪資系統程式能夠處理員工薪資資料，並計算平均薪資、找到最低和最高薪資，以及顯示薪資分布圖等功能。

1.  PayrollTest 類別：為薪資系統程式執行的起始點，包含主方法 main()，在 main 方法中，首先宣告一個包含員工薪資的 double 陣列 salariesArray，其中列出了 10 個員工的薪資資料。接著，建立 Payroll 物件將之命名為 myPayroll 並初始化它，傳遞薪資系統名稱和薪資資料。隨即，使用 System.out.printf 顯示歡迎訊息，包括薪資系統的名稱。最後，呼叫 myPayroll 的 processPayroll 方法，開始處理薪資資料。

2.  Payroll 類別：這是薪資系統的主要類別，包含薪資系統名稱和員工薪資的相關操作。建立一個 Payroll 物件時，藉由建構子初始化薪資系統名稱和薪資資料。提供了 setPayrollName 和 getPayrollName 方法來設定和取得薪資系統名稱。

    (1) processPayroll 方法：這是薪資處理的主要方法。它依次執行以下操作，首先呼叫 outputSalarie 方法，顯示員工薪資列表。隨即顯示平均薪資，呼叫 getAverageSalary 方法。再來顯示最低薪資和最高薪資，分別呼叫 getMinimumSalary 和 getMaximumSalary 方法。最後，呼叫 outputBarChart 方法，顯示薪資分布圖。

(2) getMinimumSalary 方法和 getMaximumSalary 方法：這兩個方法分別用來找出薪資陣列中的最低薪資和最高薪資。它們都透過迭代（迴圈）薪資陣列來比較並找到最小值和最大值。

(3) getAverageSalary 方法：這個方法用來計算員工薪資的平均值。它將所有薪資相加，然後除以員工數量。

(4) outputBarChart 方法：這個方法用來顯示薪資分布圖。它首先計算不同薪資範圍的員工數量，然後使用星號(*)來表示每一個薪資範圍的員工數量，形成一個簡單的長條圖。

(5) outputSalaries 方法：這個方法用來顯示員工薪資列表，按照員工編號和薪資資料列出每一個員工的薪資。

UML(Unified Modeling Language)是軟體分析與設計階段的重要視覺化工具，通常在軟體開發生命周期的不同階段可運用不同的 UML 圖示工具來協助系統分析與設計，這有助於改進程式碼的設計、減少錯誤，以及提高軟體系統的可維護性和可擴展性，從系統需求分析到系統實作都可能使用。UML 類別圖(Class Diagram)是一種軟體工程中常用的視覺化建模工具，用於表示系統中的類別(Class)、介面(Interface)、物件(Object)以及它們之間的關係。它是 UML 中最常用和基本的圖表之一，用來描述軟體系統的靜態結構，包括類別的結構、屬性、方法，以及它們之間的關聯。以下是 UML 類別圖的一些重要元素：

1.  **類別(Class)**：代表了系統中的一個抽象概念或實體，通常包括名稱、屬性、方法等。

2.  **屬性(Attributes)**：描述了類別的特徵或狀態，通常以名稱和資料型別表示。

3.  **方法(Methods)**：描述了類別可以執行的操作或行為，通常包括名稱、參數、回傳值等。

4. **關聯(Associations)**：表示類別之間的關係，例如聚合、組合、繼承等。關聯可以包括多重性(Multiplicity)以顯示關聯的數量。

5. **介面(Interface)**：代表一組方法的規範，可以被一個或多個類別實現。

6. **抽象類別(Abstract Class)**：一種不能實例化的類別，通常用作其他類別的基類。

7. **泛型類別(Generic Class)**：具有一般性質的類別，可以用於不同類型的資料。

　　在此，我們配合程式設計僅介紹基本的 UML 類別圖的繪製概念。UML 類別圖由三個區域構成，此三個區域由上而下分別代表類別名稱、屬性以及方法。

1. **名稱(Name)**：粗體置中且首字大寫，若表示抽象類別則使用斜體。
   (1) 位於類別圖的最頂部中央，以粗體文字表示。
   (2) 類別名稱應該是清晰且描述性的，通常遵循駝峰命名法，首字母大寫。
   (3) 如果類別是抽象類別，則名稱通常以斜體表示，以區別它們。

2. **屬性(Attributes)**：通常置左且首字小寫，可以在屬性前面加上前綴符號，表示其封裝層級，冒號後表示型別。
   (1) 位於類別圖的中間區域，通常置於類別名稱的下方左側。
   (2) 屬性表示類別的特徵或狀態，通常遵循以下格式：前綴符號+名稱+冒號+型別。
   (3) 前綴符號用於表示屬性的封裝層級，常見的前綴符號包括加號（+，表示 public）、減號（−，表示 private）、井號（#，表示 protected）等。

(4) 名稱通常以駝峰命名法表示，首字母小寫。

(5) 冒號後面是屬性的型別，例如整數(int)、字串(String)等。

3.  **方法(Methods)**：通常置左且首字小寫，可以在方法前面加上前綴符號，表示其封裝層級，冒號後表示回傳值。

(1) 位於類別圖的中間區域，通常置於屬性的下方左側。

(2) 方法表示類別可以執行的操作或行為，通常遵循以下格式：前綴符號+名稱+括號+參數+冒號+回傳值型別。

(3) 前綴符號用於表示方法的封裝層級，常見的前綴符號包括加號（＋，表示 public）、減號（－，表示 private）、井號（＃，表示 protected）等。

(4) 名稱通常以駝峰命名法表示，首字母小寫。

(5) 括號中包含方法的參數，參數的格式為參數名稱+冒號+參數型別，多個參數之間用逗號分隔。

(6) 冒號後面是方法的回傳值型別，例如整數(int)、字串(String)等。

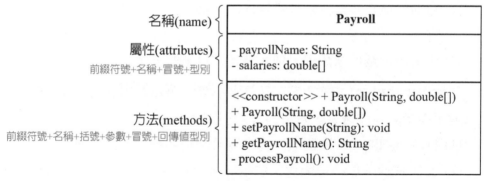

UML 類別圖(Class Diagram)

我們認識了 UML 類別圖後，就可以根據前面薪資系統程式的敘述，將所包含的 PayrollTest 和 Payroll 兩個類別以 UML 類別圖方式來表示這兩個類別程式碼中各部分的功能和關係。透過 UML 類別圖將能夠幫助釐清各類別的描述、擁有的屬性、可使用的方法,以及與各物件之間的相互關聯,也就是可以清楚表示實作時的 Design Pattern。

薪資系統程式的 UML 類別圖顯示了兩個類別:PayrollTest 和 Payroll,以及它們之間的關係與各自的屬性和方法。PayrollTest 類別包含一個 main 方法,作為程式的入口點。Payroll 類別包含私有實例變數 payrollName 和 salaries,以及一系列的方法來設定、取得薪資系統名稱,處理薪資資料,計算最低、最高和平均薪資,以及輸出薪資分布圖和員工薪資列表。PayrollTest 類別使用一個虛線箭頭指向 Payroll,表示從 PayrollTest 到 Payroll 的依賴關係,因為 PayrollTest 的主要方法使用了 Payroll 中的元素。這個 UML 類別圖有助於理解程式中各個部分的功能和成員,以及它們之間的關係。現在我們分別來說明兩個類別的 UML 類別圖:

1. PayrollTest 類別

   (1) + main(String[] args): void:這是一個公共方法(Public),名稱為 main,具有一個名稱為 args 的參數(字串陣列),並且不回傳任何值(Void)。

   (2) 這個方法是應用程式的入口點,用於執行程式的主要邏輯。

2. Payroll 類別

   (1) - payrollName: String:這是一個私有屬性(Private),其名稱為 payrollName,型別為 String。它用於儲存薪資系統的名稱。

   (2) - salaries: double[]:這是一個私有屬性(Private),其名稱為 salaries,型別為 double[](雙精度浮點數陣列)。它用於儲存員工的薪資資料。

   (3) + Payroll(payrollName: String, salaries: double[]):void:這是一個公共建構子(Public Constructor),名稱為 Payroll,具有兩個參數:

payrollName（型別為 String）和 salaries（型別為 double[]）。建構子不回傳任何值(Void)，它用於初始化 Payroll 物件。

(4) + setPayrollName(payrollName: String):void：這是一個公共方法(Public Method)，名稱為 setPayrollName，具有一個名稱為 payrollName 的參數，型別為 String。這個方法不回傳任何值(Void)，它用於設定薪資系統的名稱。

(5) + getPayrollName():String：這是一個公共方法(Public Method)，名稱為 getPayrollName，不具有任何參數，並回傳一個 String 型別的值。它用於獲取薪資系統的名稱。

(6) + processPayroll():void：這是一個公共方法(Public Method)，名稱為 processPayroll，不具有任何參數，並不回傳值(Void)。這個方法是處理薪資相關操作的主要方法，包括輸出員工薪資、計算平均薪資、最低薪資、最高薪資以及薪資分布圖。

(7) + getMinimumSalary(): double：這是一個公共方法(Public Method)，名稱為 getMinimumSalary，不具有任何參數，並回傳一個 double 型別的值。它用於獲取最低薪資。

(8) + getMaximumSalary(): double：這是一個公共方法(Public Method)，名稱為 getMaximumSalary，不具有任何參數，並回傳一個 double 型別的值。它用於獲取最高薪資。

(9) + getAverageSalary(): double：這是一個公共方法(Public Method)，名稱為 getAverageSalary，不具有任何參數，並回傳一個 double 型別的值。它用於獲取平均薪資。

(10) + outputBarChart(): void：這是一個公共方法(Public Method)，名稱為 outputBarChart，不具有任何參數，並不回傳值(Void)。它用於輸出薪資分布圖。

(11) + outputSalaries(): void：這是一個公共方法(Public Method)，名稱
為 outputSalaries，不具有任何參數，並不回傳值(Void)。它用於
輸出員工薪資列表。

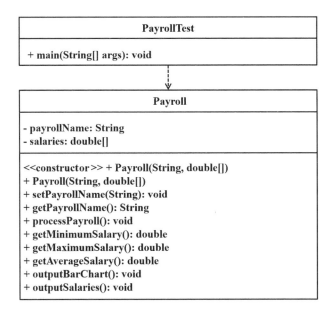

綜合上述，我們知道這個 UML 類別圖清楚地顯示了 PayrollTest 和
Payroll 兩個類別之間的結構和關係，以及它們的屬性和方法的詳細資訊。
前綴符號「＋」表示公共成員（可從外部存取），「－」表示私有成員（僅在
類別內部存取）。名稱是成員的名稱，括號中的參數是方法的輸入參數，
冒號後的回傳值型別表示方法的回傳類型。經過 UML 類別圖的視覺化呈
現，於是我們可以根據上述分析結果開始撰寫程式，將所撰寫完成的程式
表示如下之隨堂練習：

## 隨|堂|練|習

請根據上述小節之需求說明、UML 類別圖所呈現的 PayrollTest 和 Payroll 兩個類別之間的結構和關係，以及它們的屬性和方法的詳細資訊，完成 PayrollTest 和 Payroll 兩個類別程式的設計。

**解答**

```java
public class PayrollTest {
    public static void main(String[] args) {
        // 宣告一個包含員工薪資的陣列
        double[] salariesArray = {35000.0, 33000.0, 45000.0, 125000.0,
41000.0, 42000.0, 28000.0, 29000.0, 58000.0, 72000.0};

        // 建立 Payroll 物件並初始化
        Payroll myPayroll = new Payroll("Employee Payroll", salariesArray);

        // 顯示歡迎訊息，包括薪資系統的名稱
        System.out.printf("Welcome to the payroll system for%n%s%n%n",
myPayroll.getPayrollName());
        myPayroll.processPayroll(); // 呼叫方法處理薪資資料
    }
}

class Payroll {
    // 私有實例變數，儲存薪資系統名稱和員工薪資
    private String payrollName;
    private double[] salaries;

    // 建構子，用於初始化 Payroll 物件
    public Payroll(String payrollName, double[] salaries) {
        this.payrollName = payrollName;
        this.salaries = salaries;
    }

    // 設定薪資系統名稱
    public void setPayrollName(String payrollName) {
        this.payrollName = payrollName;
```

```
        }

        // 取得薪資系統名稱
        public String getPayrollName() {
            return payrollName;
        }

        // 主要處理方法，執行多項薪資相關操作
        public void processPayroll() {
            outputSalaries(); // 呼叫方法輸出員工薪資
            System.out.printf("%nAverage salary is %.2f%n", getAverageSalary());
// 顯示平均薪資
            System.out.printf("Lowest  salary  is  %.2f%nHighest  salary  is
%.2f%n%n", getMinimumSalary(), getMaximumSalary()); // 顯示最低和最高
薪資
            outputBarChart(); // 呼叫方法輸出薪資分布圖
        }

        // 取得最低薪資
        public double getMinimumSalary() {
            double lowSalary = salaries[0];
            for (double salary : salaries) {
                if (salary < lowSalary) {
                    lowSalary = salary;
                }
            }
            return lowSalary;
        }

        // 取得最高薪資
        public double getMaximumSalary() {
            double highSalary = salaries[0];
            for (double salary : salaries) {
                if (salary > highSalary) {
                    highSalary = salary;
                }
            }
            return highSalary;
        }

        // 取得平均薪資
        public double getAverageSalary() {
            double total = 0;
```

```java
        for (double salary : salaries) {
            total += salary;
        }
        return total / salaries.length;
    }

    // 顯示薪資分布圖
    public void outputBarChart() {
        System.out.println("Salary distribution:"); // 顯示薪資分布
        int[] frequency = new int[11];
        System.out.printf("----------------------%n");
        System.out.printf("-     Range       Count     -%n");
        System.out.printf("----------- -----------%n");
        for (double salary : salaries) {
            int range = (int) (salary / 10000);
            if (range >= 10) {
                range = 10;
            }
            ++frequency[range];
        }
        for (int count = 0; count < frequency.length; count++) {
            if (count == 10) {
                System.out.printf("%14s: ", "90000 and above");
            } else {
                System.out.printf("%5d-%5d: ", count * 10000, count * 10000 + 9999);
            }
            for (int stars = 0; stars < frequency[count]; stars++) {
                System.out.print("*");
            }
            System.out.println();
        }
        System.out.printf("----------------------%n");
    }

    // 顯示員工薪資列表
    public void outputSalaries() {
        System.out.printf("Employee salaries are:%n%n"); // 顯示員工薪資
        System.out.printf("----------------------%n");
        for (int employee = 0; employee < salaries.length; employee++)
    {
```

```
            System.out.printf("Employee %2d: %.2f%n", employee + 1,
salaries[employee]);
            }
            System.out.printf("-----------------------%n");
        }
    }
```

上述程式碼使用 Java 程式語言撰寫，必須將此程式命名為 PayrollTest.java 的檔案，使用 Java 編譯器進行編譯。

## 運作原理

這個程式是一個薪資系統範例，分為兩個類別：PayrollTest 和 Payroll。以下是程式的執行步驟和原理：

1. 在 PayrollTest 類別的 main 方法中，首先宣告一個包含員工薪資的陣列 salariesArray，其中包含了十名員工的薪資資料。

2. 接著，建立了一個 Payroll 物件 myPayroll，並將薪資系統的名稱 ("Employee Payroll")和薪資陣列 salariesArray 傳遞給 Payroll 類別的建構子。這樣就初始化了一個 Payroll 物件，其中包含了薪資系統的名稱和員工薪資資料。

3. 接下來，程式顯示歡迎訊息，包括薪資系統的名稱，使用 myPayroll.getPayrollName()方法獲取名稱，並使用 System.out.printf 輸出。

4. 程式接著呼叫 myPayroll.processPayroll()方法，這是處理薪資相關操作的主要方法。該方法包括以下步驟：

   (1) outputSalaries() 方法被呼叫，用於輸出員工薪資列表。它遍歷員工薪資陣列，並以格式化的方式將每位員工的編號和薪資輸出到控制台。

   (2) getAverageSalary() 方法被呼叫，計算並輸出所有員工的平均薪資。

   (3) getMinimumSalary() 方法被呼叫，計算並輸出所有員工的最低薪資。

   (4) getMaximumSalary() 方法被呼叫，計算並輸出所有員工的最高薪資。

   (5) outputBarChart() 方法被呼叫，用於輸出薪資分布圖。它將員工薪資按照一定的範圍分類，然後以圖表的形式顯示每個範圍內的員工數量。

5. 當 myPayroll.processPayroll()方法執行完畢後，整個程式運行完畢，並輸出了員工薪資相關的統計資訊和圖表。

　　這個程式用於處理員工薪資資料，並提供了以下功能：輸出員工薪資列表、計算平均薪資、找出最低和最高薪資、以及輸出薪資分布圖。它展示了如何使用類別和方法來組織和執行相關操作。

## ⧖ 執行結果

Welcome to the payroll system for
Employee Payroll

Employee salaries are:

----------------------
Employee    1: 35000.00
Employee    2: 33000.00
Employee    3: 45000.00
Employee    4: 125000.00
Employee    5: 41000.00
Employee    6: 42000.00
Employee    7: 28000.00
Employee    8: 29000.00
Employee    9: 58000.00
Employee 10: 72000.00
----------------------

Average salary is 50800.00
Lowest salary is 28000.00
Highest salary is 125000.00

```
Salary distribution:
----------------------
-   Range    Count    -
---------- -----------
     0- 9999:
10000-19999:
20000-29999: **
30000-39999: **
40000-49999: ***
50000-59999: *
60000-69999:
70000-79999: *
80000-89999:
90000-99999:
90000 and above: *
----------------------
```

## 📖 3-1-2　toString() 方法

所有 Java 類別都繼承自 Object 類別，Object 類別中有一個 toString() 方法。預設情況下，如果我們的類別沒有覆寫 toString() 方法，則它將使用 Object 類別中的 toString() 方法，回傳一個字串，格式為類別名@16 進制 Hash code。然而，toString() 方法在 Java 中扮演著關鍵的角色，它允許我們自訂物件的字串表示，因此 toString() 方法的主要目的是將物件轉換為一個易於閱讀的字串表示。

通常，我們可以採用覆寫 toString() 方法，回傳更有意義和有用的資訊，以便顯示使用者互動的資訊、紀錄或其他需求。常見的 toString() 方法用於以下情況：

1. **測試程式功能**：當我們需要查看物件的內容或狀態時，可以輸出 toString() 的結果。

2. **程式執行記錄**：我們可以將物件訊息記錄到文件(Log File)中，以便追蹤程式的執行。

3. **自訂輸出格式**：我們可以根據應用程式需求自定義 toString()方法，以回傳特定的格式。

以下是一個簡單的 toString() 方法範例，我們在此範例覆寫了 toString()方法，以回傳一個描述 Person 物件的字串。

```java
public class Person {
    private String name;
    private int age;

    public Person(String name, int age) {
        this.name = name;
        this.age = age;
    }

    @Override
    public String toString() {
        return "Person{name='" + name + "', age=" + age + "}";
    }
}
```

以下是一個針對 toString() 方法的 Java 程式隨堂練習，該類別並未覆寫 toString()方法，因此它將使用繼承自 Object 類別的 toString()方法，該方法的預設實作回傳類別名稱和物件的 Hash code。

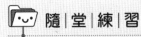 隨|堂|練|習

　　建立了一個名為 Person 的自訂類別，該類別具有兩個私有成員變數 name 和 age，以及一個公共建構子 Person(String name, int age) 用於初始化這些成員變數。這個 Person 類別不需覆寫 toString() 方法，使其使用繼承自 Object 類別的 toString() 方法。

**解答**

```
class Person {
        private String name;
        private int age;

        public Person(String name, int age) {
            this.name = name;
            this.age = age;
        }
}

public class ToStringExample1 {
        public static void main(String[] args) {
            Person girl = new Person("Rose", 22);
            Person boy = new Person("Jack", 22);
            System.out.printf("%s and %s are in Titanic.", girl, boy);
        }
}
```

**運作原理**

1. 在 ToStringExample1 類別中，我們建立了兩個 Person 物件，分別代表 "Rose"和"Jack" 兩位角色。

2. 接著，我們使用 System.out.printf 方法來格式化輸出，並嘗試將 girl 和 boy 兩個 Person 物件傳遞給 printf 方法，以填充字串中的%s 符號。這時，Java 將自動調用 girl 和 boy 物件的 toString() 方法呈現字串內容。

3. 由於 Person 類別未覆寫 toString()方法，它將使用繼承自 Object 類別的 toString()方法，因此預設情況下將回傳包含物件類別名稱和 Hash code 的字串。所以，程式的輸出將類似於以下內容：

Person@<hashCode> and Person@<hashCode> are in Titanic.

4. 須注意，這裡的<hashCode>是每個物件的實際 Hash code，因此每次執行程式時都可能不同。為了讓輸出更有意義，我們可以在 Person 類別中覆寫 toString()方法，以回傳我們希望的自訂字串表示，以便描述 Person 物件。

⏳ 執行結果

Person@340f438e and CH3.Person@30c7da1e are in Titanic.

以下程式是使用了覆寫 toString()方法的範例，可以讓 Human 物件的字串表示更具有可讀性和自訂。

隨 | 堂 | 練 | 習

建立了一個名為 Human 的自訂類別，該類別具有兩個私有成員變數 name 和 age，以及一個公共建構子 Human(String name, int age)，用於初始化這些成員變數。這個程式是一個使用了覆寫 toString()方法的範例，可以讓 Human 物件以字串表示。

🔒 解答

```java
class Human {
    private String name;
    private int age;

    public Human(String name, int age) {
        this.name = name;
        this.age = age;
```

```
        }

        @Override
        public String toString() {
            return name + "(" + age + ")";
        }
    }

    public class ToStringExample2 {
        public static void main(String[] args) {
            Human girl = new Human("Rose", 22);
            Human boy = new Human("Jack", 25);
            System.out.printf("%s and %s are in Titanic.", girl, boy);
        }
    }
```

## 運作原理

1. 在 Human 類別中,我們覆寫了 toString()方法,這個方法繼承自 Object 類別,但我們將其重新實作以回傳自訂的字串表示。在這個覆寫的 toString()方法中,我們將 name 和 age 成員變數結合為一個字串,並將其回傳。這樣,每個 Human 物件的 toString()方法將回傳類似「名字 (年齡)」 的字串,其中名字和年齡分別是物件的名字和年齡值。

2. 在 ToStringExample2 類別中,我們建立了兩個 Human 物件,代表"Rose" 和"Jack"這兩位角色。接著,我們使用 System.out.printf 方法來格式化輸出,並將 girl 和 boy 兩個 Human 物件傳遞給 printf 方法,以填充字串中的%s 所佔位置。

3. 由於我們已經覆寫了 Human 類別的 toString()方法,它會回傳包含名字和年齡的自訂字串表示,而不再是預設的 Hash code 字串。這樣的輸出更容易理解,因為它顯示了"Rose"和"Jack"的名字以及他們的年齡。這展示了 toString()方法的功用,可以讓我們自訂物件的字串表示,以便更清晰地呈現物件的內容。

### ⌛ 執行結果

Rose(22) and Jack(25) are in Titanic.

以下程式示範如何使用 toString() 方法來將所取得之不同類型的物件，以字串表示加以呈現。

 隨|堂|練|習

使用 Integer 物件及 StringBuilder 物件，透過 toString()方法會將整數轉換為字串表示，或初始化字串。

🔒解答

```
public class ToStringExample3 {
    public static void main(String[] args) {
        // 使用 Integer 類別的 toString() 方法
        Integer number = 42;
        System.out.println("Integer object: " + number.toString());

        // 使用 StringBuilder 類別的 toString() 方法
        StringBuilder stringBuilder = new StringBuilder("Hello, World!");
        System.out.println("StringBuilder object: " + stringBuilder.toString());
    }
}
```

運作原理

1. 首先，我們建立了一個 Integer 物件 number，並將其初始化為整數值 42。

2. 接著，我們使用 System.out.println 方法來輸出一個字串，該字串包含了 "Integer object: " 這部分以及 number.toString()。在這裡，我們呼叫了 number 物件的 toString()方法。對於 Integer 物件來說，toString()方法會將整數轉換為字串表示。

3. 接下來，我們建立了一個 StringBuilder 物件 stringBuilder，並將其初始化為"Hello, World!"字串。

4. 同樣地，我們使用 System.out.println 方法來輸出一個字串，包含了 "StringBuilder object:" 這 部 分 以 及 stringBuilder.toString()。 對 於 StringBuilder 物件來說，toString()方法會將 StringBuilder 物件內部的字串內容轉換為字串表示。

　　這個程式示範了不同類型物件如何使用它們自己的 toString() 方法來獲得字串表示。在使用 System.out.println 或其他需要字串的輸出方法時，Java 會自動呼叫物件的 toString() 方法來取得適當的字串，以便輸出到控制台或其他輸出介面上。這樣的方式讓程式更容易閱讀和理解，因為它可以將不同類型的物件轉換為通用的字串表示。

---

**⏳ 執行結果**

Integer object: 42
StringBuilder object: Hello, World!

---

## 📖3-1-3　基本型態包裹器

　　當我們在程式中需要處理數值或布林值等基本資料類型時，通常會使用基本型別(Primitive Types)，這麼做是出於效率的考慮，因為基本型別的操作相對快速且占用較少的記憶體。然而，在某些情況下，我們可能需要更多的功能和彈性，例如需要將基本型別放入集合、進行比較或需要處理 null 值。這時，我們可以使用相應的包裝類別(Wrapper Classes)來創建實例，這些包裝類別將基本型別包裝成物件，以提供更多的方法和功能。Java 提供了一組包裝類別，如 Integer、Double、Boolean 等，來包裝基本型別。這種包裝的好處是，我們可以像操作物件一樣操作這些包裝類別，從而使基本型別具有更多的特性。例如，我們可以將 Integer 物件添加到集合中，使用它們的方法來執行數學運算，或者在需要時處理 null 值。

理解這個概念需要先回顧 Java 中的基本型別和引用型別之間的區別：

1. **基本型別(Primitive Types)**：基本型別是 Java 中的八種預定義資料型別，包括整數、浮點數、字元等，如 int、double、char 等。它們用於存儲單一數值，並且在記憶體中以原始的二進制形式存儲，這樣可以實現高效的數值計算。基本型別的變數存儲的是實際數值，而不是物件的引用。

2. **引用型別(Reference Types)**：引用型別（或稱類別型別）是由類別創建的物件，存儲在堆疊(Stack)中，並且可以包含多個資料成員和方法。Java 中的類別，如自定義類別、標準類別庫中的類別（如 String、ArrayList 等）都是類別型別。變數存儲的是物件的引用，而不是實際數值。

包裹(Wrap)基本型別是指將基本資料類型（如整數、浮點數、字符等）封裝或轉換成對應的包裝類別物件。這樣的包裝類別提供了額外的方法和功能，使基本資料類型可以像物件一樣進行操作。以下是一些常見的基本型別和對應的包裝類別：

1. int → Integer

2. double → Double

3. float → Float

4. char → Character

5. boolean → Boolean

6. byte → Byte

7. short → Short

8. long → Long

　　我們用下列隨堂練習程式範例示範了如何使用 Java 的包裝類別來封裝(Wrap)基本資料型別，然後再解封裝(Unwrap)成基本資料型別，以及如何使用這些包裝類別進行基本運算。

 隨|堂|練|習

　　設計一個 Java 程式，示範如何使用 Java 的包裝類別(Wrapper Classes)來進行以下操作：
1. 將基本資料型別 int 封裝為 Integer，然後解封裝為 int。
2. 將基本資料型別 double 封裝為 Double，然後解封裝為 double。
3. 將基本資料型別 float 封裝為 Float，然後解封裝為 float。
4. 將基本資料型別 char 封裝為 Character，然後解封裝為 char。
5. 將基本資料型別 boolean 封裝為 Boolean，然後解封裝為 boolean。
6. 將基本資料型別 byte 封裝為 Byte，然後解封裝為 byte。
7. 將基本資料型別 short 封裝為 Short，然後解封裝為 short。
8. 將基本資料型別 long 封裝為 Long，然後解封裝為 long。

　　同時，請示範如何使用包裝類別進行數值計算，例如加法、減法、乘法、除法，並印出計算結果。請設計一個程式來達成上述目標，並印出每個包裝類別的封裝和解封裝過程，以及數值計算的結果。

🔓解答

```java
public class WrapperExample {
    public static void main(String[] args) {
        // int → Integer
        int intValue = 123;
        Integer integerValue = Integer.valueOf(intValue); // 將 int 封裝成 Integer
        int unwrappedInt = integerValue.intValue(); // 從 Integer 解封裝為 int
        System.out.println("Integer 值: " + integerValue);
        System.out.println("解封裝的 Integer: " + unwrappedInt);
        System.out.println("integerValue == unwrappedInt: " + (integerValue ==
        unwrappedInt));
```

```java
// double → Double
double doubleValue = 3.14;
Double doubleWrapper = Double.valueOf(doubleValue);
double unwrappedDouble = doubleWrapper.doubleValue();
System.out.println("Double 值: " + doubleWrapper);
System.out.println("解封裝的 Double: " + unwrappedDouble);
System.out.println("doubleWrapper + unwrappedDouble: " +
(doubleWrapper + unwrappedDouble));

// float → Float
float floatValue = 1.23f;
Float floatWrapper = Float.valueOf(floatValue);
float unwrappedFloat = floatWrapper.floatValue();
System.out.println("Float 值: " + floatWrapper);
System.out.println("解封裝的 Float: " + unwrappedFloat);
System.out.println("floatWrapper - unwrappedFloat: " + (floatWrapper -
unwrappedFloat));

// char → Character
char charValue = 'A';
Character charWrapper = Character.valueOf(charValue);
char unwrappedChar = charWrapper.charValue();
System.out.println("Character 值: " + charWrapper);
System.out.println("解封裝的 Character: " + unwrappedChar);
System.out.println("charWrapper + unwrappedChar: " +
(charWrapper + unwrappedChar));

// boolean → Boolean
boolean booleanValue = true;
Boolean booleanWrapper = Boolean.valueOf(booleanValue);
boolean unwrappedBoolean = booleanWrapper.booleanValue();
System.out.println("Boolean 值: " + booleanWrapper);
System.out.println("解封裝的 Boolean: " + unwrappedBoolean);
System.out.println("booleanWrapper && unwrappedBoolean: " +
(booleanWrapper && unwrappedBoolean));

// byte → Byte
byte byteValue = 100;
Byte byteWrapper = Byte.valueOf(byteValue);
byte unwrappedByte = byteWrapper.byteValue();
System.out.println("Byte 值: " + byteWrapper);
System.out.println("解封裝的 Byte: " + unwrappedByte);
```

```
System.out.println("byteWrapper * unwrappedByte: " + (byteWrapper *
unwrappedByte));

// short → Short
short shortValue = 200;
Short shortWrapper = Short.valueOf(shortValue);
short unwrappedShort = shortWrapper.shortValue();
System.out.println("Short 值: " + shortWrapper);
System.out.println("解封裝的 Short: " + unwrappedShort);
System.out.println("shortWrapper / unwrappedShort: " + (shortWrapper /
unwrappedShort));

// long → Long
long longValue = 1234567890L;
Long longWrapper = Long.valueOf(longValue);
long unwrappedLong = longWrapper.longValue();
System.out.println("Long 值: " + longWrapper);
System.out.println("解封裝的 Long: " + unwrappedLong);
System.out.println("longWrapper + unwrappedLong: " + (longWrapper +
unwrappedLong));
    }
  }
```

## 運作原理

1. int 和 Integer

    (1) 我們首先宣告一個整數 intValue，然後使用 Integer.valueOf(intValue)
    方法將其封裝成 Integer 物件，稱為 integerValue。

    (2) 使用 integerValue.intValue() 方法將 Integer 解封裝為一個整數
    unwrappedInt。

    (3) 我們印出這些值，並比較 integerValue 和 unwrappedInt 是否相
    等。

2. double 和 Double

    (1) 我們宣告一個浮點數 doubleValue，然後使用 Double.valueOf
    (doubleValue)方法將其封裝成 Double 物件，稱為 doubleWrapper。

(2) 使用 doubleWrapper.doubleValue()方法將 Double 解封裝為一個浮點數 unwrappedDouble。

(3) 我們印出這些值，並進行 doubleWrapper 和 unwrappedDouble 的加法運算。

3. float 和 Float

(1) 類似地，我們宣告一個浮點數 floatValue，將其封裝成 Float 物件，然後解封裝回浮點數。

(2) 我們印出這些值，並進行 floatWrapper 和 unwrappedFloat 的減法運算。

4. char 和 Character

(1) 我們宣告一個字符 charValue，將其封裝成 Character 物件，然後解封裝回字符。

(2) 我們印出這些值，並進行 charWrapper 和 unwrappedChar 的字元加法運算。

5. boolean 和 Boolean

(1) 我們宣告一個布林值 booleanValue，將其封裝成 Boolean 物件，然後解封裝回布林值。

(2) 我們印出這些值，並進行 booleanWrapper 和 unwrappedBoolean 的邏輯與運算。

6. byte 和 Byte

(1) 我們宣告一個位元組 byteValue，將其封裝成 Byte 物件，然後解封裝回位元組。

(2) 我們印出這些值，並進行 byteWrapper 和 unwrappedByte 的乘法運算。

7. short 和 Short

(1) 類似地，我們宣告一個短整數 shortValue，將其封裝成 Short 物件，然後解封裝回短整數。

(2) 我們印出這些值，並進行 shortWrapper 和 unwrappedShort 的除法運算。

8. long 和 Long

(1) 最後，我們宣告一個長整數 longValue，將其封裝成 Long 物件，然後解封裝回長整數。

(2) 我們印出這些值，並進行 longWrapper 和 unwrappedLong 的加法運
算。

⌛ 執行結果

Integer 值: 123

解封裝的 Integer: 123

integerValue == unwrappedInt: true

Double 值: 3.14

解封裝的 Double: 3.14

doubleWrapper + unwrappedDouble: 6.28

Float 值: 1.23

解封裝的 Float: 1.23

floatWrapper - unwrappedFloat: 0.0

Character 值: A

解封裝的 Character: A

charWrapper + unwrappedChar: 130

Boolean 值: true

解封裝的 Boolean: true

booleanWrapper && unwrappedBoolean: true

Byte 值: 100

解封裝的 Byte: 100

byteWrapper * unwrappedByte: 10000

Short 值: 200

解封裝的 Short: 200

shortWrapper / unwrappedShort: 1

Long 值: 1234567890

解封裝的 Long: 1234567890

longWrapper + unwrappedLong: 2469135780

以下是一個實用的 Java 範例，使用包裝類別(Wrapper Classes)突顯其特色。這個案例演示了如何計算一個整數陣列中的最大值和最小值，同時利用 Integer 包裝類別處理可能的空陣列情況：

 隨|堂|練|習

設計一個 Java 程式，用於查找整數陣列中的最大值和最小值，同時處理可能的空陣列情況，以確保程式碼的強健性和可讀性。程式需要使用包裝類別(Wrapper Classes)來表示最大值和最小值，並透過回傳 null 來指示空陣列情況。請提供一個完整的 Java 程式，包括創建整數陣列、查找最大值和最小值，並根據結果印出適當的訊息。

🔓 解答

```java
public class MaxMinCalculator {
    public static void main(String[] args) {
        // 創建一個整數陣列
        int[] numbers = {22, 33, 44, 99, 77, 66};

        // 計算最大值和最小值
        Integer max = findMax(numbers);
        Integer min = findMin(numbers);

        if (max != null && min != null) {
            System.out.println("最大值: " + max);
            System.out.println("最小值: " + min);
        } else {
            System.out.println("陣列為空或沒有最大值和最小值。");
        }
    }

    // 查找整數陣列中的最大值
    private static Integer findMax(int[] arr) {
        if (arr.length == 0) {
            return null; // 回傳null以表示陣列為空
        }
```

```java
        int max = arr[0];
        for (int num : arr) {
            if (num > max) {
                max = num;
            }
        }
        return max;
    }

    // 查找整數陣列中的最小值
    private static Integer findMin(int[] arr) {
        if (arr.length == 0) {
            return null; // 回傳null以表示陣列為空
        }

        int min = arr[0];
        for (int num : arr) {
            if (num < min) {
                min = num;
            }
        }
        return min;
    }
}
```

## 運作原理

1. 這個範例中，我們首先創建了一個整數陣列 numbers，然後使用兩個自定義方法 findMax 和 findMin 來查找陣列中的最大值和最小值。這兩個方法回傳 Integer 包裝類別，以處理可能的空陣列情況。

2. 如果陣列不為空，我們印出最大值和最小值；如果陣列為空，則印出一條相應的訊息。

　　這個範例突顯了包裝類別的特色，它們可以用於處理可能的空值情況，並使程式碼更具可讀性和強健性。

### ⌛ 執行結果

最大值: 99
最小值: 22

## 3-2 成員的存取控制

### 3-2-1 成員存取控制修飾器

Java 成員(Members)的存取控制(Access Control)是透過修飾器(Access Modifiers)來規範實作而成的，這些修飾器決定了類別成員（包括欄位、方法以及類別）對其他類別或套件的可見度(Visible)和存取權限(Access Permissions)。Java 有四種主要的修飾器，透過這些修飾器的規範以保護資料成員不被訪查或任意的修改：

1. 公開(Public)：被標記為 public 的成員，可以藉由任何其他類別訪查該 public 的成員。被標記為 public 的成員具有最廣泛的可見度，可以透過任何類別訪查，甚至是來自其他套件(Package)的類別也可以對其訪查。當一個成員被標記為 public 時，表示其可以被其他類別訪查或修改，包括來自不同套件(Package)的類別。以下是一個簡要的示範，說明如何宣告和讀取 public 的成員。首先，我們創建一個名為 Person 的類別，並在其中宣告一個 public 的成員變數 name。

```java
public class Person {              // 創建一個名為 Person 的類別
    public String name;            // 宣告一個 public 的成員變數 name
    public Person(String name) {   // 建構子，初始化 name
        this.name = name;
    }
}
```

如以下類別 AnotherClass 的程式，我們可以在另一個類別 (AnotherClass)中使用 Person 類別的 public 成員 name，即使這個類別位於不同的套件。在這個示範中，我們創建了一個 Person 物件，將其命名為

person，然後讀取了它的 public 成員變數 name，並且藉由 System.out.println 輸出了名字。這個示範說明了 public 成員的廣泛可見性，無論是在同一個套件還是不同套件中的類別都可以訪查它。

```java
public class AnotherClass {
    public static void main(String[] args) {
        Person person = new Person("Acer");   // 創建一個 Person 物件，設置名
        字為"Acer"
        String personName = person.name;   // 讀取類別 Person 之 public 成員變
        數 name
        System.out.println("這個人的名字是：" + personName); // 輸出名字
    }
}
```

2. **私有(Private)**：被標記為 private 的成員僅在同一個類別內部有可見度，在同一個類別內部的方法或指令等可以對宣告為 private 的成員（如方法、變數等）進行訪查或變更成員的值（如實例變數的值）。這些被標記為 private 的成員對於其他類別而言是不可見的(Invisible)，即使是在同一個套件(Package)內也無法被訪查。以下是一個簡要的示範，說明如何宣告和讀取 private 的成員。首先，我們創建一個名為 Person 的類別，並在其中宣告一個 private 的實例變數。

```java
public class Person {
    private int age;                  // 宣告一個 private 的成員變數
    public Person(int age) {
        this.age = age;
    }

    private void displayAge() {   // 宣告一個 private 的實例方法
        System.out.println("年齡：" + age);
    }
}
```

如以下類別 AnotherClass 的程式，嘗試在不同類別查訪 private 的成員 age 和 displayAge 方法。在這個示範中，我們可以看到，查訪 private 成員變數 age 會導致編譯錯誤，因為它只能在同一個類別內部訪查。同樣的，呼叫 private 方法 displayAge 也是無效的，因為它也不是在同一個類別。

```
public class AnotherClass {
    public static void main(String[] args) {
        Person person = new Person(25);    // 創建一個 Person 物件，設置年齡為 25

        // 在不同類別查訪 private 成員
        int personAge = person.age; // 這行會產生編譯錯誤，因為原類別 Person
        中的 age 是 private 成員

        // 調用不同類別內部的方法，該方法為 private 方法和 private 成員
        person.displayAge(); // 這行不會正常執行，因為 displayAge 是同一個類
        別內部的 private 方法
    }
}
```

因此會產生如下的錯誤訊息：

```
Exception in thread "main" java.lang.Error: Unresolved compilation problems:
The field Person.age is not visible
The method displayAge() from the type Person is not visible
```

3. **受保護(Protected)**：被標記為 protected 的成員可以在同一個類別、同一個套件，以及其子類別中被查訪；不同套件的類別中，僅限該類別的子類別可以存取。子類別可以透過繼承(Inherence)來存取 protected 成員。以下是一個簡單的示例，說明成員被標記為 protected 時，它可以在同一個套件、同一個類別，以及它的子類別中被查訪之觀念。首

先，我們創建一個名為 Person 的類別，並在其中宣告一個 protected 的成員變數 name：

```
package packageEx1;

public class Person {
    // 宣告一個受保護的成員變數名字
    protected String name;

    // 建構函式，接受名字作為參數
    public Person(String name) {
        this.name = name;
    }

    // 受保護的方法，用於自我介紹
    protected void introduce() {
        System.out.println("我叫" + name);
    }
}
```

現在，我們將創建一個與 Person 相同套件(PackageEx1)的類別 Student，並且不使用繼承，但仍然可以存取 Person 的 protected 成員：

```
package packageEx1;

public class Student {
    private Person person; // 在 Student 中儲存一個 Person 物件

    // 建構子，接受名字作為參數，並初始化 Person 物件
    public Student(String name) {
     person = new Person(name);
    }

    // 顯示學生資訊的方法
    public void displayStudentInfo() {
        // 學生類別可以存取 Person 的 protected 成員
        System.out.println("學生的名字：" + person.name);
        person.introduce();
```

```
        }
    }
```

在上述程式中，我們創建了一個 Student 類別於套件 packageEx1，並在其中存儲了一個 Person 物件。儘管 Student 和 Person 不是同一個類別，但由於 Student 類別位於相同套件，所以仍然可以存取 Person 的 protected 成員 name 和 introduce 方法。這說明了 protected 成員在同一個套件中的可見性，以及如何在不使用繼承的情況下訪查這些成員。

以上示範例中的主程式(Main Program)如下，它用來呈現在不使用繼承的情況下於相同套件(PackageEx1)下訪查 protected 成員：

```
package packageEx1;

public class MainProgram {
    public static void main(String[] args) {
        // 創建一個學生物件，並傳遞名字作為參數
        Student student = new Student("大同");

        // 呼叫學生物件的方法，顯示學生資訊
        student.displayStudentInfo();
    }
}
```

上述程式之執行結果，如下：

```
學生的名字：大同
我叫大同
```

4. **預設(Default)**：當未指定任何存取修飾關鍵字（即沒有 public、private 或 protected 關鍵字）時，成員具有預設的可見度。預設成員可以在同一個套件內部被訪查，但無法在套件外部被存取。

我們最後總結 Java 成員(Members)的存取控制(Access Control)修飾器(Access Modifiers)所規範的可見度：公開(Public)成員在任何地方都可被訪查，私有(Private)成員僅在同一個類別內部可被訪查，受保護(Protected)成員在同一個類別、同一個套件，以及其子類別中可被訪查，預設(Default)成員僅在同一個套件內部可被訪查。

### 📎3-2-2 成員存取控制實例

我們使用以下兩個<隨堂練習>範例展示公開(Public)成員，私有(Private)成員以及受保護(Protected)成員在類別之間的運作方式。第一個<隨堂練習>範例著重於在同一個套件之跨類別運作；而第二個<隨堂練習>範例則展示跨套件、跨類別，以及同一類別中之資料存取訪查與可視性的狀態。

---

### 📂 隨|堂|練|習

題目：供應商管理程式設計
背景：你的公司需要一個簡單的供應商管理系統，以跟蹤不同供應商的資訊和數量。你需要設計一個 Java 程式，使用物件導向的概念來實現這個供應商管理系統。
任務：
　　請設計一個 Java 類別 Supplier，該類別具有以下屬性和方法：
1. 屬性
　(1) supplierId（整數）：供應商的唯一識別 ID，設定為私有。

---

(2) supplierName（字串）：供應商的名稱，設定為受保護。

(3) count（整數）：供應商的總數，設定為靜態私有。

2. 方法

(1) Supplier(int supplierId, String supplierName)：建構子，用於初始化供應商的 ID 和名稱，並增加供應商總數。

(2) getSupplierInfo()：取得供應商的資訊，回傳供應商 ID 和名稱的字串。

(3) getSupplierCount()：取得供應商的總數，回傳供應商總數的字串。

3. 在 public class SupplierTest 中，創建供應商物件並初始化它的屬性（ID 和名稱），如：供應商的 ID 為 1001，名稱為「宏碁電腦公司」。

(1) 使用 getSupplierInfo 方法來獲取供應商的資訊，包括 ID 和名稱，並將這些資訊輸出到控制台。

(2) 使用 Supplier.getSupplierCount() 方法來取得供應商的總數，並將其輸出到控制台。

🔓 解答

```java
//供應商類別
class Supplier {
  private int supplierId;          // 宣告一個私有的供應商ID
  protected String supplierName;   // 宣告一個受保護的供應商名稱
  static private int count = 0;    // 宣告一個靜態私有的計數變數

  // 建構子，初始化供應商ID和名稱，並增加計數
  public Supplier(int supplierId, String supplierName) {
      this.supplierId = supplierId;
      this.supplierName = supplierName;
      count++;
  }

  // 取得供應商資訊的方法
  public String getSupplierInfo() {
      return "供應商ID: " + supplierId + "\n供應商名稱: " + supplierName;
  }

  // 取得供應商數量的靜態方法
```

```
    static protected String getSupplierCount() {
        return "供應商數量: " + count;
    }
}

public class SupplierTest {
    public static void main(String[] args) {
        // 直接創建Supplier物件，輸入供應商ID、及供應商名稱
        Supplier supplier1 = new Supplier(1001, "宏碁電腦公司");
        Supplier supplier2 = new Supplier(1002, "寶馬汽車公司");
        Supplier supplier3 = new Supplier(1003, "可口可樂飲料公司");

        // 獲取並輸出供應商資訊，包含供應商ID、及供應商名稱
        String supplierInfo1 = supplier1.getSupplierInfo();
        String supplierInfo2 = supplier2.getSupplierInfo();
        String supplierInfo3 = supplier3.getSupplierInfo();

        // 印出供應商資訊，包含供應商ID、及供應商名稱
        System.out.println("========<供應商資訊>========");
        System.out.println(supplierInfo1);
        System.out.println(supplierInfo2);
        System.out.println(supplierInfo3);
        System.out.println("=========================");

        // 印出供應商數量
        System.out.println(Supplier.getSupplierCount());
    }
}
```

上述程式碼使用 Java 程式語言撰寫，必須將此程式命名為 SupplierTest.java 的檔案，使用 Java 編譯器進行編譯。

***

## 運作原理

這個程式示範了如何建立類別、建立物件、初始化物件的屬性，呼叫物件的方法，以及如何使用靜態方法(Static Method)來追蹤類別級別的資訊（供應商數量）。每個供應商的資訊和供應商數量都會被輸出到控制台，供觀看程式結果。讓我們一步一步解釋程式的運作原理和步驟：

1. 建立 Supplier 類別：在程式的開頭，我們定義了一個 Supplier 類別。這個類別用於表示供應商，包含供應商的屬性和方法。

2. Supplier 類別的屬性

   (1) supplierId：這是一個私有的整數屬性，用於儲存供應商的 ID。

   (2) supplierName：這是一個受保護的字串屬性，用於儲存供應商的名稱。

   (3) count：這是一個靜態私有的整數屬性，用於計算建立的供應商物件數量。

3. Supplier 類別的建構子：Supplier 類別有一個建構子，當建立一個新的供應商物件時，必須提供供應商的 ID 和名稱。建構子會初始化供應商的屬性並增加 count 變數，用於追蹤供應商數量。

4. Supplier 類別的方法

   (1) getSupplierInfo：這個方法用於取得供應商的資訊，包括供應商的 ID 和名稱。它會回傳一個包含資訊的字串。

   (2) getSupplierCount：這是一個靜態方法，用於取得建立的供應商數量。它會回傳一個包含數量的字串。

5. 主程式 SupplierTest

   (1) 在 main 方法中，我們建立了三個供應商物件 supplier1、supplier2 和 supplier3，並初始化它們的屬性（供應商 ID 和名稱）。

   (2) 我們使用 getSupplierInfo 方法取得每個供應商的資訊字串，並將這些資訊輸出到控制台。

   (3) 接著，我們呼叫 Supplier.getSupplierCount() 方法來取得供應商的總數，並將其輸出。

6. 輸出結果：程式執行後，會輸出每個供應商的資訊，包括 ID 和名稱。接著，會輸出供應商的總數。

---

**⏳ 執行結果**

---

========<供應商資訊>========
供應商 ID: 1001

```
供應商名稱: 宏碁電腦公司
供應商 ID: 1002
供應商名稱: 寶馬汽車公司
供應商 ID: 1003
供應商名稱: 可口可樂飲料公司

=========================
供應商數量: 3
```

進一步，我們介紹以下這個<隨堂練習>範例，此供應商資訊管理系統的設計具有以下特性：

1. **資訊隱私性**：SupplierInfo 類別中的供應商 ID 和電話號碼屬性被設為私有，這表示這些資訊無法直接被外部程式碼存取或修改。只有透過合適的方法才能獲取這些資訊，提高了資訊的隱私性。

2. **程式碼模組化**：系統使用了多個類別，每個類別都有不同的職責。這種模組化(Modularized)的設計使程式碼更容易理解、維護和擴展。如果需要新增更多供應商相關的功能，可以輕鬆擴展現有的設計。

3. **供應商資訊管理**：這個系統的主要目的是管理供應商資訊，包括 ID、名稱和電話號碼。透過 SupplierInfoGate 類別，用戶可以訪查和顯示供應商資訊，並了解目前有多少供應商。

4. **供應商數量追蹤**：SupplierInfo 類別中的靜態方法 getSupplierCount()可以追蹤已經創建的供應商數量。這對於業務報告和統計分析非常有用。

5. **資訊重用性**：如果有其他部分的程式碼需要存取供應商資訊，只需創建一個 SupplierInfoGate 物件並調用相關方法即可，具備資訊的重用性(Information Reuse)，減少了程式碼的重複性。

隨 | 堂 | 練 | 習

　　背景：你的任務是設計一個供應商資訊管理系統，該系統可以管理多個供應商的資訊，包括供應商的 ID、名稱和電話號碼。你需要使用物件導向程式設計的原則來實現這個系統。

　　要求：

1. 請根據以下程式碼，實現一個供應商資訊管理系統。

```
package packageEx1;
public class SupplierInfoDriver {
    public static void main(String[] args) {
        // 在這裡創建供應商物件，每個供應商都應該具有ID、名稱和電話
號碼
        // 然後輸出供應商資訊和供應商數量
    }
}
```

```
package CH3;
public class SupplierInfoGate {
    // 在這裡定義一個供應商資訊的Gateway，可以將供應商資訊的操作透過
這個Gateway進行
    // 例如，你可以使用這個Gateway創建供應商物件，並獲取供應商資訊和
數量
}
```

```
package CH3;
public class SupplierInfo {
    // 在這裡定義一個供應商資訊的類別，包括供應商的ID、名稱和電話號碼
    // 並提供方法來獲取供應商資訊和供應商數量
}
```

2. 請確保程式碼的正確性和完整性。你可以直接使用上面提供的程式碼，只需在程式碼中填入必要的部分即可。

3. 請在 SupplierInfoDriver 類別中創建至少三個供應商物件，每個供應商應該有不同的 ID、名稱和電話號碼。然後使用適當的方法輸出這些供應商的資訊，並顯示目前的供應商數量。

4. 請確保程式碼可以順利運行，並提供註解以解釋程式碼的運作原理。

5. 注意事項

   (1) 請使用提供的程式碼框架，不要更改程式碼的整體結構。

   (2) 請完成程式碼的註解和說明。

🔓解答

```java
package packageEx1;

// 載入CH3.SupplierInfoGate，即套件CH3裡面的類別SupplierInfoGate
import CH3.SupplierInfoGate;

public class SupplierInfoDriver {
    public static void main(String[] args) {
        // 直接創建Supplier物件，輸入供應商ID、及供應商名稱
        SupplierInfoGate supplier1 = new SupplierInfoGate(1001, "宏碁電腦公司", "02-1234567");
        SupplierInfoGate supplier2 = new SupplierInfoGate(1002, "寶馬汽車公司", "02-7654321");
        SupplierInfoGate supplier3 = new SupplierInfoGate(1003, "可口可樂飲料公司", "02-1122334");

        // 獲取並輸出供應商資訊，包含供應商ID、及供應商名稱
        String supplierInfo1 = supplier1.SupplierInfoShow();
        String supplierInfo2 = supplier2.SupplierInfoShow();
        String supplierInfo3 = supplier3.SupplierInfoShow();

        // 印出供應商資訊，包含供應商ID、及供應商名稱
        System.out.println("=====================< 供 應 商 資 訊 >=====================");
        System.out.println(supplierInfo1);
        System.out.println(supplierInfo2);
        System.out.println(supplierInfo3);

System.out.println("==================================================");
```

```java
            // 印出供應商數量
            System.out.println(supplier1.SupplierCountShow());
            System.out.println(supplier2.SupplierCountShow());
            System.out.println(supplier3.SupplierCountShow());

        }
}




package CH3;

public class SupplierInfoGate {
    public SupplierInfo supplier;
    public String supplierInfoValue, supplierNum;

    public SupplierInfoGate(int id, String company, String telephone) {
        this.supplier = new SupplierInfo(id, company, telephone);
    }

    public String SupplierInfoShow() {
        supplierInfoValue = supplier.getSupplierInfo();
        return supplierInfoValue;
    }

    public String SupplierCountShow() {
        supplierNum = SupplierInfo.getSupplierCount();
        return supplierNum;
    }

}




package CH3;

public class SupplierInfo {
    private int supplierId;          // 宣告一個私有的供應商ID
    protected String supplierName;   // 宣告一個受保護的供應商名稱
    private String supplierTel;       // 宣告一個受私有的供應商電話
    static private int count = 0;     // 宣告一個靜態私有的計數變數
```

```
    // 建構子，初始化供應商ID和名稱，並增加計數
    protected SupplierInfo(int supplierId, String supplierName, String supplierTel) {
        this.supplierId = supplierId;
        this.supplierName = supplierName;
        this.supplierTel = supplierTel;
        count++;
    }

    // 取得供應商資訊的方法
    protected String getSupplierInfo() {
    return "供應商ID: " + supplierId + "   供應商名稱: " + supplierName +
    "   供應商電話: " + supplierTel;
    }

    // 取得供應商數量的靜態方法
    static protected String getSupplierCount() {
        return "供應商數量: " + count;
    }
}
```

## 運作原理

　　以上程式碼包括三個 Java 類別：SupplierInfoGate 、 SupplierInfo 、SupplierInfoDriver ， 它 們 一 起 構 建 了 一 個 供 應 商 資 訊 管 理 系 統。SupplierInfoGate 類別充當一個介面，讓使用者可以輕鬆地存取供應商資訊和 數 量。 SupplierInfo 類 別 包 含 供 應 商 的 詳 細 資 訊 和 計 數。SupplierInfoDriver 類別創建供應商資訊的主程式，使用 SupplierInfoGate 類別來存取供應商的資訊並顯示出來。以下是這些類別的詳細說明：

1. SupplierInfoGate 類別：這是一個包含主要供應商資訊的門戶類別。它具有以下屬性：

   (1) supplier：一個 SupplierInfo 物件，用於儲存供應商的資訊。

   (2) supplierInfoValue：用於儲存供應商資訊的字串。

   (3) supplierNum：用於儲存供應商數量的字串。

   (4) 建構子 SupplierInfoGate(int id, String company, String telephone) 接受供應商的 ID、公司名稱和電話號碼，並在內部創建一個 SupplierInfo 物件來儲存這些資訊。

(5) SupplierInfoShow()方法：取用 SupplierInfo 物件的 getSupplierInfo 方法以獲取供應商資訊，然後將其儲存在 supplierInfoValue 中並回傳。

(6) SupplierCountShow() 方法：取用 SupplierInfo 物件的 getSupplierCount 方法以獲取供應商數量，然後將其儲存在 supplierNum 中並回傳。

2. SupplierInfo 類別：這是一個表示供應商資訊的類別。它具有以下屬性：

(1) supplierId：供應商的唯一識別 ID，設定為私有。

(2) supplierName：供應商的名稱，設定為受保護。

(3) supplierTel：供應商的電話號碼，設定為私有。

(4) count：供應商的總數，設定為靜態私有。

(5) 建構子 SupplierInfo(int supplierId, String supplierName, String supplierTel)接受供應商的 ID、名稱和電話號碼，並初始化相應的屬性，同時增加供應商總數 count。

(6) getSupplierInfo()方法：回傳包含供應商 ID、名稱和電話號碼的字串。

(7) getSupplierCount()方法：回傳供應商的總數的字串。

3. SupplierInfoDriver 類別：這是主要的應用程式類別，用於測試供應商資訊管理系統。在 main 方法中，它創建了三個 SupplierInfoGate 物件(supplier1、supplier2 和 supplier3)，每個物件代表不同的供應商資訊。

(1) 使用 SupplierInfoShow()方法來取得並顯示每個供應商的資訊。

(2) 使用 SupplierCountShow()方法來取得並顯示每個供應商的總數。

### ⧗ 執行結果

```
====================<供應商資訊>====================
供應商 ID: 1001   供應商名稱: 宏碁電腦公司   供應商電話: 02-1234567
供應商 ID: 1002   供應商名稱: 寶馬汽車公司   供應商電話: 02-7654321
供應商 ID: 1003   供應商名稱: 可口可樂飲料公司   供應商電話: 02-1122334
==================================================
供應商數量: 3
供應商數量: 3
供應商數量: 3
```

## 3-2-3 運用 this 關鍵字

Java 中的一個關鍵字 this，它代表了當前物件（或實例）。以下是關於 this 的概念、原理以及應用方式的介紹。

this 是一個參考(Reference)，它指向當前正在執行程式碼的物件實例。每個類別的實例都有自己的一份資料，this 讓我們能夠在類別的方法中存取和操作該實例的資料成員，以及使用該實例的其他方法。當我們創建一個類別的實例時，Java 會自動為這個實例分配記憶體空間，並維護對這個實例的引用。這個引用就是 this。當我們在一個方法中使用 this 時，它實際上是在引用當前物件的實例，使我們能夠存取該實例的成員變數和方法。

將不同的應用方式，分別說明如下：

1. **區別參數和物件成員**：假設我們有一個建構子或方法，其參數名稱與物件成員名稱相同，我們可以使用 this 來區別它們，以確保賦值給正確的變數。在我們的程式碼中，這樣可以避免混淆。

```
    int a;   //物件成員 a，即為實例變數(instance variable) a

public methodA(int a) {
   if (a > 0) {
   // 使用 this 區別參數(即區域變數) a 與物件成員 a(即實例變數)
   this.a = a;
   }
}
```

2. **呼叫其他建構子**：在同一個類別中，我們可以使用 this 來呼叫其他建構子，稱為建構子的重載(Overloading)。這對於在不同參數情境時初始化物件很有用，其在呼叫其他建構子時，必須放在建構子的第一行。

以下是使用 Student 類別的範例，以展示建構子的重載和如何使用 this 在同一個類別中呼叫其他建構子：

```java
public class Student {
    private String name;
    private int age;

    // 建構子 1：帶有名稱和年齡的建構子
    public Student(String name, int age) {
        this.name = name;
        this.age = age;
    }

    // 建構子 2：僅帶有名稱的建構子，將年齡設為預設值 0
    public Student(String name) {
        this(name, 0); // 呼叫建構子 1，將年齡設為 0
    }

    // 方法：顯示學生的資訊
    public void displayInfo() {
        System.out.println("學生姓名：" + name);
        System.out.println("學生年齡：" + age);
    }

    public static void main(String[] args) {
        // 創建學生物件並初始化
        Student student1 = new Student("Alice", 25);
        Student student2 = new Student("Bob");

        // 顯示學生的資訊
        System.out.println("學生 1 的資訊：");
        student1.displayInfo();

        System.out.println("\n 學生 2 的資訊：");
        student2.displayInfo();
    }
}
```

在這個範例中，Student 類別包含兩個建構子，其中一個接受名稱(Name)和年齡(Age)，另一個僅接受名稱(Name)並將年齡(Age)設為預設值0。在第二個建構子中，我們使用 this 來呼叫第一個建構子，以確保初始化邏輯一致。

在 main 方法中，我們創建了兩個不同的 Student 物件，並使用displayInfo()方法顯示它們的資訊。這個範例展示了如何使用建構子的重載(Overloading)和 this 來簡化 Student 物件的初始化，執行結果如下：

```
學生 1 的資訊：
學生姓名：Alice
學生年齡：25

學生 2 的資訊：
學生姓名：Bob
學生年齡：0
```

## 3-3 建構子與多載的運用方式

建構子(Constructor)和多載(Overloading)是物件導向程式設計中常見的兩個概念，它們用於初始化物件和提供不同的建構方式。建構子是用於初始化類別的物件的特殊方法，它的使用方式，取決於我們的需求和設計。以下是建構子的多種使用方式：

1. **預設建構子(Default Constructor)**：如果我們沒有明確定義任何建構子，Java 將自動提供一個無參數的預設建構子。預設建構子不執行任何特定的初始化操作，只是將物件建立並初始化為其預設值（例如，數值型別為 0，參考型別為 null）。

這是最簡單的建構子使用方式，特別適用於那些不需要特別初始化的情況。

```java
public class MyClass {
    // 預設建構子由 Java 自動提供
}
```

2. **有參數的建構子**：我們可以定義自己的建構子，並提供參數，用來初始化物件時傳遞相關資訊。有參數的建構子讓我們可以在創建物件時一次性設置多個屬性，提供了更多的初始化選項。

```java
public class Person {
    private String name;
    private int age;

    // 有參數的建構子
    public Person(String name, int age) {
        this.name = name;
        this.age = age;
    }
}
```

3. **多個建構子的多載**：我們可以在同一個類別中定義多個不同參數的建構子，這稱為建構子的多載(Overloading)。多載建構子讓我們可以根據不同的情況選擇使用特定的一個建構子。

```java
public class Product {
    private String name;
    private double price;

    // 沒有參數的建構子，名稱預設為"Zoe"，價格預設為 0
    public Product() {
        this.name = "Zoe";
```

```
                this.price = 0;
            }

        // 有參數的建構子，初始化名稱和價格
        public Product(String name, double price) {
                this.name = name;
                this.price = price;
            }

        // 有參數的建構子，僅初始化名稱，價格預設為 0
        public Product(String name) {
                this.name = name;
                this.price = 0;
            }
    }
```

4.  **鏈接建構子**：我們可以在一個建構子中呼叫另一個建構子，以簡化建
    構子的重複程式碼。這被稱為建構子鏈接(Constructor Chaining)。

```
        public class Rectangle {
            private int width;
            private int height;

        // 有參數的建構子
        public Rectangle(int width, int height) {
                this.width = width;
                this.height = height;
            }

        // 無參數的建構子，使用鏈接建構子呼叫有參數的建構子
        public Rectangle() {
                this(0, 0);
        // 呼叫有參數的建構子，並傳遞預設值
            }
    }
```

以下是一個針對有參數的建構子、以及多個建構子的多載 (Overloading)之 Java 程式隨堂練習，幫助我們理解建構子的使用方式。

## 隨|堂|練|習

設計一個 Java 類別"Robotics"，表示機器人物件，並實作以下要求：

1. 定義四個實例變數（屬性）：name（名字）、breed（品種）、age（年齡）和 color（顏色）。

2. 提供兩個建構子：

    (1) 一個帶有四個參數的建構子，用於初始化機器人的名字、品種、年齡和顏色。

    (2) 一個無參數的建構子，預設初始化一個名為 "Kebbi"、品種為 "educational robotics"、年齡為 8、顏色為"white"的機器人。

3. 提供四個方法：

    (1) getName()：回傳機器人的名字。

    (2) getBreed()：回傳機器人的品種。

    (3) getAge()：回傳機器人的年齡。

    (4) getColor()：回傳機器人的顏色。

4. 實作一個 toString()方法，該方法回傳一個字串，描述機器人的資訊，格式如下：

Hello! I am a robot. My name is [機器人的名字].
My breed, age, and color are [機器人的品種], [機器人的年齡], and [機器人的顏色].

5. 在 main 方法中，創建至少三個不同的機器人物件，分別設定它們的屬性值並輸出它們的描述資料。

請根據以上要求，設計並實作這個"Robotics"類別的程式碼。

```java
public class Robotics {
    // Instance Variables
    String name;
    String breed;
    int age;
    String color;

    // Constructor Declaration of Class
    public Robotics(String name, String breed, int age, String color) {
        this.name = name;
        this.breed = breed;
        this.age = age;
        this.color = color;
    }

    public Robotics() {
        this.name = "Kebbi";
        this.breed = "educational robotics";
        this.age = 8;
        this.color = "white";
    }

    // method getName
    public String getName() {
        return name;
    }

    // method getBreed
    public String getBreed() {
        return breed;
    }

    // method getAge
    public int getAge() {
        return age;
    }

    // method getColor
    public String getColor() {
        return color;
    }
```

```
    // @Override toString
    public String toString() {
        return("Hello! I am a robot. My name is "+ this.getName() +
               ".\nMy breed, age and color are " +
               this.getBreed() + ", " + this.getAge()+
               ","+ " and " + this.getColor()) + ".\n";
    }

    public static void main(String[] args) {
        Robotics kitty = new Robotics("Kitty","cat robotics", 57, "pink");
        System.out.println(kitty.toString());
        Robotics kebbi = new Robotics();
        System.out.println(kebbi.toString());
        Robotics pepper = new Robotics("Pepper","service robot", 12, "white");
        System.out.println(pepper);
    }
}
```

## 運作原理

　　這個程式碼說明 Robotics 物件的基本屬性和行為，以下是這個程式碼的運作原理和題目解釋：

1. 類別和屬性：程式碼開始定義了一個名為"Robotics"的類別，並在其中定義了一些實例變數（屬性）：

    (1) name：機器人的名字。

    (2) breed：機器人的品種或類型。

    (3) age：機器人的年齡。

    (4) color：機器人的顏色。

2. 建構子：類別中有兩個建構子(Constructor)：

    (1) public Robotics(String name, String breed, int age, String color)：接受四個參數，用於初始化機器人的屬性。

    (2) public Robotics()：無參數建構子，預設初始化一個名為"Kebb""的教育機器人，年齡 8 歲，顏色為白色。

3. 方法：類別中有一些方法用於取得機器人的屬性值：

    (1) getName()：取得機器人的名字。

(2) getBreed()：取得機器人的品種。

(3) getAge()：取得機器人的年齡。

(4) getColor()：取得機器人的顏色。

(5) toString 方法：類別中還有一個 toString()方法，用於回傳機器人的描述文字，包括名字、品種、年齡和顏色。

4. main 方法：在 main 方法中，程式碼創建了三個不同的機器人物件，分別是"kitty"、"kebbi"和"pepper"，並使用 toString()方法來輸出它們的描述。

### 🔲 執行結果

Hello! I am a robot. My name is Kitty.

My breed, age and color are cat robotics, 57, and pink.

Hello! I am a robot. My name is Kebbi.

My breed, age and color are educational robotics, 8, and white.

Hello! I am a robot. My name is Pepper.

My breed, age and color are service robot, 12, and white.

以下是一個針對無參數的建構子、有參數的建構子、多個建構子的多載(Overloading)，以及建構子鏈接(Constructor Chaining)之 Java 程式隨堂練習。

📁 隨│堂│練│習

　　請設計一個名為 Date 的類別，用於表示日期。這個日期物件應該包含以下屬性：

1. day（日）：範圍為 1 到 31
2. month（月）：範圍為 1 到 12
3. year（年）：可以是任何年份

　　請為 Date 類別提供以下功能：

1. 一個無參數建構子，將日期初始化為 0/0/0。
2. 一個接受日的建構子，將月和年初始化為 0，日為指定的值。
3. 一個接受日和月的建構子，將年初始化為 0，日和月為指定的值。
4. 一個接受日、月和年的建構子，這個建構子應該能夠檢查日期的有效性。如果日期無效（例如：2 月 30 日），則應該顯示「無效的日期」，並將日期設置為 0/0/0。
5. 一個接受另一個 Date 物件的建構子，以複製另一個日期物件的值。
6. 一個 setDate 方法，用於設置日期的日、月和年。同樣，這個方法應該能夠檢查日期的有效性，並在日期無效時顯示「無效的日期」。
7. 一個 setDay 方法，用於設置日期的日。同樣，這個方法應該能夠檢查日期的有效性，並在日期無效時顯示「無效的日期」。
8. 一個 setMonth 方法，用於設置日期的月。同樣，這個方法應該能夠檢查日期的有效性，並在日期無效時顯示「無效的日期」。
9. 一個 setYear 方法，用於設置日期的年。同樣，這個方法應該能夠檢查日期的有效性，並在日期無效時顯示「無效的日期」。
10. 一個 getDay 方法，用於獲取日期的日。
11. 一個 getMonth 方法，用於獲取日期的月。
12. 一個 getYear 方法，用於獲取日期的年。
13. 一個 toUniversalString 方法，用於將日期以通用日期格式(DD/MM/YYYY)的字符串形式回傳。

14. 一個 toString 方法，用於將日期以常規日期格式（例如："January 1, 2023"）的字符串形式回傳。

　　請設計一個名為 DateTest 的測試類別，並在其中執行以下操作：

1. 創建一個 Date 物件，並顯示其初始日期。

2. 使用 setDate 方法設置日期，然後再次顯示日期。

3. 創建其他 Date 物件，其中一些日期是不完整的（例如：只有日，沒有月和年），然後顯示這些日期。

4. 創建一個日期，其中包含一個無效的日期（例如：2 月 30 日），然後顯示這個無效日期，確保程式能正確處理無效日期。

5. 顯示其他 Date 物件的日期。

6. 測試 setDay、setMonth 和 setYear 方法，確保它們可以正確設置日期的各個部分。

7. 使用 getDay、getMonth 和 getYear 方法讀取日期的各個部分，並顯示它們。

8. 使用 toUniversalString 方法以通用日期格式顯示日期。

9. 使用 toString 方法以常規日期格式顯示日期。

🔒 解答

Date.java

```java
public class Date {
    private int day;     // 1 - 31
    private int month;   // 1 - 12
    private int year;    // 任意年份

    public Date() {
        this(0, 0, 0);  // 呼叫具有三個參數的建構子
    }

    public Date(int day) {
        this(day, 0, 0);   // 呼叫具有三個參數的建構子
    }

    public Date(int day, int month) {
        this(day, month, 0);   // 呼叫具有三個參數的建構子
    }
```

```java
    public Date(int day, int month, int year) {
        if (!isValidDate(day, month, year)) {
            System.out.println("無效的日期");
            this.day = 0;
            this.month = 0;
            this.year = 0;
        } else {
            this.day = day;
            this.month = month;
            this.year = year;
        }
    }

    public Date(Date date) {
        this(date.day, date.month, date.year);
    }

    public void setDate(int day, int month, int year) {
        if (!isValidDate(day, month, year)) {
            System.out.println("無效的日期");
        } else {
            this.day = day;
            this.month = month;
            this.year = year;
        }
    }

    public void setDay(int day) {
        if (isValidDate(day, this.month, this.year)) {
            this.day = day;
        } else {
            System.out.println("無效的日期");
        }
    }

    public void setMonth(int month) {
        if (isValidDate(this.day, month, this.year)) {
            this.month = month;
        } else {
            System.out.println("無效的日期");
        }
    }
```

```
public void setYear(int year) {
    if (!isValidDate(this.day, this.month, year)) {
        System.out.println("無效的日期");
    } else {
        this.year = year;
    }
}

public int getDay() {
    return day;
}

public int getMonth() {
    return month;
}

public int getYear() {
    return year;
}

public String toUniversalString() {
    return String.format("%02d/%02d/%04d", getDay(), getMonth(),
getYear());
}

public String toString() {
    return String.format("%s %d, %04d", monthName(getMonth()),
getDay(), getYear());
}

private static boolean isValidDate(int day, int month, int year) {
    if (year <= 0) {
        return false;
    }

    if (month < 1 || month > 12) {
        return false;
    }

    int maxDays = daysInMonth(month, year);
    return day >= 1 && day <= maxDays;
}
```

```java
        private static int daysInMonth(int month, int year) {
            switch (month) {
                case 2:    // 二月
                    if (isLeapYear(year)) {
                        return 29;
                    } else {
                        return 28;
                    }
                case 4: case 6: case 9: case 11:    // 四月、六月、九月、十一月
                    return 30;
                default:    // 其他月份
                    return 31;
            }
        }

        // 檢查是否閏年
        private static boolean isLeapYear(int year) {
            if ((year % 4 == 0 && year % 100 != 0) || (year % 400 == 0)) {
                return true;
            } else {
                return false;
            }
        }

        private static String monthName(int month) {
            String[] months = {"Not-Available", "January", "February",
"March", "April", "May", "June", "July", "August", "September", "October",
"November", "December"};
            return months[month];
        }
    }


DateTest.java
public class DateTest {
    public static void main(String[] args) {
        // 創建 Date 物件並顯示初始日期 day,month,year
        System.out.println("初始日期: [Date()]");
        Date date1 = new Date();
        displayDate("date1", date1);
        System.out.printf("%s%n","=============================");

        // 設定日期
```

```
System.out.println("\n設定日期後: [date1.setDate(10, 5, 2023)]");
date1.setDate(10, 5, 2023); // day,month,year
displayDate("date1", date1);
System.out.printf("%s%n","==================================");

// 創建其他 Date 物件
System.out.println("\n設定不完整之日期後: [Date(15) & Date(2, 12)]");
Date date2 = new Date(15); // day,0,0
Date date3 = new Date(2, 12); // day,month,0
displayDate("date2", date2);
displayDate("date3", date3);
System.out.printf("%s%n","==================================");

System.out.println("\n設定不合適之日期後: [Date(30, 2, 2024)]");
Date date4 = new Date(30, 2, 2024); // day,month,year
displayDate("date4", date4);
System.out.printf("%s%n","==================================");

System.out.println("\n設定合適之日期後: [Date(29, 2, 2024)]");
date4.setDate(29, 2, 2024); // day,month,year
displayDate("date4", date4);
System.out.printf("%s%n","==================================");

// 顯示其他 Date 物件的日期
System.out.println("\n導入日期物件: [Date(date5)] ");
Date date5 = new Date(31, 12, 2030); // day,month,year
displayDate("date5", date5);
Date date6 = new Date(date5); // date5.day,date5.month,date5.year
displayDate("date6", date6);
System.out.printf("%s%n","==================================");

// 測試設置方法
System.out.println("\n測試設置方法:");
date4.setDay(-31);    // 驗證 day; February -31, 2024
displayDate("date", date4);
date4.setMonth(4);    // 驗證 month; April 29, 2024
displayDate("date", date4);
date4.setYear(1999); // 驗證 year; April 29, 1999
displayDate("date", date4);
System.out.printf("%s%n","==================================");
```

```
            // 測試讀取方法
            System.out.println("\n測試讀取方法:");
            System.out.printf("顯示date6: %s %d,
            %d%n",date6.getMonth(),date6.getDay(), date6.getYear() );
            System.out.printf("Universal date6:
            %s%n",date6.toUniversalString());
            System.out.printf("%s%n","=============================");

        }

        // 顯示日期
        private static void displayDate(String header, Date date) {
            System.out.printf("%s: %s%n", header, date.toString());
        }
    }
```

## 運作原理

　　程式碼包括兩個類別：Date 和 DateTest。讓我們詳細說明這兩個類別的運作原理：

1. Date 類別─Date 類別用於表示日期，具有以下實例變數：

　　(1) day：日期的日份（1 - 31）

　　(2) month：日期的月份（1 - 12）

　　(3) year：日期的年份（可以是任意正整數）

2. 建構子：

　　(1) Date()：無參數建構子，將日期初始化為 0/0/0，然後檢查日期是否有效。

　　(2) Date(int day)：帶有一個參數的建構子，設置日份，並將月份和年份初始化為 0，然後檢查日期是否有效。

　　(3) Date(int day, int month)：帶有兩個參數的建構子，設置日份和月份，並將年份初始化為 0，然後檢查日期是否有效。

　　(4) Date(int day, int month, int year)：帶有三個參數的建構子，設置完整的日期，然後檢查日期是否有效。

　　(5) Date(Date date)：複製建構子，接受另一個 Date 物件並複製其日期值。

3. 設置方法：

    (1) setDate(int day, int month, int year)：設置日期，檢查日期是否有效。

    (2) setDay(int day)：設置日份，檢查日期是否有效。

    (3) setMonth(int month)：設置月份，檢查日期是否有效。

    (4) setYear(int year)：設置年份，檢查日期是否有效。

4. 讀取方法：

    (1) getDay()：取得日份。

    (2) getMonth()：取得月份。

    (3) getYear()：取得年份。

5. 日期格式轉換方法：

    (1) toUniversalString()：將日期轉換為通用日期格式(DD/MM/YYYY)。

    (2) toString()：將日期轉換為標準日期格式(Month DD, YYYY)。

6. 驗證方法：isValidDate(int day, int month, int year)：檢查日期是否有效，包括年份是否為正整數，月份在範圍 1~12 內，日份在合理範圍內（考慮閏年）。

7. 私有靜態方法：

    (1) daysInMonth(int month, int year)：根據月份和年份回傳該月的天數。

    (2) isLeapYear(int year)：檢查是否為閏年。

    (3) monthName(int month)：根據月份編號回傳月份名稱。

接下來，我們將繼續說明 DateTest 類別中的程式碼的運作。

DateTest 類別：DateTest 類別包含 main()方法，用於展示 Date 類別的不同功能。這個程式示範了如何使用 Date 類別來處理日期，並展示了不同的日期操作和輸出，它執行以下操作：

1. 創建 Date 物件，顯示初始日期。

2. 設定日期並顯示修改後的日期。

3. 創建其他 Date 物件，顯示它們的日期。

4. 測試設置方法，包括日、月、年。

5. 顯示其他 Date 物件的日期。

6. 測試讀取方法，顯示月、日、年和通用日期格式。

7. DateTest 類別的 main()方法

(1) 測試設置方法的有效性：

A. 使用 setDay(-31)設置 date4 物件的日份，這是無效的日期，因為二月不可能有負的日份。所以，它會顯示「無效的日期」。

B. 使用 setMonth(4)設置 date4 物件的月份，這是有效的。所以，日期變為 4 月 29 日，2024 年。

C. 使用 setYear(1999)設置 date4 物件的年份，這是有效的。所以，日期變為 4 月 29 日，1999 年。

(2) 最後，測試讀取方法：

A. 使用 getMonth()、getDay()和 getYear()讀取 date6 物件的月、日和年份，然後顯示這些值。

B. 使用 toUniversalString()方法顯示 date6 物件的日期，以通用日期格式(DD/MM/YYYY)輸出。

　　這個程式碼示範了如何使用 Date 類別來創建、設置和操作日期物件，以及如何驗證日期的有效性。透過 DateTest 類別，我們可以清楚地了解 Date 類別的各種方法和功能。

### ⌛ 執行結果

```
初始日期: [Date()]
無效的日期
date1: Not-Available 0, 0000

==============================

設定日期後: [date1.setDate(10, 5, 2023)]
date1: May 10, 2023

==============================

設定不完整之日期後: [Date(15) & Date(2, 12)]
無效的日期
無效的日期
```

date2: Not-Available 0, 0000
date3: Not-Available 0, 0000
===============================

設定不合適之日期後: [Date(30, 2, 2024)]
無效的日期
date4: Not-Available 0, 0000
===============================

設定合適之日期後: [Date(29, 2, 2024)]
date4: February 29, 2024
===============================

導入日期物件: [Date(date5)]
date5: December 31, 2030
date6: December 31, 2030
===============================

測試設置方法:
無效的日期
date: February 29, 2024
date: April 29, 2024
date: April 29, 1999
===============================

測試讀取方法:
顯示 date6: 12 31, 2030
Universal date6: 31/12/2030
===============================

## 程式實作演練

**題目** | **學生管理系統**

請設計一個學生管理系統的 Java 程式 class StudentManagementSystem。

每個學生擁有學號 (studentID) 和姓名 (studentName) 作為 instance variables（實例變數）。系統夠記錄所有學生的數量，所以設計一個 static variable（靜態變數）來追蹤學生數量(studentCount)。你需要設計以下方法：

1. addStudent()：這是一個 static method，用來新增一位學生。當一位新學生被新增時，學生數量應該增加。此方法在建構子中被呼叫，不回傳任何值。

2. getStudentCount()：這是一個 static method，用來獲取學生的總數。這個方法應該回傳目前已經被新增的學生數量。

3. displayStudentInfo()：這是一個 instance method，用來顯示學生的學號和姓名。這個方法應該顯示該學生的學號和姓名。

請提供上述方法的實作，以及整合以下 main(String[] args) method，使之成為一個完整可以測試這個學生管理系統的程式。

```
public static void main(String[] args) {
    StudentManagementSystem student1 = new StudentManagementSystem(1001, "
    張霖一");

    StudentManagementSystem student2 = new StudentManagementSystem(1002, "
    李凌二");
```

```
StudentManagementSystem student3 = new StudentManagementSystem(1003, "
王靈珊");
student1.displayStudentInfo();
student2.displayStudentInfo();
student3.displayStudentInfo();
System.out.println("學生總數: " + StudentManagementSystem.getStudentCount());
}
```

## ⧗ 執行結果

```
學號: 1001, 姓名: 張霖一
學號: 1002, 姓名: 李凌二
學號: 1003, 姓名: 王靈珊
學生總數: 3
```

## 題目 | 圖書管理系統

請設計一個圖書管理系統的 Java 程式 class BookManagementSystem。每本書擁有書號(bookID)、書名(bookTitle)和作者(author)作為 instance variables（實例變數）。系統應該能夠記錄所有書籍的數量，所以設計一個 static variable（靜態變數）來追蹤書籍數量。你需要設計以下方法：

1. updateBook(int bookID, String bookTitle, String author)：用來更新一本書的資訊。當一本新書被更新時，書籍數量應該不變，僅變更書號、書名或作者。此方法不回傳任何值。

2. getBookCount()：用來獲取書籍的總數。這個方法應該回傳目前已經被新增的書籍數量。

3. displayBookInfo()：這用來顯示書籍的書號、書名和作者。這個方法應該在每本書的物件上被調用，並顯示該書的書號、書名和作者。

   請提供上述方法的實作，以及整合以下 main(String[] args) method，使之成為一個完整的程式。

```java
public static void main(String[] args) {
    // 建立書籍物件
    BookManagementSystem book1 = new BookManagementSystem(10001, "Java
    Programming", "John Smith");
    BookManagementSystem book2 = new BookManagementSystem(20001, "Data
    Structures", "Alice Johnson");
    BookManagementSystem book3 = new BookManagementSystem(30001,
    "Service Robot", "Holden Hu");

    // 顯示書籍資訊
    book1.displayBookInfo();
    book2.displayBookInfo();
    book3.displayBookInfo();

    // 顯示書籍總數
    System.out.println("書籍總數: " + BookManagementSystem.getBookCount());

    // 更新書籍資訊並顯示
    book1.updateBook(10001, "Advanced Java OOP", "Franklin Wind");
    book1.displayBookInfo();
```

```
            book2.displayBookInfo();
            book3.displayBookInfo();

            // 顯示書籍總數
            System.out.println("書籍總數: " + BookManagementSystem.getBookCount());
    }
```

---

### ⧗ 執行結果

```
書籍編號: 10001, 書名: Java Programming, 作者: John Smith
書籍編號: 20001, 書名: Data Structures, 作者: Alice Johnson
書籍編號: 30001, 書名: Service Robot, 作者: Holden Hu
書籍總數: 3
書籍編號: 10001, 書名: Advanced Java OOP, 作者: Franklin Wind
書籍編號: 20001, 書名: Data Structures, 作者: Alice Johnson
書籍編號: 30001, 書名: Service Robot, 作者: Holden Hu
書籍總數: 3
```

---

### 題目 | 咖啡訂購系統

請設計一個咖啡訂購系統,包含以下兩個類別:

1. class Coffee:其中包含方法 making(),此方法能夠顯示咖啡訂購的內容,格式為:「訂購咖啡:<豆種>[咖啡豆],<加牛奶>[是否加牛奶],<加糖>[是否加糖] ==> [杯數] 杯。」

2. class CoffeeDriver:包含 main 方法,在 main 方法中,建立五個不同設定的咖啡物件,並呼叫 making() 方法顯示訂購的內容。

已知完整之 class CoffeeDriver 程式碼，以及完整程式之執行結果，分別顯示如下：

```
public class CoffeeDriver {
    public static void main(String[] args) {
        Coffee myCoffee1 = new Coffee();
        Coffee myCoffee2 = new Coffee("Robusta");
        Coffee myCoffee3 = new Coffee("Excelsa", false);
        Coffee myCoffee4 = new Coffee("Arabica", true, true);
        Coffee myCoffee5 = new Coffee("Liberica", false, true, 5);
        myCoffee1.making();
        myCoffee2.making();
        myCoffee3.making();
        myCoffee4.making();
        myCoffee5.making();
    }
}
```

**⧗ 執行結果**

訂購咖啡：<豆種>Arabica，<加牛奶>false，<加糖>false ==> 1 杯。
訂購咖啡：<豆種>Robusta，<加牛奶>false，<加糖>false ==> 1 杯。
訂購咖啡：<豆種>Excelsa，<加牛奶>false，<加糖>false ==> 1 杯。
訂購咖啡：<豆種>Arabica，<加牛奶>true，<加糖>true ==> 1 杯。
訂購咖啡：<豆種>Liberica，<加牛奶>false，<加糖>true ==> 5 杯。

請設計 class Coffee，並整合於 class CoffeeDriver 程式中，使其達到上述執行結果。

| 題目 | 瑜珈教室管理系統 |
| --- | --- |

有一瑜珈教室管理程式，可以查看招生人數、學員名子、個別學員上課次數、所有學員累計上課次數等訊息。分兩階段招生，招生完成後開始上課。

試設計一程式（主程式 class YogaCH，會員管理 class MemberCH），class MemberCH 包含有 checkCourse()以及 takeCourse()兩個 methods。（註：請使用 instance variable 及 static variable 進行設計）

1.  checkCourse() method 可根據學員，檢查已註冊學員總人數、該學員名子、該學員上課次數、所有已註冊學員總累計上課總次數等資訊。如下：

    註冊成功。

    **總會員數量: 2**

    **Candy 參加瑜伽課程的次數: 0**

    **所有會員參加瑜伽課程的次數: 0**

2.  takeCourse() method 表示已註冊學員進行個別學員上課打卡，並記錄學員參與上課次數，分別統計個別已註冊學員上課累計次數、以及所有已註冊學員總累計上課總次數。

    已將完整之 **class** YogaCH 程式碼，以及完整程式之執行結果，分別顯示如下：

```
public class YogaCH {
    public static void main(String args[]) {
        System.out.println("<階段一> 瑜伽課程的會員註冊。");
        MemberCH mem1 = new MemberCH("Mary");
        MemberCH mem2 = new MemberCH("Candy");
```

```java
        System.out.println("檢查會員對瑜伽課程的當前狀態。");
        mem2.checkCourse();
        System.out.println("<階段二> 瑜伽課程的會員註冊。");
        MemberCH mem3 = new MemberCH("John");
        MemberCH mem4 = new MemberCH();
        System.out.println("檢查會員對瑜伽課程的當前狀態。");
        mem4.checkCourse();
        System.out.println("參加瑜伽課程的會員。");
        mem1.takeCourse();
        mem2.takeCourse();
        mem3.takeCourse();
        mem4.takeCourse();
        mem1.takeCourse();
        mem2.takeCourse();
        mem3.takeCourse();
        mem4.takeCourse();
        mem1.takeCourse();
        mem2.takeCourse();
        System.out.println("檢查會員對瑜伽課程的當前狀態。");
        mem2.checkCourse();
        mem4.checkCourse();
    }
}
```

⌛ 執行結果

<階段一> 瑜伽課程的會員註冊。
檢查會員對瑜伽課程的當前狀態。

註冊成功。
總會員數量: 2
Candy 參加瑜伽課程的次數: 0
所有會員參加瑜伽課程的次數: 0

<階段二> 瑜伽課程的會員註冊。
檢查會員對瑜伽課程的當前狀態。

註冊成功。警告: 需要提供會員姓名!
總會員數量: 4
無名氏 參加瑜伽課程的次數: 0
所有會員參加瑜伽課程的次數: 0

參加瑜伽課程的會員。
檢查會員對瑜伽課程的當前狀態。

註冊成功。
總會員數量: 4
Candy 參加瑜伽課程的次數: 3
所有會員參加瑜伽課程的次數: 10

註冊成功。警告: 需要提供會員姓名!
總會員數量: 4
無名氏 參加瑜伽課程的次數: 2

所有會員參加瑜伽課程的次數: 10

　　請設計 class MemberCH，並整合於 class YogaCH 程式中，使其達到上述執行結果。

---

| 題目 | 動物生日記錄系統 |

　　請設計一個動物生日記錄系統，該系統能夠記錄不同動物的生日，並能夠顯示這些生日資訊。

1.　設計一個 BirthCH 類別，用來表示動物的生日。這個類別應該包含以下方法：

(1) public BirthCH(int month, int day, int year)：建構子，初始化月份、日期和年份。需確保輸入的日期合法（1~12 月，1~31 日，閏年需考慮）。

(2) public String toString()：將生日資訊以「月份／日期／年份」的形式轉換為字串。

2.　設計一個 AnimalCH 類別，用來表示動物。這個類別應該包含以下方法：

(1) public AnimalCH(String name, BirthCH birthDate)：建構子，初始化動物的名字和生日。

(2) public BirthCH getBirthDate()：取得動物的生日。

(3) public String toString()：將動物的資訊以「名字 的生日：」的形式轉換為字串。

3.　在 AnimalCHTest 類別的 main 方法中，創建兩個不同動物的生日資訊，分別為"Hello Kitty"的生日（1 月 11 日，2011 年）和"Mickey Mouse"的生日（4 月 19 日，2023 年）。然後，顯示這兩個動物的生日資訊。

4.　請確保程式碼的運作正確，特別是日期的合法性。

請基於上述說明，整合以下 class AnimalCHTest，使之成為一個完整的程式，並達到以下執行結果。

```java
public class AnimalCHTest {
    public static void main(String[] args) {
        BirthCH kittyBirth = new BirthCH(1, 11, 2011);
        AnimalCH kitty = new AnimalCH("Hello Kitty", kittyBirth);
        BirthCH mickeyBirth = new BirthCH(4, 19, 2023);
        AnimalCH mickey = new AnimalCH("Mickey Mouse", mickeyBirth);
        System.out.println();
        System.out.println("每隻動物的生日:");

        System.out.println(kitty);
        System.out.println(mickey);
    }
}
```

**⧗ 執行結果**

```
動物的生日：1/11/2011
動物的生日：4/19/2023

每隻動物的生日:
Hello Kitty  的生日：1/11/2011
Mickey Mouse  的生日：4/19/2023
```

**作業**

1. 什麼是類別(Class)在物件導向程式設計中的作用？

2. 建構子(Constructor)的主要功能是什麼？

3. 方法(Method)在類別中的作用是什麼？

4. 存取控制(Access Control)在類別中的作用是什麼？

5. 建構子多載(Constructor Overloading)的目的是什麼？

6. 解釋 Java 中的 toString()方法的作用及其重要性。

7. 請解釋什麼是 Java 中的包裹器類別(Wrapper Classes)，以及它們的作用和優點。

8. 請解釋 Java 中基本資料型態和引用資料型態的區別。

9. 什麼是 Java 中的存取控制修飾器？請簡要說明四種主要的存取控制修飾器以及它們的作用。

10. 如果一個類別的成員變數被標記為 private，它可以被哪些地方存取？請解釋。

11. 假設有一個名為"Vehicle"的 Java 類別，其中某個成員方法被標記為 protected。你想要創建一個子類別"Car"來繼承"Vehicle"，並使用這個被標記為 protected 的方法。這是否可行？為什麼？

12. 在 Java 中，為什麼我們需要使用 this 關鍵字？請舉例說明。

13. 什麼是建構子的多載(Overloading)？可以舉例說明多載建構子的情境嗎？

14. 什麼是建構子鏈接(Constructor Chaining)？可以舉例說明建構子鏈接的作用嗎？

 Java

**04**

*CHAPTER*

 繼承的基礎觀念

本章將介紹繼承的核心概念，將探討子類別和父類別之間的關係。學習者將了解繼承的定義和目的，包括如何透過繼承實現程式碼的重複使用(Reuse)、方法的繼承(Method Inheritance)，以及方法的改寫(Overriding)等。

## 4-1 繼承的基本概念

繼承(Inheritance)是物件導向程式設計(Object-Oriented Programming; OOP)中的一個核心概念，表示一個類別可以繼承另一個類別的屬性(Property)和方法(Method)。在繼承的關係下，子類別(Subclass)可以繼承父類別(Superclass)的特性，而不需要重新編寫相同的程式碼。透過這種機制，子類別可以繼承(Inherit)並擁有父類別的所有公有(Public)和受保護(Protected)成員，包括其屬性和方法。

### 4-1-1 繼承的定義和目的

在物件導向程式設計中的繼承關係，首先必須瞭解父類別和子類別這兩個重要的概念：

1. **父類別(Superclass)**：父類別是被繼承的類別，它包含了一個或多個屬性和方法。這些屬性和方法可以被子類別繼承。父類別通常是一個更為通用和抽象的類別，它定義了一個或多個相似的物件之共同特性。在繼承關係中，父類別通常是被繼承的那個類別。

2. **子類別(Subclass)**：子類別是繼承父類別的類別，其可以繼承父類別的屬性和方法，同時還可以擁有自己的額外屬性和方法。子類別通常是一個特殊化或具體化的類別，它擁有父類別的特性，並且可能有自己特有的功能或特性。

簡單來說，父類別是一個通用的類別，而子類別則是基於父類別的特性進一步擴展和定製的類別。子類別可以繼承父類別的屬性和方法，並且可以根據需要添加新的屬性和方法，實現程式碼的重複使用和擴展，這樣的設計方式使得程式設計更具結構性和靈活性。

採用繼承(Inheritance)的程式設計方式具有許多優勢，如果多個類別有相似或相同的特性，我們可以將這些共同特性放在一個父類別中，子類別可以繼承這些特性，而不必從頭開始編寫，其增加了程式碼的重用性，如此將能更有效率地開發程式。其次，繼承提供了程式的結構化和模組化。透過父類別和子類別的關係，程式碼變得更容易理解和維護。如果需要修改某個特性，只需要在父類別中進行修改，所有繼承這個特性的子類別都會自動應用這個改變，減少了程式碼的修改量。另外，繼承還支援了多型性(Polymorphism)。多型性是指在不同的類別中可以使用相同的方法名稱，然而所執行的效果可以是不同的。這樣的特性使得程式的運作更具靈活性，能夠根據不同的情況執行不同的方法。

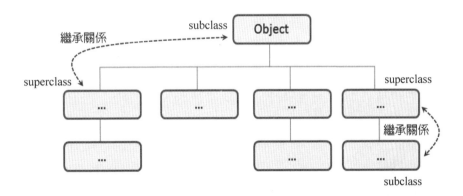

當談到繼承時，我們可以把它比喻為現實生活中的親子關係。就像父母可以把他們的特徵和技能傳遞給他們的子女，父類別可以把它的特性和方法傳遞給子類別。透過繼承的特性可以建立更為抽象和具體的類別，使得程式碼的設計更具有組織性和可讀性。比方說，如果我們先設計一個通用的「動物」類別，其中包含了基本的屬性（例如：名字、年齡等）和方法（例如：移動方法），我們可以依此「動物」類別創建不同的子類別（例如：「狗」和「貓」），這些子類別將繼承「動物」類別的屬性和方法。如此，我們就不需要在每個子類別中都重複定義與「動物」類別相同的屬性和方法，提高了程式碼的重用性。

### 4-1-2 子類別和父類別的關係

在 Java 中，所有的類別都是直接或間接地繼承自一個名為 Object 的父類別(java.lang.Object)。這個繼承關係形成了 Java 物件導向繼承的基本框架，以下是這個繼承結構的相關概念：

1. Object 類別：Object 類別是 Java 中所有類別的根類別(Root Class)，其定義了一些基本的方法，例如 equals()、hashCode()、toString()等。這些方法可以在所有的 Java 物件上使用，所有的類別，不論是系統內建的還是自行定義的，都直接或間接地繼承自 Object。Object 類別的基本方法，介紹如下：

   (1) equals()：這個方法用於判斷兩個物件是否相等。預設的行為是比較兩個物件的記憶體位址，但通常在使用時會被子類別覆寫，以便根據物件的內容進行比較。

   (2) hashCode()：傳回物件的雜湊碼，用於在雜湊表等資料結構中快速尋找物件。

   (3) toString()：傳回物件的所呈現的字串，通常是物件的類別名稱和記憶體位址的組合，其可運用於對於程式設計階段的除錯(Debug)和記錄(Log)。

   (4) getClass()：傳回物件的類別，用於獲取物件的類型資訊。

(5) clone()：建立並傳回物件的一個拷貝。這需要類別實現 Cloneable
　　介面(Interface)，否則會拋出 CloneNotSupportedException。

(6) finalize()：在物件被垃圾回收(Garbage Collection)之前被使用的方
　　法，可以用於執行一些記憶體清理工作。

　　下述例子展示了如何使用自定義的 equals()方法來比較物件的內容。
在實際應用中，如果我們希望根據物件的屬性來判斷物件是否相等，就需
要覆寫 equals()方法，以便自定義比較的邏輯。這樣可以讓我們更靈活地
處理物件的相等性判斷。

```java
import java.util.Objects;

//定義一個自訂類別 MyClassEquals
class MyClassEquals {
  private int id;
  private String name;

  // MyClassEquals 的建構子，用於初始化物件的屬性
  public MyClassEquals(int id, String name) {
      this.id = id;
      this.name = name;
  }


  // 改寫 equals() 方法
  @Override
  public boolean equals(Object obj) {
      // 檢查參數是否為相同的物件參考，如果是，則兩個物件相等
      if (this == obj) return true;
      // 檢查參數是否為 null 或不是相同類別的物件，如果是，則兩個
物件不相等
      if (obj == null || getClass() != obj.getClass()) return false;
      // 將參數轉換為 MyClassEquals 類型
      MyClassEquals myClass = (MyClassEquals) obj;
      // 比較兩個物件的 id 和 name 屬性是否相等，如果相等，則兩
個物件相等
      return id == myClass.id && Objects.equals(name, myClass.name);
  }
```

```java
    }
//測試 equals() 方法的類別
public class EqualsTest {
  public static void main(String[] args) {
      // 建立兩個 MyClassEquals 物件,它們的屬性相同
      MyClassEquals obj1 = new MyClassEquals(1, "Alice");
      MyClassEquals obj2 = new MyClassEquals(1, "Alice");
      // 建立另一個 MyClassEquals 物件,它的屬性與前兩個物件不同
      MyClassEquals obj3 = new MyClassEquals(2, "Bob");

      // 使用 equals() 方法比較物件是否相等,並印出結果
      System.out.println("obj1 和 obj2 是否相等? " + obj1.equals(obj2)); //
      預期輸出:true,因為屬性相同
      System.out.println("obj1 和 obj3 是否相等? " + obj1.equals(obj3)); //
      預期輸出:false,因為屬性不同
  }
}
```

MyClassEquals 類別包含 id 和 name 兩個屬性,並實作了 equals()方法。在 equals()方法中,首先檢查參數是否為相同的物件參考(使用 this == obj)。如果是,則這兩個物件相等,因為它們指向相同的記憶體位置。接著,檢查參數是否為 null 或不是相同類別的物件(使用 obj == null || getClass() != obj.getClass())。如果是,則這兩個物件不相等。最後,比較兩個物件的 id 和 name 屬性是否相等,如果相等,則這兩個物件相等(使用 id == myClass.id && Objects.equals(name, myClass.name))。

在 EqualsTest 類別的 main()方法中,我們建立了三個 MyClassEquals 物件:obj1 和 obj2 的屬性相同,而 obj3 的屬性與前兩個物件不同。然後,我們使用 equals()方法比較這些物件是否相等,並根據屬性的相等性印出結果。obj1 和 obj2 的 equals()比較應該回傳 true,而 obj1 和 obj3 的比較應該回傳 false。

因為在 equals()方法的比較中，obj1 和 obj2 的 id 和 name 屬性都相同，所以這兩個物件被認為是相等的。而 obj1 和 obj3 的 id 屬性不同，因此這兩個物件不相等。程式運行結果應為：

```
obj1 和 obj2 是否相等？ true
obj1 和 obj3 是否相等？ false
```

2. **基本資料型別(Primitive Data Types)和包裹類別(Wrapper Classes)**：Java 中有一些基本的資料型別，例如 int、float、boolean 等，它們不是物件，因此不直接繼承自 Object。不過，Java 提供了對應的包裹類別（例如 Integer、Float、Boolean 等），這些包裹類別是物件，並且繼承自 Object。這樣，基本資料型別的操作可以透過這些包裹類別轉換為物件操作。

3. **其他類別和使用者定義的類別**：所有使用者定義的類別，不論是直接定義的還是透過繼承(Extends)現有類別建立的，都是直接或間接繼承自 Object。即使在程式中沒有明確指定繼承某個類別，Java 編譯器也會默認將這個類別繼承自 Object。這種繼承關係確保了所有的 Java 類別都具有 Object 類別所定義的方法。

4. **物件的特性和應用**

   (1) 隱含的繼承關係：即使在程式碼中沒有顯式地(Explicitly)指定繼承某個父類別，Java 編譯器也會默認將這個類別擴充自 Object。這種隱含的繼承關係確保了每個類別都有一個共同的根，從而促進了程式碼的組織和結構。

   (2) 一致性和互換性：所有的 Java 物件都具有 Object 類別所定義的方法，這意味著這些方法可以在任何 Java 物件上使用，從而提供了程式碼的一致性和互換性。

(3) 泛型和集合：Java 的泛型(Generics)機制和集合框架(Collections Framework)依賴於 Object 類別的存在。使用泛型時，可以使用<?>表示任何類型的物件，這樣就實現了通用性。

(4) 多態性：透過 Object 類別，Java 實現了多態性(Polymorphism)，這是物件導向程式設計中一個非常重要的概念。多態性允許不同類別的物件被視為相同類型的物件，從而實現了更靈活的程式設計。

## 4-1-3　繼承關係的特性

在物件導向程式設計中，子類別和父類別是用來描述不同類別之間的關係。子類別是指在繼承關係中，衍生出來的類別，而父類別是子類別的基礎或原始類別。這種繼承關係具有以下特性：

1. **類別可作為物件的模板**：類別(Class)是物件導向程式設計中的基本概念，它定義了物件的特徵（成員變數或屬性）和行為（方法）。類別可以看作是創建相似物件的藍圖，它描述了物件的屬性和操作方式。

2. **建構子的角色**：建構子(Constructor)是一個特殊的方法，用於創建和初始化類別的實例（物件）。當我們創建一個新的物件時，建構子負責為該物件設定初始狀態。這包括設定物件的成員變數，以確保它們具有初始值。建構子也可以包含邏輯判斷，以實現防呆機制。透過建構子，我們可以確保物件在被創建時具有一致且有效的狀態。

3. **方法的定義和使用**：方法(Method)是類別中的函數或子程序，它定義了物件可以執行的操作。每個方法都包含了一組指令，用於執行特定的任務或操作。這些方法可以被外部程式碼呼叫(Call)使用，以要求物件執行其定義的功能。方法不僅用於描述物件的行為，還可以用於存取和操作物件的成員變數。透過方法，我們可以實現封裝(Encapsulation)的概念，確保物件的內部狀態不受外部直接讀取而影響。

這種類別結構關係，使得物件導向程式設計更具結構性和可讀性。因為我們可以在現有的類別基礎上輕鬆擴展新的功能，同時保持原有的程式邏輯不受影響同時，這也為後續的程式擴展和維護提供了便利性。

## 4-2 方法的繼承

方法的繼承是物件導向程式設計中一個重要的概念，它允許子類別繼承父類別的方法。當一個類別繼承另一個類別時，它不僅繼承了父類別的屬性（成員變數），還繼承了父類別的方法。

### 4-2-1 is-a 和 has-a 關係

在物件導向程式設計中，我們常常遇到兩種主要的關係：is-a（是一種）和 has-a（擁有）關係，這些關係代表了物件間的繼承和組合關係。

1. **Is-a 關係（繼承關係）**：Is-a 關係表示的是繼承，它代表一個物件是另一個物件的特殊型態。舉例來說，如果我們有一個類別叫做「哺乳類」(Mammal)，那麼「人類」(Human)就是「哺乳類」的一個子類別。在這種關係下，子類別繼承了父類別的屬性和方法，並且可以被看作是父類別的一種形式。例如，我們可以定義一個「動物」(Animal)的類別，其中包含了所有哺乳類動物的共同特徵。而「人類」(Human)就是「動物」的一個子類別，因為人類是一種哺乳類動物。如果我們有一個學生叫做「周截輪」，他就是「人類」的一個實例(Instance)。這個實例擁有「人類」的特性，例如身高、體重和性別等。同時，他也可以執行「人類」的行為，比如跑步和跳躍，這些行為被稱為「人類」類別中的實例方法(Instance Methods)。

2. **Has-a 關係（組合關係）**：Has-a 關係則表示的是組合，它代表一個物件包含了其他物件作為其部分。舉例來說，如果我們有一個類別叫做「汽車」(Car)，而這個汽車有一個引擎(Engine)，那麼「汽車」類別就包含了一個指向「引擎」物件的參考(Reference)。這種情況下，汽車包含了一個引擎，這就是一個典型的組合關係。例如，我們可以定義一個「車庫」(Garage)的類別，車庫裡有一台「汽車」(Car)和一台「摩托車」(Motorcycle)。在這個例子中，車庫就是一個擁有汽車和摩托車的物件。

　　以下我們採用幾個生活實例來形容 Is-a 關係以及 Has-a 關係，這些生活案例展示了 is-a 和 has-a 關係在現實生活中的應用，幫助我們理解物件導向程式設計中的基本概念。

1. **Is-a 關係的生活案例**：假設有一個類別叫做「水果」(Fruit)，而「蘋果」(Apple)是水果的一種。在這個情況下，蘋果就是水果的一個子類別，因為蘋果是一種水果。

```
class Fruit {
    // 水果的屬性和方法
}

class Apple extends Fruit {
    // 蘋果的特殊屬性和方法
}

class FujiApple extends Apple {
    // 富士蘋果的特殊屬性和方法
}
```

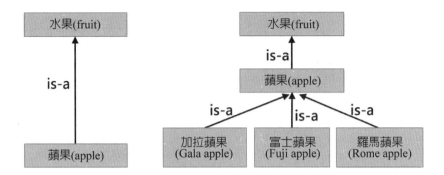

2. **Has-a 關係的生活案例**：假設有一個類別叫做「書房」(Study Room)，而書房裡有一個書桌(Desk)和一個書櫃(Bookshelf)。在這個情況下，書房包含了書桌和書櫃，這就是一個組合關係。

```
class StudyRoom {
    private Desk desk;
    private Bookshelf bookshelf;

    // 書房的其他屬性和方法
}

class Desk {
    // 書桌的屬性和方法
}

class Bookshelf {
    // 書櫃的屬性和方法
}
```

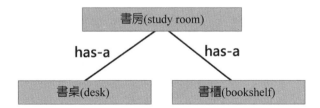

在物件導向程式設計中，我們遇到的變數可以分為兩種主要類型：類別變數和實例變數。「類別變數」由 static 關鍵字定義，它們在程式開始執行時就存在，不需要產生類別的實例。相對的，「實例變數」是在類別的實例被創建後才存在的，每個實例都擁有它自己的一份實例變數。

1.  **類別變數(Class Variables)**：類別變數是使用 static 關鍵字定義的變數。它們屬於類別本身，而不是類別的特定實例。這表示，當程式開始執行時，類別變數就已經存在，不需要產生類別的實例。這使得它們可以在不需要類別的實例的情況下被讀取和使用。類別變數通常用於儲存與類別相關，而不是特定實例的資訊。例如，如果有一個汽車(Car)類別，我們可以使用類別變數來追蹤所有汽車的總數量(Total Cars)，而這個數量對於每輛汽車都是相同的。

```
class Car {
    static int totalCars = 0; // 類別變數，用來追蹤汽車的總數量

    Car() {
        totalCars++; // 每次創建新的汽車實例時，總數量加一
    }
}
```

2.  **實例變數(Instance Variables)**：實例變數是在類別的實例（物件）被創建後才存在的變數。每個類別的實例都擁有它自己的一份實例變數。這意味著，每當我們創建類別的新實例時，就會為該實例創建一組新的實例變數。實例變數通常用於儲存與特定實例相關的資訊。例如，如果有一個人(Person)類別，我們可以使用實例變數來儲存每個人的名字(Name)、年齡(Age)等個別資訊。

```
class Person {
    String name; //  實例變數，儲存人的名字
    int age;      //  實例變數，儲存人的年齡

    Person(String name, int age) {
        this.name = name;
        this.age = age;
    }
}
```

總之，類別變數是與整個類別相關的變數，而實例變數則是與類別的特定實例（物件）相關的變數。了解這兩種變數的差異有助於我們在設計程式時更清楚地管理資料和行為。

我們採用以下這一個簡單的入門範例，來複習基本物件程式設計概念（這個案例沒有用到類別的繼承），包括類別、物件、屬性和方法。其中包含：如何定義一個類別(Books)，然後創建該類別的物件（bk1、bk2 和 bk3），每當創建一個新的 Books 物件，它的屬性被初始化為預設值。在類別中，定義許多成員變數，這些變數保存了物件的狀態資訊，在這個案例中，Books 類別有 topic、author 和 publisher 這些成員變數。如何在類別中定義方法，這些方法可以操作物件的狀態或提供對物件的行為進行操作的介面，在這個案例中，getTopic()、getAuthor()和 getPublisher()方法提供了對物件資訊的存取機制。將下列程式原理說明：

1. **Books 類別**：這是一個代表書籍的類別，包含了書籍的主題(Topic)、作者(Author)和出版商(Publisher)的資訊。這些資訊都被設定為類別內的成員變數（及實例變數）。

2. **StoryBook 類別**：這是程式的主類別，包含了 main 方法，是程式的入口點。在 main 方法內，創建了三個 Books 物件，分別為 bk1、bk2 和 bk3。

3. **方法的調用**：透過 bk1.getTopic()、bk2.getTopic()等方法，可以取得 Book 物件中的主題資訊。同樣的，透過 bk2.getAuthor()可以取得作者資訊，bk3.getPublisher()可以取得出版商資訊。

4. **物件創建**：Books 類別的物件（bk1、bk2 和 bk3）被創建，每個物件的資訊在創建時被初始化為類別中定義的預設值（主題為"The Little Prince"，作者為"Antoine de Saint-Exupéry"，出版商為"Macmillan UK"）。

```java
class Books {
    private String topic = "The Little Prince"; // 書籍主題
    private String author = "Antoine de Saint-Exupéry"; // 作者
    private String publisher = "Macmillan UK"; // 出版商

    // 取得書籍主題的方法
    public String getTopic() {
        return topic;
    }

    // 取得作者的方法
    public String getAuthor() {
        return author;
    }

    // 取得出版商的方法
    public String getPublisher() {
        return publisher;
    }
}

public class StoryBook {
    public static void main(String argv[]) {
        // 創建三個書籍物件
        Books bk1 = new Books();
        Books bk2 = new Books();
        Books bk3 = new Books();

        // 印出 bk1 的主題
```

```
            System.out.printf("bk1的故事主題：%s%n", bk1.getTopic());

            // 印出 bk2 的主題和作者
            System.out.printf("bk2 的 故 事 主 題 ： %s  作 者 ： %s%n",
    bk2.getTopic(), bk2.getAuthor());

            // 印出 bk3 的主題、作者和出版商
            System.out.printf("bk3的故事主題：%s 作者：%s 出版商：
    %s%n", bk3.getTopic(), bk3.getAuthor(), bk3.getPublisher());
        }
    }
```

---

**▧ 執行結果**

---

bk1 的故事主題： The Little Prince

bk2 的故事主題： The Little Prince 作者：Antoine de Saint-Exupéry

bk3 的故事主題： The Little Prince 作者：Antoine de Saint-Exupéry 出版
　　　　　　　　 商：Macmillan UK

---

透過以上範例，我們可以得知經由 Books 類別所創建的物件（bk1、
bk2 和 bk3），每個物件的實例變數雖然各自獨立存在，但是其初始值都是
相同的，皆是來自於 Books 類別中所定義的預設值（主題為"The Little
Prince"，作者為"Antoine de Saint-Exupéry"，出版商為"Macmillan UK"）。

另外，下述程式的目的是展示如何使用物件的方法來設定和取得私有
成員變數的值，並且理解時間的分鐘與小時之間的轉換。使用 getter 及
setter 方法，可改變實例(Instance)或物件(Object)內資料的儲存方式，模擬
不必存在的變數值（如實例變數），可透過運算而得到額外的數值，例如
使用 getHours 及 setHours 方法模擬小時(Hours)這個其實並不存在的實例
變數，使程式易於維護，亦可達到資料抽象化(Data Abstraction)的效果。

這段程式碼展示了一個簡單的 Java 類別 ExamTime，以及如何在另一個主類別 AccessTime 中使用這個類別的物件。程式執行過程如下：

1.  **建立物件**：在 AccessTime 的 main 方法中，建立了一個 ExamTime 的物件 java，這個物件的預設考試時間為 90 分鐘。

2.  **取得與顯示時間**：使用 getMins 方法取得並顯示 Java 考試的預設時間，即 90 分鐘。

3.  **設定與顯示新時間**：使用 setMins 方法設定新的考試時間為 120 分鐘，再次使用 getMins 方法取得並顯示新的 Java 考試時間，即 120 分鐘。

4.  **時間轉換**：使用 getHrs 方法將 Java 考試時間轉換成小時，並顯示，即 2 小時。

5.  **設定新時間（以小時為單位）**：使用 setHrs 方法設定新的考試時間為 2.5 小時，再次使用 getMins 和 getHrs 方法取得並顯示新的 Java 考試時間，即 150 分鐘（2.5 小時）和 2.5 小時。

```java
public class AccessTime {
    public static void main(String argv[]) {
        // 創建ExamTime的物件java
        ExamTime java = new ExamTime();

        // 取得並顯示Java考試的預設時間
        System.out.printf("Java考試時間為：%d 分鐘 %n", java.getMins());

        // 設定並顯示新的Java考試時間
        java.setMins(120);
        System.out.printf("Java考試時間為：%d 分鐘 %n", java.getMins());

        // 顯示Java考試時間轉換成小時
        System.out.printf("Java考試時間為：%.2f 小時 %n", java.getHrs());
```

```
            // 設定並顯示新的Java考試時間（以小時為單位）
            java.setHrs(2.5);
            System.out.printf("Java考試時間為：%d 分鐘 %n", java.getMins());
            System.out.printf("Java考試時間為：%.2f 小時 %n", java.getHrs());
        }
    }

class ExamTime {
    private int minutes; // 考試時間（以分鐘為單位）

    // ExamTime類別的建構子，設定預設的Java考試時間為90分鐘
    public ExamTime() {
        minutes = 90;
    }

    // 取得Java考試時間（分鐘）
    public int getMins() {
        return minutes;
    }

    // 設定Java考試時間（分鐘）
    public void setMins(int m) {
        minutes = m;
    }

    // 取得Java考試時間（小時）
    public double getHrs() {
        System.out.println("存取小時...");
        return minutes / 60.0;
    }

    // 設定Java考試時間（小時）
    public void setHrs(double h) {
        System.out.println("設定小時...");
        minutes = (int)(h * 60);
    }
}
```

⏳ 執行結果

Java 考試時間為：90 分鐘

Java 考試時間為：120 分鐘

存取小時...

Java 考試時間為：2.00 小時

設定小時...

Java 考試時間為：150 分鐘

存取小時...

Java 考試時間為：2.50 小時

以下是另一個完整的 Java 程式範例，展示了如何使用類別變數(Class Variables)和實例變數(Instance Variables)。此程式執行的原理：

1. 程式一開始執行，定義了 Car 和 Person 兩個類別，每個類別中包含了類別變數和實例變數。

2. 在 main 方法中，創建了三個 Car 實例和兩個 Person 實例。

3. 每次創建 Car 實例時，Car 類別中的 totalCars 類別變數都會增加，用來追蹤汽車的總數量。

4. 創建 Person 實例時，使用建構子初始化人物的名字和年齡。

5. 最後，程式輸出了汽車的總數量以及每個人物的名字和年齡。

```java
//定義Car類別
class Car {
  static int totalCars = 0; // 類別變數，用來追蹤汽車的總數量
  String brand; // 實例變數，儲存汽車的品牌

  // Car類別的建構子，每次創建新的汽車實例時，總數量加一
  Car(String brand) {
    this.brand = brand;
```

```java
        totalCars++;
    }
}

//定義Person類別
class Person {
    String name; // 實例變數，儲存人的名字
    int age;     // 實例變數，儲存人的年齡

    // Person類別的建構子，用來初始化人物的名字和年齡
    Person(String name, int age) {
        this.name = name;
        this.age = age;
    }
}

//主程式類別
public class VariablesTest {
    public static void main(String[] args) {
        // 創建汽車實例，並顯示總汽車數量
        Car car1 = new Car("Luxgen");
        Car car2 = new Car("Porsche");
        Car car3 = new Car("Tesla");
        System.out.println("總汽車數量：" + Car.totalCars); // 輸出：3

        // 創建人物實例，並顯示人物名字和年齡
        Person person1 = new Person("Elon Musk", 53);
        Person person2 = new Person("Sundar Pichai", 52);
        System.out.println("[人物1] 名字: " + person1.name + " 年齡: " +
        person1.age); // 輸出：Elon Musk，53
        System.out.println("[人物2] 名字: " + person2.name + " 年齡: " +
        person2.age); // 輸出：Sundar Pichai，52
    }
}
```

┌─────────────────┐
│ ▨ 執行結果 │
└─────────────────┘

總汽車數量：3
[人物 1] 名字: Elon Musk 年齡: 53
[人物 2] 名字: Sundar Pichai 年齡: 52

## 📖 4-2-2 繼承的形式

在物件導向程式設計中，有幾種不同形式的繼承，單一繼承、多層繼承、層次繼承，以及多重繼承等。

1.  **單一繼承(Single Inheritance)**：單一繼承指的是一個類別只能繼承自一個父類別。在單一繼承中，每個類別只有一個直接的父類別，這種關係保持了簡單性和清晰性，避免了多重繼承可能帶來的複雜性。

2.  **多層繼承(Multilevel Inheritance)**：多層繼承表示一個類別繼承自另一個類別，而這個被繼承的類別又繼承自另一個類別。在多層繼承中，一個類別可以有一個以上的間接父類別，形成一個層次結構。例如，類別 A 繼承自類別 B，而類別 B 又繼承自類別 C，這樣就形成了多層繼承關係。

3.  **層次繼承(Hierarchical Inheritance)**：在層次繼承中，一個父類別可被多個子類別所繼承。例如，類別 A 為基父類別，同時被類別 B、C 和 D 所繼承。在這種繼承模式中，類別 A 的屬性和方法可以被類別 B、C 和 D 所共用。類別 B、C 和 D 可以繼承類別 A 的特性，同時還可以擁有各自獨特的特性和方法。

4.  **多重繼承(Multiple Inheritance)**：多重繼承發生當一個類別同時繼承自多個父類別。在多重繼承中，一個類別可以有多個直接的父類別。

這意味著該類別可以繼承來自多個類別的特性和行為。多重繼承提供了彈性，但也可能導致類別之間關係複雜，容易產生衝突和困擾。

單一繼承確保了類別之間的簡單和清晰的層次結構，使得程式碼更易於理解和維護。多層繼承提供了更深層次的結構，但需要小心管理，以避免層次過深導致困擾。多重繼承提供了最大的彈性，但也需要謹慎使用，以確保類別之間的關係清晰且可管理。在設計程式時，選擇適當的繼承形式非常重要，需要根據需求和程式的複雜性來做出適當的決定。

然而，Java 僅支援單一繼承、多層繼承以及層次繼承，但不支援多重繼承 Java。主要原因是為了確保程式碼的簡潔性、易讀性和可維護性。多重繼承可能導致複雜的類別關係，使得程式碼難以理解和維護。例如，如果一個類別同時繼承多個父類別，而這些父類別中有相同名稱的方法或屬性，就可能出現命名衝突和歧義性。這種情況下，確定使用哪個父類別的方法或屬性變得困難，導致程式碼的可讀性下降。為了避免這種複雜性，Java 採用了單一繼承的策略，即每個類別只能有一個直接的父類別。同時，Java 支持多層繼承，即一個類別可以繼承自另一個類別，而後者可以再繼承自另一個類別，形成類似樹狀結構的繼承鏈。這種設計保持了程式碼的整潔和易懂，同時允許開發者建立層次化的、有組織性的類別結構。這樣的設計方案既保留了繼承的優勢，同時又避免了多重繼承可能帶來的混亂和問題。

多重繼承常常帶來複雜性和困擾，因此關於它的優勢和風險經常成為爭議的焦點。在 Java 中，為了解決這個問題，採取了一種折衷的方法：Java 允許一個類別實現多個介面。這樣，該類別繼承了所有父介面的類型，但必須提供這些父介面外部可見方法的具體實現。

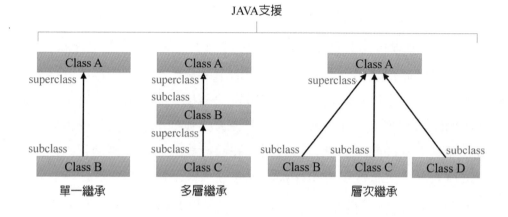

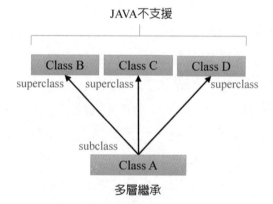

### 4-2-3 子類別繼承父類別的方法

子類別可以使用父類別中已經定義的方法，而不需要重新編寫相同的程式碼。透過方法的繼承，我們可以實現程式碼的重用性和擴展性。當子類別繼承父類別的方法時，它可以：

1. **直接使用父類別的方法**：子類別可以直接使用父類別中的方法，就好像這些方法是子類別自己的一樣。這樣可以減少重複的程式碼，提高程式碼的效率。

2. **覆寫(Override)父類別的方法**：如果子類別希望改變父類別方法的行為，它可以在子類別中覆寫父類別的方法。覆寫表示在子類別中提供一個與父類別方法名稱相同的方法，從而改變原本父類別方法的行為，而子類別方法衍生出自己獨特的行為。

3. **擴展(Extend)父類別的方法**：Extend 可以直譯為擴展，其實也表示為繼承的概念。子類別可以擴展父類別的方法（或可描述為：子類別可以繼承父類別的方法），即在父類別的方法基礎上新增額外的功能。子類別在方法中可以使用 super 關鍵字來使用父類別的方法，並在此基礎上進行繼承。

　　我們採用以下圖例說明為何需要使用繼承的概念，從下圖左、右兩段程式碼可以觀察出，這兩段程式碼幾乎大部分程式都重複了，導致程式碼的量大且臃腫，造成維護性不高。當後期需要修改程式時，需要修改很多的程式碼，容易出錯。

```java
public class Penguin {
    private String name;
    private int id;
    public Penguin(String myName, int myid) {
        name = myName;
        id = myid;                    constructor
    }
    public void eat(){
        System.out.println(name+"eating");
    }
    public void sleep(){
        System.out.println(name+"sleeping);
    }
    public void introduction() {
        System.out.println("Hello！This is:" + id + name + ".");
    }
}
```

```java
public class Mouse {
    private String name;
    private int id;
    public Mouse(String myName, int myid) {
        name = myName;
        id = myid;                    constructor
    }
    public void eat(){
        System.out.println(name+"eating");
    }
    public void sleep(){
        System.out.println(name+"sleeping);
    }
    public void introduction() {
        System.out.println ("Hello！This is:" + id + name + ".");
    }
}
```

　　為了解決此問題，可使用繼承(Inheritance)，將兩段程式碼中相同的部分提取出來組成一個父類別(Superclass)，如下圖所示。其中可以創造一個共有的父類別，即動物類別(Animal Class)，然後，企鵝類別(Penguin Class) 和老鼠類別(Mouse Class)分別繼承這個父類別之後，就具備有此父類別(Superclass)中的屬性和方法。因此，子類別(Subclass)中並不存在重複的程式碼，提高了維護性，程式碼也更加簡潔，亦提高程式碼的重複使用性(Reuse)。

class Animal

```
public class Animal {
    private String name;            父類別(superclass)
    private int id;
    public Animal(String myName, int myid) {
        name = myName;
        id = myid;                      constructor
    }
    public void eat(){
        System.out.println(name+"eating");
    }
    public void sleep(){
        System.out.println(name+"sleeping");    methods
    }
    public void introduction() {
        System.out.println ("Hello ! This is:" + id + name + ".");
    }
}
```

class Penguin

```
public class Penguin extends Animal {
    public Penguin(String myName, int myid) {
        super(myName, myid);
    }                                    子類別(subclass)
}
```

class Mouse

```
public class Mouse extends Animal {
    public Mouse(String myName, int myid) {
        super(myName, myid);
    }                                    子類別(subclass)
}
```

方法的繼承提供了程式碼的彈性和可讀性，其在不改變現有程式碼的基礎上，可以輕鬆地擴展（繼承）和修改程式的功能。這種靈活性是物件導向程式設計的一個重要特點，也是開發大型和複雜程式的關鍵。透過方法的繼承，程式設計者可以更加方便地組織和管理程式碼，提高程式的可維護性和擴展性。

當子類別繼承父類別的方法時，它不僅僅是複製了方法的程式碼。更重要的是，子類別繼承了方法的行為。這意味著即使方法的具體實現在父類別中，子類別的物件也可以被當做是父類別的物件，進而使用相同的方法名稱來使用這些方法。這種特性稱為多型性(Polymorphism)，是物件導向程式設計中的一個重要概念。

多型性使得程式設計者可以根據不同的需求和場景，使用相同的介面來處理不同的類型物件。舉例來說，如果有一個汽車類別和一個飛機類別，它們都可以有一個共同的介面，例如 move()方法。當我們設計一個汽車物件引用交通工具物件的 move()方法時，可以呼叫 move()方法來移動汽車。同樣地，如果繼承交通工具物件而設計一個飛機物件，因此也可以使用相同的 move()方法來移動飛機。這種彈性和通用性使得程式設計更加靈活。當系統需要擴展新的功能時，可以通過增加新的子類別，並實現父類別的介面，來擴充現有的程式碼，而不需要修改現有的程式碼。這樣的設計使得程式設計更加模組化，容易擴展和維護。

繼承是物件導向程式設計中一個重要的概念，它允許一個類別（子類別）繼承另一個類別（父類別）的屬性和方法。在 Java 中，這種繼承關係使用 extends 關鍵字來表示，這使得子類別可以擁有父類別中除了 private 屬性和方法之外的所有特性。子類別不僅繼承了父類別的屬性和方法，還可以擴展(Extend)自己的屬性和方法，這種擴展使得子類別能夠以自己的方式實現父類別的方法。

以下我們採用程式設計範例「數學運算器」說明方法的繼承，在這個範例中，我們將設計一個數學運算器。我們將定義一個名為 MathOperation 的父類別，其中包含基本的數學運算方法。然後，我們將建立兩個子類別 AdditionOperation 和 MultiplicationOperation，它們分別繼承了父類別的方法，實現加法和乘法運算。

我們定義了一個 MathOperation 父類別，其中包含了兩個基本的數學運算方法：add(int a, int b)（加法）和 multiply(int a, int b)（乘法）。

父類別：MathOperation

```
//MathOperation類別定義了基本的數學運算方法
class MathOperation {
 // 加法運算
 public int add(int a, int b) {
     return a + b;
 }

 // 乘法運算
```

```java
    public int multiply(int a, int b) {
        return a * b;
    }
}
```

随後，我們創建了兩個子類別 AdditionOperation 和 MultiplicationOperation，這兩個子類別都繼承了 MathOperation 父類別。由於子類別繼承了父類別的方法，所以它們可以直接使用 add 和 multiply 方法，而不需要重新編寫這些方法。

子類別：AdditionOperation

```java
//AdditionOperation類別繼承自MathOperation，代表加法運算
class AdditionOperation extends MathOperation {
  // 這個類別直接繼承父類別的add和multiply方法
}
```

子類別：MultiplicationOperation

```java
//MultiplicationOperation類別繼承自MathOperation，代表乘法運算
class MultiplicationOperation extends MathOperation {
  // 這個類別直接繼承父類別的add和multiply方法
}
```

主類別：MathTest

```java
public class MathTest {
    public static void main(String[] args) {
        // 創建加法運算器
```

```
                AdditionOperation additionOperation = new AdditionOperation();
                // 使用父類別的加法運算方法
                int sum = additionOperation.add(5, 3);
                System.out.println("加法運算結果：" + sum); // 輸出：8

                // 創建乘法運算器
                MultiplicationOperation multiplicationOperation = new MultiplicationOperation();
                // 使用父類別的乘法運算方法
                int product = multiplicationOperation.multiply(4, 6);
                System.out.println("乘法運算結果：" + product); // 輸出：24
        }
    }
```

在 主 類 別 MathTest 中 ， 我 們 透 過 關 鍵 字 new 創 建 了 AdditionOperation 和 MultiplicationOperation 的物件，然後分別使用父類別的方法進行加法和乘法運算。這樣的設計展示了方法的繼承概念，子類別繼承了父類別的方法，實現了程式碼的重用性。將主類別 MathTest 的執行結果，呈現如下。

執行結果：

```
加法運算結果：75
乘法運算結果：100
```

在 Java 中，每個類別都可以直接或間接地繼承其他類別。當一個類別繼承另一個類別時，繼承的關係可以被分為兩種：

1. **直接父類別(Direct Superclass)**：直接父類別是指在類別的定義中明確聲明繼承的那個類別。換句話說，它是子類別的直接父類別，是被子類別直接繼承的類別。在 Java 中，一個類別只能有一個直接父類別。當我們使用關鍵字 extends 來建立一個類別時，後面所指定的那個類別就是直接父類別。下面這個例子中，ParentClass 是 ChildClass 的直接父類別。

```java
class ParentClass {
    // 父類別的定義
}

class ChildClass extends ParentClass {
    // 子類別繼承自ParentClass，ParentClass是ChildClass的直接父類別
}
```

2. **間接父類別(Indirect Superclass)**：間接父類別是指在類別的繼承鏈中，位於直接父類別之上的類別。如果一個類別繼承自另一個類別，而後者又繼承自一個更上層的類別，那麼這個更上層的類別就是間接父類別。在 Java 的類別層次結構中，所有的類別最終都直接或間接地繼承自 Object 類別（位於 java.lang 中），這是 Java 中所有類別的根類別。在下面這個例子中，GrandparentClass 是 ChildClass 的間接父類別，因為它處於繼承鏈的更上層。

```java
class GrandparentClass {
    // 曾祖父類別的定義
}

class ParentClass extends GrandparentClass {
    // 父 類 別 繼 承 自 GrandparentClass ， GrandparentClass 是
ParentClass的直接超類別
}

class ChildClass extends ParentClass {
    // 子類別繼承自ParentClass，ParentClass是ChildClass的直接超
類別，也是GrandparentClass的間接超類別
}
```

透過下圖所示，我們可以更清楚地表達直接父類別(Direct Superclass)以及間接父類別(Indirect Superclass)之間的關係，Class A 是 Class B 的直接父類別，而 Class A 是 Class C 的間接父類別。

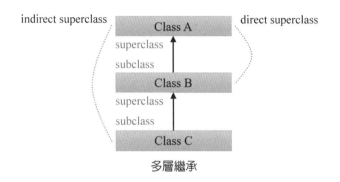

多層繼承

---

📁 隨|堂|練|習

請設計一個數學運算的程式，程式需具備以下特點：

1. 第一層（基本數學運算）：建立一個 BasicMathOperation 類別，具有以下方法：

    (1) add(int a, int b)：傳入兩個整數，回傳它們的和。

    (2) subtract(int a, int b)：傳入兩個整數，回傳第一個數減去第二個數的結果。

2. 第二層（進階數學運算）：建立一個 AdvancedMathOperation 類別，繼承自第一層的 BasicMathOperation 類別，並具有以下方法：

    (1) multiply(int a, int b)：傳入兩個整數，回傳它們的乘積。

    (2) divide(int a, int b)：傳入兩個整數，回傳第一個數除以第二個數的商，如果除數為零，輸出錯誤訊息並回傳 -1。

3. 第三層（次方運算）：建立一個 PowerMathOperation 類別，繼承自第二層的 AdvancedMathOperation 類別，並具有以下方法：power(int a, int b)：傳入兩個整數，回傳第一個數的第二個數次方的結果。

請設計並撰寫上述的類別結構，並在主類別 Math1Test 中進行測試。確保此程式能夠正確執行基本數學運算、進階數學運算和次方運算，並輸出正確的結果。

**解答**

```java
//第一層：基本數學運算
class BasicMathOperation {
    public int add(int a, int b) {
        return a + b;
    }

    public int subtract(int a, int b) {
        return a - b;
    }
}

//第二層：進階數學運算（擴充乘法和除法）
class AdvancedMathOperation extends BasicMathOperation {
    public int multiply(int a, int b) {
        return a * b;
    }

    public int divide(int a, int b) {
        if (b != 0) {
            return a / b;
        } else {
            System.out.println("除數不能為0");
            return -1; // 表示錯誤的結果
        }
    }
}

//第三層：次方運算（擴充a的b次方運算）
class PowerMathOperation extends AdvancedMathOperation {
    public int power(int a, int b) {
        int result = 1;
        for (int i = 0; i < b; i++) {
            result *= a;
        }
        return result;
    }
```

```java
    }

//主類別
public class Math1Test {
  public static void main(String[] args) {
      // 基本數學運算
      BasicMathOperation basicMath = new BasicMathOperation();
      int sum = basicMath.add(5, 3);
      System.out.println("Level 1: 加法運算結果：" + sum); // 輸出：8

      int difference = basicMath.subtract(10, 4);
      System.out.println("Level 1: 減法運算結果：" + difference); // 輸出：6

      // 進階數學運算
      AdvancedMathOperation advancedMath = new AdvancedMathOperation();
      int product = advancedMath.multiply(4, 6);
      System.out.println("Level 2: 乘法運算結果：" + product); // 輸出：24

      int quotient = advancedMath.divide(12, 4);
      System.out.println("Level 2: 除法運算結果：" + quotient); // 輸出：3

      // 次方運算
      PowerMathOperation powerMath = new PowerMathOperation();
      int result1 = powerMath.add(10, 4);
      int result2 = powerMath.subtract(10, 4);
      int result3 = powerMath.multiply(10, 4);
      int result4 = powerMath.divide(10, 4);
      int result5 = powerMath.power(10, 4);
      System.out.println("Level 3: 加法運算結果：" + result1); // 輸出：14
      System.out.println("Level 3: 減法運算結果：" + result2); // 輸出：6
      System.out.println("Level 3: 乘法運算結果：" + result3); // 輸出：40
      System.out.println("Level 3: 除法運算結果：" + result4); // 輸出：2
      System.out.println("Level 3: 次方運算結果：" + result5); // 輸出：10000
  }
}
```

## 運作原理

　　使用繼承的概念進行程式設計以達到方法重用(Reuse)的效果，子類別 AdvancedMathOperation 繼承了父類別 BasicMathOperation 的方法，然後子類別 PowerMathOperation 又進一步繼承了父類別 AdvancedMathOperation 的方法。各個類別中的方法實現了基本的數學運算功能，並且每一層次的子類別都擴充了更多的功能。

將程式執行過程說明如下：

1. 基本數學運算：創建 BasicMathOperation 物件，使用 add 方法計算 5 和 3 的和，輸出 Level 1: 加法運算結果：8。使用 subtract 方法計算 10 減去 4 的差，輸出 Level 1: 減法運算結果：6。

2. 進階數學運算：創建 AdvancedMathOperation 物件，繼承了基本數學運算的方法。使用 multiply 方法計算 4 和 6 的乘積，輸出 Level 2: 乘法運算結果：24。使用 divide 方法計算 12 除以 4 的商，輸出 Level 2: 除法運算結果：3。

3. 次方運算：創建 PowerMathOperation 物件，繼承了進階數學運算的方法。使用 add 方法計算 10 和 4 的和（繼承自基本數學運算），輸出 Level 3: 加法運算結果：14。使用 subtract 方法計算 10 減去 4 的差（繼承自基本數學運算），輸出 Level 3: 減法運算結果：6。使用 multiply 方法計算 10 和 4 的乘積（繼承自進階數學運算），輸出 Level 3: 乘法運算結果：40。使用 divide 方法計算 10 除以 4 的商（繼承自進階數學運算），輸出 Level 3: 除法運算結果：2。使用 power 方法計算 10 的 4 次方，輸出 Level 3: 次方運算結果：10000。

## ⌛ 執行結果

```
Level 1: 加法運算結果：8
Level 1: 減法運算結果：6
Level 2: 乘法運算結果：24
Level 2: 除法運算結果：3
Level 3: 加法運算結果：14
Level 3: 減法運算結果：6
Level 3: 乘法運算結果：40
Level 3: 除法運算結果：2
Level 3: 次方運算結果：10000
```

### 4-2-4　方法繼承的案例

我們準備設計一個簡單的圖形統計程式，其中包含兩個類別：Shape（形狀）和 Circle（圓形）。Shape 類別代表所有形狀，具有基本的屬性和行為。Circle 類別繼承自 Shape，代表圓形，並擁有額外的半徑屬性。ShapeTest 是主程式類別，它包含了程式的進入點，也就是 main 方法，程式的執行始於這裡。在這個類別中，我們建立了形狀(Shape)和圓形(Circle)的實例，並且測試了類別變數和實例變數的使用。

將上述完整程式碼撰寫如下(ShapeTest.java)：

```java
//形狀類別
class Shape {
  static int totalShapes = 0; // 類別變數，用來追蹤形狀的總數量
  String name; // 實例變數，儲存形狀的名稱

  // 形狀類別的建構子，初始化形狀名稱並增加形狀數量
  Shape(String name) {
      this.name = name;
      totalShapes++; // 每次創建新的形狀實例時，總數量加一
  }

  // 實例方法，顯示形狀的名稱
  void displayName() {
      System.out.println("形狀名稱: " + name);
  }
}

//圓形類別，繼承自形狀類別
class Circle extends Shape {
  int radius; // 實例變數，儲存圓形的半徑

  // 圓形類別的建構子，呼叫父類別的建構子，初始化形狀名稱和半徑
  Circle(String name, int radius) {
      super(name); // 呼叫父類別的建構子，設定形狀名稱
      this.radius = radius; // 設定圓形的半徑
  }
```

```
    // 實例方法，顯示圓形的半徑
    void displayRadius() {
        System.out.println("圓形半徑: " + radius);
    }
}

//主程式類別
public class ShapeTest {
  public static void main(String[] args) {
      // 創建形狀實例，並顯示形狀數量
      Shape shape1 = new Shape("正方形");
      Shape shape2 = new Shape("三角形");
      System.out.println("總形狀數量: " + Shape.totalShapes); // 預期輸出：2

      // 創建圓形實例，並顯示圓形的名稱和半徑
      Circle circle = new Circle("圓形", 10);
      circle.displayName(); // 顯示圓形的名稱
      circle.displayRadius(); // 顯示圓形的半徑
      System.out.println("總形狀數量: " + Shape.totalShapes); // 預期輸出：3
  }
}
```

我們來說明上述程式的執行原理：

1. 首先，定義了 Shape（形狀）和 Circle（圓形）兩個類別。

2. Shape 類別有一個類別變數 totalShapes，代表形狀的總數量，以及一個實例變數 name，代表形狀的名稱(Name)。當形狀實例被創建時，totalShapes 會增加一，表示形狀的數量增加。

3. Circle 類別繼承(Extends)自 Shape，擁有一個額外的實例變數 radius，代表圓形的半徑。當圓形實例被創建時，同樣會呼叫父類別 Shape 的建構子，增加形狀的數量（即 totalShapes 會增加一）。

4. 在 main 方法中，創建了兩個形狀實例（正方形和三角形），並顯示了形狀的總數量。接著，創建了一個圓形實例，並顯示了圓形的名稱和半徑，再次顯示形狀的總數量，觀察 totalShapes 的變化。

以上程式之執行結果，如下：

```
總形狀數量：2
形狀名稱: 圓形
圓形半徑: 10
總形狀數量：3
```

 隨|堂|練|習

設計一個植物繼承關係程式 InherientConstructor.java，包含植物的父類別 Plant 與繼承自 Plant 的子類別 Flower。植物具有名稱屬性，可以生長；花朵除了擁有植物的特性外，還具有顏色屬性，並能夠開放。程式設計必須包含以下：

1. Plant（植物）類別
   (1) 屬性：name（名稱）：植物的名稱。
   (2) 方法：
      A. public Plant(String Name)：建構子，初始化植物名稱，並顯示一條訊息。
      B. public void grow()：顯示植物正在生長。

2. Flower（花朵）類別（繼承自 Plant）
   (1) 屬性：color（顏色）：花朵的顏色。
   (2) 方法：
      A. public Flower(String Name, String Color)：建構子，初始化花朵名稱和顏色，呼叫父類別的建構子。
      B. public void bloom()：顯示花朵正在開放。

**解答**

```java
//植物的父類別
class Plant {
    protected String name; // 儲存植物名稱的變數

    // 建構子，初始化植物名稱
    public Plant(String name) {
        this.name = name;
        System.out.println("已建立植物：" + name);
    }

    // 方法，顯示植物正在生長
    public void grow() {
        System.out.println("植物正在生長。");
    }
}

//繼承自植物的花朵類別
class Flower extends Plant {
    private String color; // 儲存花朵顏色的變數

    // 建構子，初始化花朵名稱和顏色
    public Flower(String name, String color) {
        super(name); // 呼叫父類別的建構子
        this.color = color;
        System.out.println("已建立花朵：" + name + "，顏色：" + color);
    }

    // 方法，顯示花朵正在開放
    public void bloom() {
        System.out.println("花朵正在開放。");
    }
}

public class InherientConstructor {
    public static void main(String[] args) {
        Flower rose = new Flower("玫瑰", "紅色"); // 建立花朵物件
        rose.grow(); // 呼叫繼承自父類別的方法
        rose.bloom(); // 呼叫子類別自己的方法
    }
}
```

## 運作原理

　　這段程式碼示範了物件導向程式設計中的繼承概念。讓我們來逐步解釋程式碼的運作原理，特別著重於建構子的呼叫。現在我們來詳細說明程式的運作原理：

1. 這個範例展示了繼承中建構子的呼叫順序：子類別的建構子會先呼叫父類別的建構子，以確保父類別的屬性得以正確初始化。

2. 植物的父類別(Plant Class)：

    (1) Plant 類別是所有植物的父類別，它有一個屬性 name 來儲存植物的名稱。

    (2) 有一個建構子 public Plant(String name)用來初始化植物的名稱。當您建立一個 Plant 物件時，這個建構子會被呼叫，並顯示一條訊息，表示已經建立了該植物。[即：System.out.println("已建立植物：" + name);]

    (3) grow() 方法用來顯示植物正在生長的訊息。

3. 繼承自植物的花朵類別(Flower Class)：

    (1) Flower 類別繼承自 Plant 類別，因此它擁有 Plant 類別的所有屬性和方法。

    (2) Flower 類別新增了一個私有屬性 color 來儲存花朵的顏色。

    (3) 有一個建構子 public Flower(String name, String color)，它呼叫了父類別 Plant 的建構子 super(name)，這樣就可以初始化繼承自父類別的屬性。當您建立一個 Flower 物件時，先呼叫父類別的建構子來初始化植物的名稱，然後再設定花朵的顏色，並顯示一條訊息，表示已經建立了該花朵。

    (4) bloom() 方法用來顯示花朵正在開放的訊息。

4. 主程式(InherientConstructor Class)：

    (1) 在 main 方法中，建立了一個 Flower 物件 rose，並傳入植物名稱「玫瑰」和花朵顏色「紅色」。

(2) 首先，Flower 的建構子會呼叫父類別 Plant 的建構子，初始化植物的名稱。

(3) 然後，bloom()方法顯示花朵正在開放的訊息。

　　總結來說，這段程式碼展示了物件導向程式設計中的繼承概念，特別是在建構子呼叫方面的使用。這對於我們將學會以下觀念：

1. 繼承的概念：子類別 Flower 繼承了父類別 Plant 的屬性和方法，這種機制允許我們建立新的類別，並在既有類別的基礎上擴展功能。

2. 建構子的呼叫：子類別的建構子可以呼叫父類別的建構子，確保父類別的屬性得以正確初始化。這強調了建構子的呼叫順序，父類別的建構子會在子類別的建構子之前被呼叫。

3. 物件的初始化：程式碼中展示了如何初始化物件，包括父類別和子類別的屬性。

4. 類別的組織和架構：這個範例顯示了如何組織類別以及如何使用繼承建立類別的階層結構。

### ⧗ 執行結果

已建立植物：玫瑰
已建立花朵：玫瑰，顏色：紅色
植物正在生長。
花朵正在開放。

## 4-2-5　關鍵字 this 和 super

　　物件導向程式設計中，this 和 super 兩個關鍵字用於處理物件的屬性和方法，特別是在繼承關係中。以下將針對 this 和 super 這兩個關鍵字進行詳細說明，並將舉例說明。

1. **this 關鍵字**：this 關鍵字表示當前物件的引用，它指向調用該方法的物件。包含以下主要用途：

(1) 區分屬性和參數：在建構子或方法中，如果參數的名稱與物件的屬性名稱相同，可以使用 this 關鍵字來區分，確保正確地引用類別的屬性。

(2) 調用本類別的其他方法：跨類別的實例方法，可以使用 this 關鍵字來區別調用哪一個方法。

```java
class MyClass {
    int number;

    MyClass(int number) {
        this.number = number; // 使用this區分屬性和參數
    }

    void displayNumber() {
        System.out.println("Number:" + this.number); // 使用this調用同一類別
        的屬性
    }
}
```

2. super 關鍵字：super 關鍵字代表父類別的引用，它用於存取父類別的屬性和方法，特別是在繼承關係中。包含以下主要用途：

(1) 執行父類別的建構子：在子類別的建構子中，可以使用 super 關鍵字來執行父類別的建構子，進行父類別的初始化。

(2) 執行父類別的方法或屬性：在子類別的方法中，可以使用 super 關鍵字來執行父類別的方法或存取父類別的屬性。

```java
class ParentClass {
    int number;

    ParentClass(int number) {
        this.number = number;
    }
```

```
        void displayNumber() {
            System.out.println("Number from ParentClass: " + this.number);
        }
    }

    class ChildClass extends ParentClass {
        ChildClass(int number) {
            super(number); // 使用super執行父類別的建構子
        }

        void displayNumber() {
            super.displayNumber(); // 使用super執行父類別的方法
            System.out.println("Number from ChildClass: " + this.number);
        }
    }
```

📁 隨│堂│練│習

　　設計一個圖書管理系統，其中包含書本和雜誌的資訊。使用類別(Class)來表示書本和雜誌，並且實現繼承的概念。程式設計必須包含以下：

1. 書本類別(Book)

　(1) 書本類別具有兩個實例變數，分別是書名(Title)和作者(Author)。

　(2) 書本類別有一個建構子(Constructor)，用來初始化書名和作者。

　(3) 書本類別還有一個實例方法(DisplayInfo)，用來顯示書本的資訊，包括書名和作者。

2. 雜誌類別(Magazine)

　(1) 雜誌類別繼承自書本類別，並添加了一個額外的實例變數，表示雜誌的類別(Category)。

　(2) 雜誌類別有一個建構子，呼叫父類別的建構子來設定書名和作者，同時設定雜誌的類別。

　(3) 雜誌類別覆寫(Override)父類別的 displayInfo 方法，首先呼叫父類別的 displayInfo 方法，然後額外顯示雜誌的類別。

3. 主程式類別(LibrarySystemTest)：

(1) 在主程式中，創建了兩個書本實例（book1 和 book2）和一個雜誌實例(Magazine)。

(2) 使用了書本類別和雜誌類別的建構子來初始化這些實例的資訊。

(3) 最後，呼叫了各個實例的 displayInfo 方法，分別顯示了書本和雜誌的詳細資訊，包括書名、作者和雜誌類別。

**🔓解答**

```java
//書本類別
class Book {
  String title; // 書名
  String author; // 作者

  // 書本類別的建構子，初始化書名和作者
  Book(String title, String author) {
      this.title = title;
      this.author = author;
  }

  // 實例方法，顯示書本的資訊
  void displayInfo() {
      System.out.println("書名: " + title);
      System.out.println("作者: " + author);
  }
}

//雜誌類別，繼承自書本類別
class Magazine extends Book {
  String category; // 雜誌類別

  // 雜誌類別的建構子，初始化書名、作者和類別
  Magazine(String title, String author, String category) {
      super(title, author); // 呼叫父類別的建構子，設定書名和作者
      this.category = category; // 設定雜誌類別
  }

  // 覆寫父類別的displayInfo方法，顯示雜誌的資訊
  @Override
  void displayInfo() {
```

```
        super.displayInfo(); // 呼叫父類別的displayInfo方法，顯示書名和作者
        System.out.println("類別: " + category); // 顯示雜誌類別
    }
}

//主程式類別
public class LibraySystemTest {
    public static void main(String[] args) {
        // 創建書本實例
        Book book1 = new Book("Java物件導向程式設計", "李小龍");
        Book book2 = new Book("程式設計(二)", "張三豐");

        // 創建雜誌實例
        Magazine magazine = new Magazine("台灣地理尋訪", "編輯部", "旅遊");

        // 顯示書本和雜誌的資訊
        System.out.println("書本資訊：");
        book1.displayInfo();
        System.out.println("--------------------");
        book2.displayInfo();
        System.out.println("--------------------");

        System.out.println("雜誌資訊：");
        magazine.displayInfo();
    }
}
```

## 運作原理

這個程式範例展示了物件導向程式設計中的繼承(Inheritance)概念。我們有兩個類別：Book 和 Magazine，Magazine 類別繼承自 Book 類別。現在我們來詳細說明程式的運作原理：

1. 書本類別(Book)：Book 類別包含兩個實例變數（title 和 author），代表書名和作者。有一個建構子 Book(String title, String author)，當我們創建 Book 實例時，這個建構子會被呼叫，初始化書名和作者。displayInfo()方法用來顯示書本的資訊，顯示書名和作者的資訊。

2. 雜誌類別(Magazine)

(1) Magazine 類別繼承自 Book 類別，繼承了 Book 的所有特性（實例變數和方法）。

(2) 有一個建構子 Magazine(String title, String author, String category)，這個建構子呼叫了父類別 Book 的建構子，初始化書名和作者，同時設定雜誌的類別(Category)。

(3) displayInfo()方法被覆寫(Override)了。當我們呼叫 Magazine 實例的 displayInfo() 方法時，首先會呼叫父類別 Book 的 displayInfo()方法，顯示書名和作者，然後再顯示雜誌的類別。

3. 主程式(LibrarySystemTes)

(1) 在 main 方法中，我們創建了兩個 Book 實例（book1 和 book2）和一個 Magazine 實例(Magazine)。

(2) book1 和 book2 分別是 Book 的實例，magazine 是 Magazine 的實例，但因為 Magazine 繼承自 Book，所以它也是 Book 的一種形式。

(3) 我們呼叫了各個實例的 displayInfo()方法，它們分別呼叫了相對應類別的 displayInfo()方法，顯示了書名、作者和雜誌類別。

總結來說，這個程式示範了如何使用繼承來建立類別之間的關係。Magazine 類別繼承了 Book 類別的特性，並且在需要的時候可以覆寫父類別的方法，以滿足特定的需求。這種繼承的方式使得我們可以更好地組織程式碼，達到重複使用程式碼的目的。

## 📊 執行結果

書本資訊：
書名:Java 物件導向程式設計
作者: 李小龍
-------------------
書名: 程式設計(二)
作者: 張三豐
-------------------

雜誌資訊:
書名: 台灣地理尋訪
作者: 編輯部
類別: 旅遊

　　然而，繼承也帶來了一些問題。一個子類別可以繼承它可能不需要或不應該擁有的方法，這樣可能導致不必要的複雜性。即使父類別的方法適用於子類別，子類別通常也需要一個定製版本的方法。在這種情況下，子類別可以使用方法改寫(Overriding)的機制，重新定義父類別的方法，以滿足特定的需求。在程式設計中，合理使用繼承可以減少重複的程式碼，提高程式碼的可維護性和可擴展性。同時，繼承也讓類別之間的耦合性增加，這可能使程式碼之間的聯繫變得更緊密，降低程式碼的獨立性。這就需要在使用繼承時謹慎設計，以確保類別之間的關係既靈活又可維護。

## 4-3 方法的改寫

　　方法改寫(Method Overriding)是 Java 物件導向程式設計中的一個重要概念。當子類別(Subclass)繼承自父類別(Superclass)時，子類別可以重新定義（改寫或覆寫）父類別中的方法，以符合子類別的需求。覆寫的方法擁有與父類別相同的方法設計樣態（即相同之方法名稱、參數類型、個數等），但是具體的實作內容在子類別中可以不同於父類別。

### 4-3-1　方法改寫的基本規則

　　在 Java 中，當子類別改寫(Override)了父類別的方法後，當我們呼叫該方法時，會執行子類別中的版本，而不是父類別中的版本。這種機制允許我們在不改變原有所設計之介面的情況下，改變方法的行為，提供了程式碼的彈性和可擴充性。以下是方法改寫的基本規則：

1. **方法設計樣態必須相同**：子類別中改寫的方法必須具有與父類別中被改寫方法相同的方法簽名（即相同的方法名稱、參數類型、個數等）。當我們在子類別中改寫父類別的方法時，改寫後的方法必須具有與父類別中被改寫方法相同的設計樣態。這指的是改寫方法的名稱、參數類型和參數個數必須與父類別中的方法相同。換句話說，如果父類別有一個方法：

```
class Parent {
    void doSomething(int x) {
        // 一些邏輯
    }
}
```

那麼，子類別覆寫這個方法時，必須保持相同設計樣態（方法簽名）：

```
class Child extends Parent {
    @Override
    void doSomething(int x) {
        // 覆寫後的邏輯
    }
}
```

在這個例子中，子類別 Child 改寫了父類別 Parent 的 doSomething 方法，保持了相同的方法名稱和參數類型(int)。這樣，在使用多形性(Polymorphism)時，當我們用父類別的引用指向子類別的物件，呼叫 doSomething 方法時，會執行子類別中的版本，而不是父類別中的版本。這種方法簽名相同的規則確保了在不同的類別中，相同的方法名稱代表著相似的操作，並確保了程式碼的一致性。

2. **存取修飾關鍵字不能更嚴格**：子類別中改寫的方法之存取修飾關鍵字不能比父類別中的方法的存取修飾關鍵字更嚴格。例如，如果父類別中的方法是 protected，則子類別中的改寫方法不能是 private。換句話說，如果父類別中的方法是 public，則子類別中改寫這個方法的時候，不能把存取修飾關鍵字設為 protected。例如，如果父類別中有一個 protected 方法：

```java
class Parent {
    protected void someMethod() {
        // 一些邏輯
    }
}
```

那麼，在子類別中覆寫這個方法時，存取修飾關鍵字不能更嚴格，不能設為 private：

```java
class Child extends Parent {
    // 這是錯誤的！存取修飾關鍵字比父類別還要嚴格
    // private void someMethod() {
    //     // 覆寫後的邏輯
    // }

    // 正確的方式：存取修飾關鍵字可以是protected或者public
    @Override
    protected void someMethod() {
        // 覆寫後的邏輯
    }
}
```

在這個例子中，Child 類別嘗試改寫父類別的 someMethod 方法，但如果使用 private 關鍵字，這是不允許的。相反，子類別的方法可以使用 protected 或者 public 這樣的存取修飾關鍵字，但不能更嚴格。這確保了在改寫過程中，子類別對於父類別方法的可見性不會更受限制。

3. 改寫後的方法回傳類型必須與父類別方法相同：當子類別改寫 (Override)父類別的方法時，改寫後的方法必須具有與父類別方法相同 的回傳類型。也就是說，如果父類別的方法回傳一個特定類型的物 件，那麼子類別的改寫方法可以回傳相同類型的物件，或者是該類型 的子類別的物件。簡單來說，如果父類別的方法回傳類型為 A，那麼 子類別的改寫方法可以回傳 A 類型的物件，或者是 A 的子類別的物 件。這種規則的存在是為了確保在程式執行時，我們可以正確地處理 回傳值。當我們使用父類別的引用指向子類別的物件時，如果改寫的 方法回傳的是父類別的子類別物件，我們可以在不造成類型錯誤的情 況下使用這個物件。例如，如果有一個父類別 Animal，其中有一個方 法：

```
class Animal {
    Animal giveBirth() {
        // 一些邏輯
        return new Animal();
    }
}
```

然後在子類別 Dog 中，我們可以改寫 giveBirth 方法，回傳 Dog 的物 件，因為 Dog 是 Animal 的子類別：

```
class Dog extends Animal {
    @Override
    Dog giveBirth() {
        // 一些邏輯
        return new Dog();
    }
}
```

在這個例子中，Dog 類別改寫了父類別 Animal 的 giveBirth 方法，回傳了 Dog 的物件。這樣，我們可以使用父類別的引用指向 Dog 的物件，並且呼叫 giveBirth 方法，而不會引起類型錯誤。這就是 Java 方法改寫中回傳類型的規則。

### 📙4-3-2 方法改寫之基礎設計

方法改寫是指在子類別中定義一個與父類別中同名、參數類型和個數相同的方法，用以替代（改寫）父類別中的方法。當使用父類別的引用指向子類別的物件時，呼叫改寫後的方法時，會執行子類別中的版本，而不是父類別中的版本強化了彈性和可擴充性，允許子類別修改或擴展父類別的行為。

方法改寫常見的@Override 是 Java 中的一個註解(Annotation)，它是一種用來標記方法（或類別、屬性等）的標識，用來告訴編譯器這個方法是覆寫(Override)父類別或介面(Interface)中的方法。當我們使用@Override 註解時，編譯器會檢查所標記的方法是否確實是在父類別或介面中被定義，如果不是，編譯器會報出錯誤訊息，提醒我們檢查方法的名稱、參數和回傳類型等是否正確。

@Override 的主要作用有以下幾點：

1. **增加程式的可讀性**：當其他開發者讀到你的程式碼時，@Override 讓我們一眼就能看出這是一個覆寫的方法，而不是一個全新的方法。

2. **提高程式的可靠性**：避免了由於方法名稱或參數列表拼寫錯誤而導致的錯誤。當方法名稱拼寫錯誤或參數列表不匹配時，編譯器會報出錯誤訊息，這樣能夠提前發現錯誤。

3. **防止意外改寫**：有時，當我們的意圖是改寫父類別的方法，但由於某些原因（例如拼寫錯誤），我們可能寫了一個新的方法，並且可能在不

知不覺中改變了程式的行為。使用@Override 可以幫助我們避免這種
情況。

以下是兩個簡單的方法改寫之基礎程式，詳細解釋了方法改寫的程式
執行原理。

首先介紹第一個程式：

```java
//定義Animal類別
class Animal {
 // 方法用來描述動物發出聲音的行為
  void makeSound() {
      System.out.println("Animal can make a sound !!");
  }
}

//Dog類別繼承自Animal類別
class Dog extends Animal {
 // 覆寫makeSound方法，描述狗狗發出吠叫聲的行為
 @Override
  void makeSound() {
      System.out.println("Dog usually barks. Wan! Wan!");
  }
}

//Cat類別繼承自Animal類別
class Cat extends Animal {
 // 覆寫makeSound方法，描述貓咪發出喵喵聲的行為
 @Override
  void makeSound() {
      System.out.println("Cat usually makes meow meow!");
  }
}

//主程式類別AnimalDemo1
public class AnimalDemo1 {
  public static void main(String[] args) {
      // 創建一個Dog物件，使用Animal類別的引用指向它
      Animal myDog = new Dog();
      // 創建一個Cat物件，使用Animal類別的引用指向它
```

```
        Animal myCat = new Cat();
        // 呼叫myDog物件的makeSound方法，由於是Dog類別的實例，所
以呼叫的是Dog類別覆寫後的方法
        myDog.makeSound(); // 輸出：Dog usually barks. Wan! Wan!
        // 呼叫myCat物件的makeSound方法，由於是Cat類別的實例，所以
呼叫的是Cat類別覆寫後的方法
        myCat.makeSound(); // 輸出：Cat usually makes meow meow!
    }
}
```

將上述程式執行原理解釋如下：

Animal 類別是一個基本的動物類別，其中有一個 makeSound 方法用來描述動物發出聲音的行為。Dog 類別和 Cat 類別都是繼承自 Animal 類別的子類別，它們分別改寫了 makeSound 方法，描述了狗和貓發出不同聲音的行為。

在 main 方法中，創建了一個 Dog 類別的物件並用 Animal 類別的引用 myDog 指向它，同樣地，創建了一個 Cat 類別的物件並用 Animal 類別的引用 myCat 指向它。當呼叫 myDog.makeSound()時，由於 myDog 實際上是 Dog 類別的實例，所以呼叫的是 Dog 類別中覆寫後的 makeSound 方法，輸出："Dog usually barks. Wan! Wan!"。當呼叫 myCat.makeSound()時，由於 myCat 實際上是 Cat 類別的實例，所以呼叫的是 Cat 類別中覆寫後的 makeSound 方法，輸出："Cat usually makes meow meow!"。

以下為上述程式之執行結果：

```
Dog usually barks. Wan! Wan!
Cat usually makes meow meow!
```

接著，我們來介紹第二個程式：

```java
//第一層繼承：基本形狀類別
class Shapes {
 // 基本形狀類別的畫圖方法
 void draw() {
     System.out.println("Drawing a shape");
 }
}

//第二層繼承：二維形狀類別，繼承自基本形狀類別
class TwoDimensionalShape extends Shapes {
 // 二維形狀類別的畫圖方法
 void draw2D() {
     System.out.println("Drawing a 2D shape");
 }
}

//第三層繼承：三維形狀類別，繼承自二維形狀類別
class ThreeDimensionalShape extends TwoDimensionalShape {
 // 三維形狀類別的畫圖方法
 void draw3D() {
     System.out.println("Drawing a 3D shape");
 }
}

//第四層繼承：具體形狀類別，繼承自三維形狀類別
class Sphere extends ThreeDimensionalShape {
 // 覆寫三維形狀類別的畫圖方法，畫球體
 @Override
 void draw3D() {
     System.out.println("Drawing a sphere");
 }
}

class Cube extends ThreeDimensionalShape {
 // 覆寫三維形狀類別的畫圖方法，畫立方體
 @Override
 void draw3D() {
     System.out.println("Drawing a cube");
 }
```

```
    }

public class ShapeDemo1 {
  public static void main(String[] args) {
      // 使用第三層繼承的引用指向第四層繼承的物件（球體）
      ThreeDimensionalShape mySphere = new Sphere();
      // 呼叫覆寫後的方法，輸出：Drawing a sphere
      mySphere.draw3D();

      // 使用第三層繼承的引用指向另一個第四層繼承的物件（立方體）
      ThreeDimensionalShape myCube = new Cube();
      // 呼叫覆寫後的方法，輸出：Drawing a cube
      myCube.draw3D();
  }
}
```

這個程式中存在多層次的繼承關係。以下是程式的繼承結構說明：

1. **基本形狀類別(Shapes)**：Shapes 類別代表最基本的形狀，具有一個 draw 方法，用來描述畫圖的行為。

2. **二維形狀類別(TwoDimensionalShape)**

   (1) TwoDimensionalShape 類別繼承自 Shapes 類別，繼承了 draw 方法。

   (2) TwoDimensionalShape 類別新增了一個 draw2D 方法，用來描述二維形狀的畫圖行為。

3. **三維形狀類別(ThreeDimensionalShape)**

   (1) ThreeDimensionalShape 類別繼承自 TwoDimensionalShape 類別，繼承了 draw 和 draw2D 方法。

   (2) ThreeDimensionalShape 類別新增了一個 draw3D 方法，用來描述三維形狀的畫圖行為。

4. **具體形狀類別（Sphere 和 Cube）**

   (1) Sphere 和 Cube 類別都繼承自 ThreeDimensionalShape 類別，繼承了 draw、draw2D 和 draw3D 方法。

   (2) Sphere 類別覆寫了 draw3D 方法，以實現畫球體的特定行為。

   (3) Cube 類別覆寫了 draw3D 方法，以實現畫立方體的特定行為。

在 main 方法中，創建了一個 Sphere 類別的物件 mySphere，使用 ThreeDimensionalShape 類別的引用指向它。由於 Sphere 是 ThreeDimensionalShape 的子類別，所以可以使用 ThreeDimensionalShape 的引用來引用 Sphere 的物件。呼叫 mySphere.draw3D()時，由於 mySphere 實際上是 Sphere 類別的實例，所以呼叫的是 Sphere 類別中覆寫後的 draw3D 方法，輸出：“Drawing a sphere”。同樣的，創建了一個 Cube 類別的物件 myCube，使用 ThreeDimensionalShape 類別的引用指向它。呼叫 myCube.draw3D()時，由於 myCube 實際上是 Cube 類別的實例，所以呼叫的是 Cube 類別中覆寫後的 draw3D 方法，輸出：“Drawing a cube”。這樣的繼承結構允許更具體的形狀類別（例如球體和立方體）繼承和擴展通用的形狀行為，同時也保持了程式碼的結構性和可擴展性。

以下為上述程式之執行結果：

```
Drawing a sphere
Drawing a cube
```

 隨|堂|練|習

請設計一個物件導向程式，包含以下三個類別：ShapeObj、CircleObj、Rectangle。

1. ShapeObj 是基本形狀的類別，具有計算周長和面積的功能，但是預設的周長和面積值為 0。

2. CircleObj 是圓形的類別，繼承自 ShapeObj，具有計算圓形周長和面積的功能。圓形的周長計算公式為 2 * π * 半徑，面積計算公式為 π * 半徑的平方。

3. Rectangle 是矩形的類別，繼承自 ShapeObj，具有計算矩形周長和面積的功能。矩形的周長計算公式為 2 * 長度 + 2 * 寬度，面積計算公式為長度 * 寬度。

請完成這三個類別的程式碼。並在 DemoShape 主程式類別中，建立一個圓形物件（半徑為 10）和一個矩形物件（長為 20，寬為 30），然後印出它們的周長和面積。其中，主類別 class DemoShape 之完整程式碼如下：

```java
public class DemoShape {
public static void main(String[] args) {
    // 建立圓形物件，半徑為10
    CircleObj circle = new CircleObj(10);
    // 印出圓形的周長和面積
    System.out.printf("圓形的周長: %.2f%n", circle.calculatePerimeter());
    System.out.printf("圓形的面積: %.2f%n", circle.calculateArea());

    // 建立矩形物件，長為20，寬為30
    Rectangle rectangle = new Rectangle(20, 30);
    // 印出矩形的周長和面積
    System.out.printf("矩形的周長: %.2f%n", rectangle.calculatePerimeter());
    System.out.printf("矩形的面積: %.2f%n", rectangle.calculateArea());
    }
}
```

請根據上述需求，完成程式碼並確保程式可以正確運行。執行結果，如下：

圓形的周長: 62.83
圓形的面積: 314.16
矩形的周長: 100.00
矩形的面積: 600.00

◎解答

```java
//基本形狀類別
class ShapeObj {
  // 無參數建構子
  public ShapeObj() {}

  // 計算周長的方法（預設為0）
  public double calculatePerimeter() {
      return 0;
  }

  // 計算面積的方法（預設為0）
  public double calculateArea() {
      return 0;
  }
}

//圓形類別，繼承自基本形狀
class CircleObj extends ShapeObj {
  private double radius; // 圓的半徑

  // 建構子，初始化半徑
  public CircleObj(double radius) {
      this.radius = radius;
  }

  // 覆寫計算周長的方法（2 * π * 半徑）
  @Override
  public double calculatePerimeter() {
      return 2 * Math.PI * radius;
  }

  // 覆寫計算面積的方法（π * 半徑的平方）
  @Override
  public double calculateArea() {
      return Math.PI * radius * radius;
  }
}

//矩形類別，繼承自基本形狀
class Rectangle extends ShapeObj {
```

```java
    protected double length; // 矩形的長度
    protected double width; // 矩形的寬度

    // 建構子，初始化矩形的長度和寬度
    public Rectangle(double length, double width) {
        this.length = length;
        this.width = width;
    }

    // 覆寫計算周長的方法（2 * 長度 + 2 * 寬度）
    @Override
    public double calculatePerimeter() {
        return 2 * length + 2 * width;
    }

    // 覆寫計算面積的方法（長度 * 寬度）
    @Override
    public double calculateArea() {
        return length * width;
    }
}

//主程式類別
public class DemoShape {
    public static void main(String[] args) {
        // 建立圓形物件，半徑為10
        CircleObj circle = new CircleObj(10);
        // 印出圓形的周長和面積
        System.out.printf("圓形的周長: %.2f%n", circle.calculatePerimeter());
        System.out.printf("圓形的面積: %.2f%n", circle.calculateArea());

        // 建立矩形物件，長為20，寬為30
        Rectangle rectangle = new Rectangle(20, 30);
        // 印出矩形的周長和面積
        System.out.printf("矩形的周長: %.2f%n", rectangle.calculatePerimeter());
        System.out.printf("矩形的面積: %.2f%n", rectangle.calculateArea());
    }
}
```

## 運作原理

這個程式範例展示了物件導向程式設計中的繼承概念。透過繼承，子類別可以獲得父類別的屬性和方法，並且可以進行擴充或改寫以適應特定需求。

1. 狀類別(ShapeObj)：ShapeObj 是所有形狀的基礎，它定義了計算周長 calculatePerimeter()和面積 calculateArea()的方法，並且這些方法在所有繼承類別中都可以被改寫。

2. 類別(CircleObj)：CircleObj 繼承自 ShapeObj，並改寫了計算周長和面積的方法。這展示了繼承的概念，子類別可以繼承父類別的方法，同時也可以根據需要進行方法覆寫。

3. 矩形類別(Rectangle)：Rectangle 也繼承自 ShapeObj，並改寫了計算周長和面積的方法。在這裡，我們還使用了成員變數 length 和 width，這些變數被設定為 protected，使得它們可以在子類別中直接存取，但在外部類別中則無法直接存取。

4. 主程式類別(DemoShape)，負責展示圓形和矩形物件的功能。在這個類別中，我們建立了圓形物件和矩形物件，並呼叫它們的方法來計算周長和面積。

### ⧗ 執行結果

圓形的周長: 62.83
圓形的面積: 314.16
矩形的周長: 100.00
矩形的面積: 600.00

**題目** 幾何圖形面積計算器

試設計一幾何圖形面積計算器程式 CalShapesCH.java，該程式包含以下機制：

1. 設計一基礎類別(Base Class)Line，包含有可以取得 a、b 的方法 get_a ()、get_b ()；以及一方法 getArea()取得面積值，因是線段，預設面積為 0。

2. 設計一衍生類別(Derived Class)Rectangle 繼承類別 Line，並改寫 getArea()方法，取得所計算之矩形面積值。

3. 設計一衍生類別(Derived Class)Triangle 繼承類別 Rectangle，並改寫 getArea()方法，取得所計算之三角形面積值。

4. 設計一衍生類別(Derived Class)Trapezoid 繼承類別 Line，並改寫 getArea()方法，取得所計算之梯形面積值。

5. 幾何圖形與線段 a、b 之關係：如 Rectangle(6, 10)，表示 a=6、b=10。幾何圖形與線段 a、b 之關係，如下圖所示。

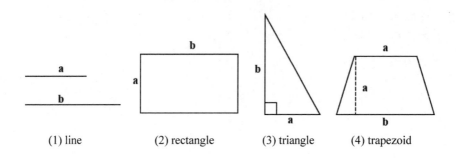

| (1) line | (2) rectangle | (3) triangle | (4) trapezoid |

　　上述程式架構之所有類別與方法，可藉由如下驅動類別(Derived Class)CalShapesCH 實作並執行，及其互動過程的顯示訊息列舉如下：

```java
public class CalShapesCH {
    public static void main(String args[]) {
        // 創建具有指定長度和寬度的Line、Rectangle、Triangle和Trapezoid物件
        Line line = new Line(6, 10);
        Rectangle rec = new Rectangle(6, 10);
        Triangle tri = new Triangle(6, 10);
        Trapezoid trape = new Trapezoid(6, 10);

        // 輸出Line的a和b值，以及面積
        System.out.print("Line的a值　= " + line.get_a());
        System.out.print("　Line的b值　= " + line.get_b());
        System.out.printf("%nLine的面積　= %f%n%n", line.getArea());

        // 輸出Rectangle的a和b值，以及面積
        System.out.print("Rectangle的a值　= " + rec.get_a());
        System.out.print("　Rectangle的b值　= " + rec.get_b());
        System.out.printf("%nRectangle的面積　= %f%n%n", rec.getArea());

        // 輸出Triangle的a和b值，以及面積
        System.out.print("Triangle的a值　= " + tri.get_a());
        System.out.print("　Triangle的b值　= " + tri.get_b());
        System.out.printf("%nTriangle的面積　= %f%n%n", tri.getArea());

        // 輸出Trapezoid的a、b值以及面積
        System.out.print("Trapezoid的a值　= " + trape.get_a());
        System.out.print("　Trapezoid的b值　= " + trape.get_b());
        System.out.printf("%nTrapezoid的面積　= %f", trape.getArea());
    }
}
```

## 執行結果

```
Line 的 a 值 = 6.0   Line 的 b 值 = 10.0
Line 的面積 = 0.000000


Rectangle 的 a 值 = 6.0   Rectangle 的 b 值 = 10.0
Rectangle 的面積 = 60.000000


Triangle 的 a 值 = 6.0   Triangle 的 b 值 = 10.0
Triangle 的面積 = 30.000000


Trapezoid 的 a 值 = 6.0   Trapezoid 的 b 值 = 10.0
Trapezoid 的面積 = 48.000000
```

## 題目　動物資料管理程式

　　試設計一動物資料管理程式 AnimalDriverCH.java，該程式包含以下機制：

1. 程式包含五個類別(Class)，分別為 Animal、Dog、Bird、Fish，其中類別 Dog、Bird、Fish 皆繼承(Inherit)類別 Animal。

2. 有一 driver class 命名為 AnimalDriverCH，將此主類別 AnimalDriverCH 的完整程式碼列舉如下：

```
public class AnimalDriverCH {
    public static void main(String[] args) {
        Dog dog1 = new Dog("比爾", "汪汪", true, "棕色", "比格犬", 4);
        dog1.display();
```

```
        Dog dog2 = new Dog("安迪", "汪汪", true, "白色和黑色", "奧基犬", 4);
        dog2.display();
        Bird bird1 = new Bird("艾米", "嗨嗨", true, "綠色和紅色", "阿比西尼
亞鸚鵡", 2);
        bird1.display();
        Fish fish1 = new Fish("富蘭克林", "嘭嘭", false, "黃色", "泡泡眼金魚", 0);
        fish1.display();
    }
}
```

　　試完成此 class Animal、Dog、Bird、Fish 之程式設計，使得完整程式 AnimalDriverCH.java 執行結果如下。（註：請使用 extends 進行設計）

### 執行結果

The name of this animal is 比爾
The sound is 汪汪
This animal has legs: true
Color is: 棕色.　Breed is: 比格犬.　Number of legs is: 4
It can run.
----------------------------
The name of this animal is 安迪
The sound is 汪汪
This animal has legs: true
Color is: 白色和黑色.　Breed is: 奧基犬.　Number of legs is: 4

It can run.

----------------------------

The name of this animal is 艾米

The sound is 嗨嗨

This animal has legs: true

Color is: 綠色和紅色.　Breed is: 阿比西尼亞鸚鵡.　Number of legs is: 2

It can fly.

----------------------------

The name of this animal is 富蘭克林

The sound is 嘭嘭

This animal has legs: false

Color is: 黃色.　Breed is: 泡泡眼金魚.　Number of legs is: 0

It can swim.

----------------------------

## 題目　庫存管理程式

　　試設計一庫存管理程式 InventoryMgtDemo.java，該程式包含以下機制：

1. 建立一個存貨項目(InventoryItem)類別和兩個子類別，分別為電子產品(ElectronicProduct)和服裝(Clothing)，用於模擬庫存管理。

2. 存貨項目類別應包含以下屬性和方法
   (1) 屬性：產品名稱(ProductName)、數量(Quantity)、價格(Price)。
   (2) 方法：建構子，getters 和 displayInfo（用於顯示存貨項目的資訊）。

3. 電子產品(ElectronicProduct)類別和服裝(Clothing)類別應該分別繼承自存貨項目類別，並擁有特定的屬性和方法。

4. 電子產品類別(ElectronicProduct)應包含：生產日期(ManufacturingDate)、保修年限(WarrantyPeriod)。

5. 服裝類別(Clothing)應包含：尺寸(Size)、材料(Material)。

6. 兩個子類別應該改寫父類別的 displayInfo 方法，以顯示特定於該子類別的資訊。

7. 最後，建立一個電子產品和一個服裝的實例，並使用 displayInfo 方法顯示它們的資訊。

　主程式類別 class InventoryMgtDemo 之完整程式碼如下，試根據上述需求，完成此程式設計，使得完整程式 InventoryMgtDemo.java 執行結果如下。( 註：請使用 extends 進行設計 )

```java
public class InventoryMgtDemo {
  public static void main(String[] args) {
      // 建立一個電子產品物件
      ElectronicProduct electronicProduct = new ElectronicProduct("手機", 250,
9999.99, "2024-07-15", 2);
      // 建立一個服裝物品
      Clothing clothing = new Clothing("襯衫", 1971, 599.99, "XL", "棉");

      // 顯示電子產品的資訊
      System.out.println("電子產品資訊：");
      electronicProduct.displayInfo();

      // 顯示服裝的資訊
      System.out.println("\n衣物資訊：");
      clothing.displayInfo();
  }
}
```

---

### ⧗ 執行結果

電子產品資訊：
產品名稱：手機
庫存數量：250
價格：9999.99 元
生產日期：2024-07-15
保修年限：2 年

衣物資訊：
產品名稱：襯衫
庫存數量：1971
價格：599.99 元
尺寸：XL
材料：棉

---

### 題目 ▍植物管理程式

試設計一植物管理程式 PlantManagementDemo.java，該程式包含以下機制：

1. 建立一個基本的植物(Plant)類別，並從該類別派生出多個子類別，例如花卉(Flower)、樹木(Tree)和蔬菜(Vegetable)等。然後，再建立一個特殊植物(SpecialPlant)類別，此類別繼承自植物，並能夠包含多個特殊特性作為子元素。

2. Plant（植物）類別
   (1) 屬性：名稱(Name)、生長周期(growthCycle)。
   (2) 方法：建構子，getters 和 displayInfo（用於顯示植物資訊）。

3. Flower（花卉）類別

   (1) 屬性：花色(color)、花期(floweringSeason)。

   (2) 方法：建構子（應該呼叫父類別的建構子），getters 和改寫 displayInfo 方法。

4. Tree（樹木）類別

   (1) 屬性：樹高(height)、葉子顏色(leafColor)。

   (2) 方法：建構子（應該呼叫父類別的建構子），getters 和改寫 displayInfo 方法。

5. Vegetable（蔬菜）類別

   (1) 屬性：可食部分(ediblePart)、營養價值(nutritionalValue)。

   (2) 方法：建構子（應該呼叫父類別的建構子），getters 和改寫 displayInfo 方法。

6. SpecialPlant（特殊植物）類別

   (1) 屬性：特殊特性列表（可以使用 List 或陣列）。

   (2) 方法：建構子（應該呼叫父類別的建構子），addSpecialFeature（加入特殊特性）、getSpecialFeatures（取得所有特殊特性）和覆寫 displayInfo 方法。

　　主程式類別 class PlantManagementDemo 之完整程式碼如下，試根據上述需求，完成此程式設計，使得完整程式 PlantManagementDemo.java 執行結果如下。（註：請使用 extends 進行設計）

```
public class PlantManagementDemo {
    public static void main(String[] args) {
        // 建立不同類型的植物物件
        Flower rose = new Flower("玫瑰", "每年", "紅色", "春季");
        Tree oakTree = new Tree("橡樹", "每年", 15.5, "綠色");
        Vegetable spinach = new Vegetable("菠菜", "每季", "葉子", "高維生素含量");
```

```
                SpecialPlant specialPlant = new SpecialPlant("奇特植物", "每年");
                specialPlant.addSpecialFeature("夜間開花");
                specialPlant.addSpecialFeature("抗旱特性");
                System.out.println("花卉資訊：");
                rose.displayInfo();
                System.out.println();
                System.out.println("樹木資訊：");
                oakTree.displayInfo();
                System.out.println();
                System.out.println("蔬菜資訊：");
                spinach.displayInfo();
                System.out.println();
                System.out.println("特殊植物資訊：");
                specialPlant.displayInfo();
        }
}
```

## 🖳 執行結果

```
花卉資訊：
植物名稱：玫瑰
生長周期：每年
花色：紅色
花期：春季

樹木資訊：
植物名稱：橡樹
生長周期：每年
樹高：15.5 公尺
葉子顏色：綠色
```

蔬菜資訊：
植物名稱：菠菜
生長周期：每季
可食部分：葉子
營養價值：高維生素含量

特殊植物資訊：
植物名稱：奇特植物
生長周期：每年
特殊特性：
- 夜間開花
- 抗旱特性

1. 父類別(Superclass)和子類別(Subclass)在物件導向程式設計中有什麼重要的功用？

2. Java 中所有的類別都直接或間接地繼承自哪個類別？請說明該類別的基本作用。

3. 在繼承關係中，super 關鍵字的功用是什麼？請舉例說明。

4. 請解釋多型性(Polymorphism)在繼承中的應用。

5. 為什麼使用繼承可以提高程式碼的結構化和模組化？

6. 請解釋物件導向程式設計中的"is-a"和"has-a"關係，並舉例說明。

7. 請解釋物件導向程式設計中的「封裝」(Encapsulation)是什麼，它的主要目的是什麼？

8. 請解釋什麼是繼承(Inheritance)在物件導向程式設計中的角色和用途？

9. 請解釋什麼是多重繼承(Multiple Inheritance)和 Java 中為什麼不支援多重繼承？

10. 什麼是「方法改寫」(Overriding)？它在繼承中的作用是什麼？

11. 方法改寫(Overriding)的基本規則是什麼？為什麼方法改寫的方法設計樣態必須相同？

12. 為什麼方法改寫的存取修飾關鍵字不能比父類別中的方法更嚴格？

13. 方法改寫中的@Override 是什麼作用？

 Java

05

CHAPTER

 繼承的進階觀念

## 5-1 繼承的重要觀念

繼承(Inheritance)是物件導向程式設計中的一個重要概念,它允許我們建立一個新的類別（子類別）,並且使用現有類別（父類別）的屬性和方法,同時可以在子類別中新增或修改屬性和方法。若想讓自己能夠靈活地運用繼承的技巧,我們必須具備以下幾個重要觀念:

1.  **擴展性(Extensibility)**:透過繼承,我們可以建立一個通用的父類別,然後基於這個父類別創建多個不同的子類別。當需求變化時,只需要修改或擴展子類別,而不需要修改整個類別階層。

2.  **多型(Polymorphism)**:繼承提供了多型的機制,即不同類別的物件可以將其視為同一類型的物件。這意味著我們可以使用父類別的參考變數來引用子類別的物件,這樣可以提高程式的靈活性以及可維護性。

3.  **抽象類別和介面(Abstract Classes and Interfaces)**:繼承也使得抽象類別(Abstract Class)和介面(Interface)的概念得以實現。抽象類別是一個不能被實例化的類別,它可以包含抽象方法（即方法沒有實作）,需要由子類別來實現。介面則是一個完全抽象的類型,它只定義了方法的簽名(Signature),但沒有提供任何實作。透過實現(Implements)介面或繼承抽象類別,類別可以具備多重繼承的特性。

4.  **避免程式碼重複(Avoiding Code Duplication)**:繼承可以避免程式碼的重複使用。如果多個類別具有相似的屬性和方法,我們可以將這些共用的部分提取到一個父類別中,其他類別再透過繼承來獲得這些共用的功能,減少了程式碼的重複性。

5. 設計模式(Design Patterns)：許多設計模式，如工廠模式、策略模式等，都是基於繼承和多型的概念建立的。這些設計模式提供了解決特定問題的標準方法，並且可以提高程式的可讀性和可維護性。

在 Java 中，我們使用 extends 關鍵字來實現繼承。使用 extends 關鍵字表示我們的類別是從一個現有的類別衍生(Derive)而來。換句話說，"extends"代表著功能的擴展。要使用繼承，在定義一個新的類別時，使用 extends 關鍵字，後面跟著我們想要繼承的類別名稱。這樣新的類別就會繼承所指定類別的屬性和方法。透過繼承，我們可以在現有的類別基礎上建立一個新的類別，並且可以重新運用已經存在的程式碼。將有關於繼承的重要術語(Terminologies)整理如下：

1. 類別(Class)：類別是一個邏輯模板(Logical Template)，用來建立具有共同屬性和方法(Common Properties and Methods)的物件。因此，源於同一個類別中的所有物件將擁有相同的方法或屬性。例如：在現實世界中，一隻特定的狗是「狗」類別的一個物件。世界上所有的狗都共享一些來自相同模板的特性，例如，犬科動物具有尾巴、四肢，其聽覺範圍為 67Hz 至 45,000Hz。在 Java 中，"Dog"類別是用來創造所有狗的物件都可以參考的藍圖，其具備所有狗的特性，比如品種、毛色、尾巴長度、眼睛形狀等。因此，我們不能從"Dog"類別創造一輛車子。因為，一輛車子必須具有某些特性，例如，方向盤、輪胎、門以及窗戶等特性，這些特性是"Dog"類別所沒有的。

2. 超級類別／父類別(Superclass/Parent Class)：被繼承特性的類別被稱為超級類別(Superclass)，或稱為基礎類別(Base Class)，或是父類別(Parent Class)。

3.  **子類別／子類(Subclass/Child Class)**：繼承其他類別的類別被稱為子類別(Subclass)，或衍生類別(Derived Class)、擴展類別(Extended Class)、子類別(Child Class)等。子類別可以在超級類別(Superclass)的基礎上添加自己的欄位(Fields)和方法(Methods)。

4.  **可重用性(Reusability)**：繼承支持可重用性的概念，即當我們想要創建一個新的類別，並且已經有一個包含我們想要的某些程式碼(Code)的類別時，我們可以從現有的類別衍生(Derive)出我們的新類別。這樣一來，我們就可以重新使用現有類別的欄位和方法。

在實際應用中，Java 中常常結合繼承(Inheritance)和多形性(Polymorphism)以實現程式碼的彈性和可讀性(Readability)。如前面章節所述，我們將 Java 支援的繼承類型整理如下：

1.  **單一繼承(Single Inheritance)**：一個子類別只能繼承自一個父類別。在 Java 中，每個類別只能有一個直接的父類別。以下是一個關於單一繼承的例子：

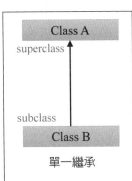

Class A

superclass

subclass

Class B

單一繼承

```java
//父類別 Fruit
class Fruit {
  void display() {
      System.out.println("這是一種水果");
  }
}

//子類別 Apple 繼承自 Fruit
class Apple extends Fruit {
  void display() {
      System.out.println("這是一個蘋果");
  }
}

//主程式
public class FruitMain {
  public static void main(String[] args) {
      Apple myApple = new Apple(); // 創建子類別的物件
      myApple.display(); //  子類別呼叫覆寫的方法
  }
}
```

**執行結果**

> 這是一個蘋果

在這個範例中，Fruit 是父類別，Apple 是子類別。子類別 Apple 繼承了父類別 Fruit 的 display()方法，並且在子類別中改寫(Override)了這個方法，賦予它新的功能。

2. **多層繼承**(Multilevel Inheritance)：一個類別可以繼承自另一個類別，而這個類別又可以被其他類別繼承，因而形成了一個繼承的層次結構。

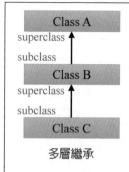

多層繼承

```java
//父類別  Fruit
class FruitBase {
  void display() {
      System.out.println("這是一個水果");
  }
}

//子類別  Apple  繼承自  Fruit
class AppleBase extends FruitBase {
  void display() {
      System.out.println("這是一個蘋果");
  }
}

//孫子類別  GrannySmithApple  繼承自  Apple
class GrannySmithApple extends AppleBase {
  void display() {
      System.out.println("這是一個青蘋果");
  }
}

//主程式
public class AppleMain {
  public static void main(String[] args) {
      GrannySmithApple myApple = new
GrannySmithApple(); // 創建孫子類別的物件
      myApple.display(); // 孫子類別呼叫覆寫的方法
  }
}
```

**執行結果**

> 這是一個青蘋果

在這個例子中，FruitBase 是父類別，AppleBase 是子類別，GrannySmithApple 是孫子類別。孫子類別 GrannySmithApple 同時繼承了 Apple 和 Fruit 的特性，並且在孫子類別中改寫(Ovrride)display()方法，賦予它新的功能。這就是多層繼承的概念，其中孫子類別(rannySmithApple)同時繼承自子類別(AppleBase)，而子類別(ApleBase)繼承自父類別(FruitBase)，形成了一個繼承的多層次結構。

3. **層次繼承**(Hierarchical Inheritance)：一個父類別可以擁有多個子類別。這種繼承模式允許一個類別作為基礎類別，被多個子類別所繼承。

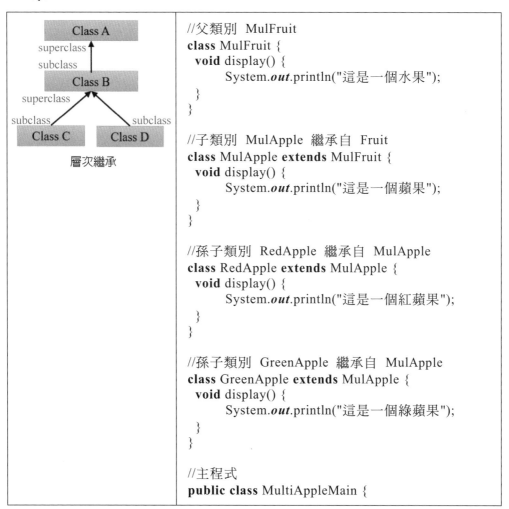

```java
//父類別 MulFruit
class MulFruit {
  void display() {
      System.out.println("這是一個水果");
  }
}

//子類別 MulApple 繼承自 Fruit
class MulApple extends MulFruit {
  void display() {
      System.out.println("這是一個蘋果");
  }
}

//孫子類別 RedApple 繼承自 MulApple
class RedApple extends MulApple {
  void display() {
      System.out.println("這是一個紅蘋果");
  }
}

//孫子類別 GreenApple 繼承自 MulApple
class GreenApple extends MulApple {
  void display() {
      System.out.println("這是一個綠蘋果");
  }
}

//主程式
public class MultiAppleMain {
```

```
public static void main(String[] args) {
    RedApple redApple = new RedApple();
    redApple.display(); // 孫子類別 RedApple
呼叫覆寫的方法

    GreenApple greenApple = new GreenApple();
    greenApple.display(); // 孫子類別
GreenApple 呼叫覆寫的方法
  }
}
```

**執行結果**

```
這是一個紅蘋果
這是一個綠蘋果
```

在這個例子中，MulFruit是父類別，MulApple是
子類別，RedApple和GreenApple是孫子類別。孫
子類別同時繼承了父類別的子類別(MulApple)和
父類別(MulFruit)的特性，並且在孫子類別中改寫
(Override)了 display()方法，賦予它們新的功能。
這個範例展示了多層繼承的概念，其中孫子類別
（RedApple和GreenApple）同時繼承了父類別
(MulApple)和父類別的父類別(MulFruit)的特性。

4. **多重繼承(Multiple Inheritance)**：一個類別可以同時繼承多個父類別
   的特性。在 Java 中，直接的多重繼承是不被支援的，但是可以透過介
   面(Interface)來實現多重繼承的部分特性。以下是一個以水果為例的
   Java 程式碼，使用多重繼承的概念：

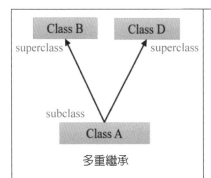

多重繼承

```java
//第一個介面 Fruit1
interface Fruit1 {
    void display(); // 介面方法，顯示水果的訊息
}

//第二個介面 Fruit2
interface Fruit2 {
    void taste(); // 介面方法，顯示水果的味道
}

//子類別 Apple 實現了 Fruit1 和 Fruit2 介面
class Apples implements Fruit1, Fruit2 {
    @Override
    public void display() {
        System.out.println("這是一個蘋果");
    }

    @Override
    public void taste() {
        System.out.println("蘋果的味道是甜的");
    }
}

//主程式
public class FruitInterfaceMain {
    public static void main(String[] args) {
        Apples myApple = new Apples();
        myApple.display(); // 呼叫 Fruit1 介面的方法
        myApple.taste(); // 呼叫 Fruit2 介面的方法
    }
}
```

**執行結果**

```
這是一個蘋果
蘋果的味道是甜的
```

在這個範例中，Fruit1 和 Fruit2 是兩個介面，

| | Apples 類別實現了這兩個介面。Apples 類別同時繼承了 Fruit1 和 Fruit2 介面的特性,並且實現了介面中的方法。這就是使用介面實現多重繼承的概念。在這個例子中,Apples 類別同時繼承了 Fruit1 和 Fruit2 介面的特性,並實現了兩個介面中的方法。 |
|---|---|

5.  **混合繼承(Hybrid Inheritance)**:混合繼承是以上提到的繼承類型的組合,可以結合單一繼承、多層繼承、層次繼承和多重繼承。以下是一個混合繼承的範例程式碼,結合了介面(Interface)和類別(Class)的概念:

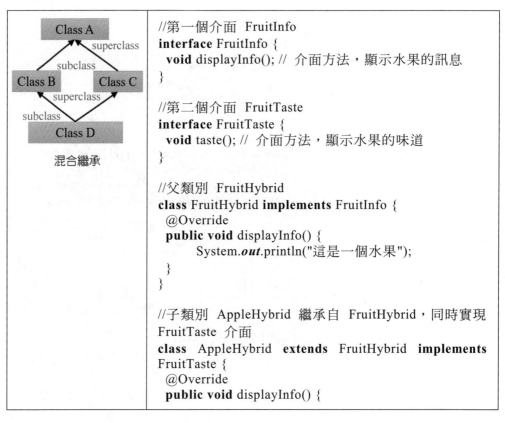

混合繼承

```java
//第一個介面 FruitInfo
interface FruitInfo {
  void displayInfo(); // 介面方法,顯示水果的訊息
}

//第二個介面 FruitTaste
interface FruitTaste {
  void taste(); // 介面方法,顯示水果的味道
}

//父類別 FruitHybrid
class FruitHybrid implements FruitInfo {
  @Override
  public void displayInfo() {
      System.out.println("這是一個水果");
  }
}

//子類別 AppleHybrid 繼承自 FruitHybrid,同時實現
FruitTaste 介面
class AppleHybrid extends FruitHybrid implements
FruitTaste {
  @Override
  public void displayInfo() {
```

```
        System.out.println("這是一個蘋果");
    }

    @Override
    public void taste() {
        System.out.println("蘋果的味道是甜的");
    }
}

//孫子類別 MandarinOrange 繼承自 Orange，同時實
現 FruitTaste 介面
class MandarinOrange extends FruitHybrid implements
FruitTaste {
    @Override
    public void displayInfo() {
        System.out.println("這是一個橘子");
    }

    @Override
    public void taste() {
        System.out.println("橘子的味道是酸的");
    }
}

//主程式
public class FruitHybridDemo {
    public static void main(String[] args) {
        AppleHybrid myApple = new AppleHybrid();
        myApple.displayInfo(); // 子類別 Apple 呼叫覆
寫的方法
        myApple.taste(); // 子類別 Apple 實現的介面方法

        MandarinOrange mandarinOrange = new MandarinOrange();
        mandarinOrange.displayInfo(); // 子類別
MandarinOrange 呼叫覆寫的方法
        mandarinOrange.taste(); // 子類別
MandarinOrange 實現的介面方法
    }
}
```

**執行結果**

```
這是一個蘋果
蘋果的味道是甜的
這是一個橘子
橘子的味道是酸的
```

在這個範例中，FruitInfo 和 FruitTaste 是兩個介面，FruitHybrid 是父類別，AppleHybrid 和 MandarinOrange 分別是子類別。AppleHybrid 類別同時繼承了 FruitHybrid 父類別並實現了 FruitTaste 介面，MandarinOrange 類別也是同樣的情況。這個範例展示了混合繼承的概念，即同一個類別可以結合使用介面和類別的特性，形成多樣性的繼承結構。

這些繼承類型提供了靈活性，允許開發者根據程式碼的需求選擇適當的繼承方式，同時確保了程式碼的組織性和可維護性。

## 5-2 方法改寫進階設計

我們將藉由程式實作案例來探討 Java 物件導向程式設計的進階概念，展示基本的類別繼承和方法改寫，介紹三層繼承的概念，示範更複雜的繼承結構，深入理解繼承的核心概念，並學習如何建立多層次的繼承結構。這將讓我們深入體驗繼承中方法的修改和擴展性，並了解在繼承中使用建構子的方法，同時探討基礎類別和子類別之間參數的傳遞。此外，我們將介紹抽象類別和抽象方法的概念，並示範多個子類別實作同一個抽象方法的情境。以下個小節，我們將列舉各程式的主要特性和差異，來說明 Java 物件導向程式設計之進階設計觀念。

### 5-2-1 示範案例：DemoInheritance1

首先，下述這一程式主要用來示範兩個獨立的類別，分別代表英文考試(class EnglishExam)和中文考試(class ChineseExam)，並透過物件的方式來操作和輸出考試相關的資料。這裡沒有繼承關係，是簡單的物件導向程式設計範例。

```
//英文考試類別
class EnglishExam {
 // 成員變數：考試時長、詞彙分數、語法分數、聽力分數
 public int minutes;
 public int vocab, grammar, listen;

 // 取得考試時長的方法
 public int getMinutes() {
     return minutes;
 }

 // 計算總分的方法
 public int score() {
     return vocab + grammar + listen;
 }
}

//中文考試類別
class ChineseExam {
 // 成員變數：考試時長、詞彙分數、句子分數、作文分數
 public int minutes;
 public int word, sentence, composition;

 // 取得考試時長的方法
 public int getMinutes() {
     return minutes;
 }

 // 計算總分的方法
 public int score() {
     return word + sentence + composition;
 }
}
```

```
//主程式類別
public class DemoInheritance1 {
  public static void main(String argv[]) {
        // 創建英文考試物件
        EnglishExam ee = new EnglishExam();
        ee.minutes = 75;
        ee.vocab = 3; ee.grammar = 4; ee.listen = 5;

        // 創建中文考試物件
        ChineseExam cc = new ChineseExam();
        cc.minutes = 75;
        cc.word = 2; cc.sentence = 3; cc.composition = 4;

        // 輸出英文考試成績和時長
        System.out.print("The score of the English exam is ");
        System.out.println(ee.score());
        System.out.println("The English exam takes " + ee.getMinutes() + " minutes.");

        // 輸出中文考試成績和時長
        System.out.print("The score of the Chinese exam is ");
        System.out.println(cc.score());
        System.out.println("The Chinese exam takes " + cc.getMinutes() + " minutes.");
  }
}
```

**執行結果**

The score of the English exam is 12

The English exam takes 75 minutes.

The score of the Chinese exam is 9

The Chinese exam takes 75 minutes.

上述這個程式，EnglishExam 和 ChineseExam 這兩個類別並沒有繼承其他類別。它們分別都是獨立的類別，具有自己的成員變數，如考試時長(Minutes)、詞彙分數(Vocab)、語法分數(Grammar)、聽力分數(Listen)或字詞分數(Word)、句子分數(Sentence)、作文分數(Composition)和方法（取得考試時長的 getMinutes 方法，計算總分的 score 方法）。

在這個程式中，主要的運作原理包括：

1. **類別定義**：定義了兩個類別 EnglishExam 和 ChineseExam，分別表示英文考試和中文考試，它們具有相應的成員變數和方法。

2. **物件創建**：在 DemoInheritance1 主程式類別中，創建了 EnglishExam 的物件 ee 和 ChineseExam 的物件 cc，並設定了它們的成員變數。

3. **方法呼叫**：透過物件的方法呼叫，計算了考試的總分和取得考試的時長。

4. **輸出**：將計算得到的總分和考試時長輸出到控制台上，讓使用者可以看到這些資料。

### 5-2-2　示範案例：DemoInheritance2

物件導向程式設計中的繼承概念，以及如何使用繼承來建立新的類別，這對於程式設計學習者來說非常重要。為了理解繼承的概念，我們可以從以下程式中了解什麼是繼承，以及如何建立子類別並繼承父類別的屬性和方法。

為了實作繼承關係，下述程式示範了兩個子類別（EnglishExams 和 ChineseExams）如何繼承共同的屬性和方法（minutes 和 getMinutes()方法），同時又有各自的額外屬性和方法。這能夠幫助我們實際應用繼承的概念。儘管在這個例子中，屬性是公開的(Public)，但可以藉由介紹封裝的概念，讓學習者了解如何適當地設定成員變數的存取權限，以確保程式的安全性和可靠性。

　　這個程式模擬了兩種不同類型的考試，可以激發我們思考如何應用這樣的程式設計技巧。例如，在學校的學生成績系統中，不同科目的考試類別可以透過繼承建立，使得程式碼更加結構化和容易擴展。

```java
//考試基本類別，包含考試時長(minutes)
class Exams {
  public int minutes;

  // 建構子，初始化考試時長並輸出訊息
  public Exams() {
      System.out.println("Calling Exams()...");
      minutes = 75;
  }

  // 取得考試時長的方法
  public int getMinutes() {
      return minutes;
  }
}

//英文考試類別，繼承自 Exams 類別，並包含詞彙分數(vocab)、語法分
數(grammar)、聽力分數(listen)
class EnglishExams extends Exams {
  public int vocab, grammar, listen;

  // 計算總分的方法
  public int score() {
      return vocab + grammar + listen;
  }
}

//中文考試類別，繼承自 Exams 類別，並包含字詞分數(word)、句子分
數(sentence)、作文分數(composition)
class ChineseExams extends Exams {
  public int word, sentence, composition;

  // 計算總分的方法
  public int score() {
      return word + sentence + composition;
  }
```

```
        }
    //主程式類別
    public class DemoInheritance2 {
     public static void main(String argv[]) {
            // 創建英文考試物件，設定詞彙分數、語法分數、聽力分數
            EnglishExams ee = new EnglishExams();
            ee.vocab = 3; ee.grammar = 4; ee.listen = 5;

            // 創建中文考試物件，設定字詞分數、句子分數、作文分數
            ChineseExams cc = new ChineseExams();
            cc.word = 2; cc.sentence = 3; cc.composition = 4;

            // 輸出英文考試成績和時長
            System.out.print("The score of the English exam is ");
            System.out.println(ee.score() + ".");
            System.out.println("The English exam takes " + ee.getMinutes() + " minutes.");

            // 輸出中文考試成績和時長
            System.out.print("The score of the Chinese exam is ");
            System.out.println(cc.score() + ".");
            System.out.println("The Chinese exam takes " + cc.getMinutes() + " minutes.");
        }
    }
```

### 執行結果

Calling Exams()...

Calling Exams()...

The score of the English exam is 12.

The English exam takes 75 minutes.

The score of the Chinese exam is 9.

The Chinese exam takes 75 minutes.

上述這個程式示範了物件導向程式設計中的繼承概念。讓我們一步步來解釋此程式的執行原理和繼承關係：

1. **Exams 類別**：Exams 類別包含一個 minutes 成員變數（考試時長）和一個建構子，當物件被建立時，建構子會初始化 minutes 為 75。

2. **EnglishExams 類別**

   (1) EnglishExams 類別繼承自 Exams 類別，因此它繼承了 minutes 成員變數和 getMinutes()方法。

   (2) EnglishExams 類別新增了三個成員變數：vocab（詞彙分數）、grammar（語法分數）和 listen（聽力分數）。

   (3) 有一個 score()方法用來計算總分，回傳 vocab + grammar + listen。

3. **ChineseExams 類別**

   (1) ChineseExams 類別同樣繼承自 Exams 類別，繼承了 minutes 成員變數和 getMinutes()方法。

   (2) ChineseExams 類別新增了三個成員變數：word（字詞分數）、sentence（句子分數）和 composition（作文分數）。

   (3) 有一個 score() 方法用來計算總分，回傳 word + sentence + composition。

4. **DemoInheritance2 類別**

   (1) 主程式創建了一個 EnglishExams 物件 ee 和一個 ChineseExams 物件 cc。

   (2) ee 物件設定了詞彙分數為 3、語法分數為 4、聽力分數為 5。

   (3) cc 物件設定了字詞分數為 2、句子分數為 3、作文分數為 4。

   (4) 呼叫相應的方法，計算和輸出了英文考試和中文考試的總分以及考試時長。

5. 繼承關係與運作原理

(1) EnglishExams 和 ChineseExams 類別繼承自 Exams 類別，因此它們擁有 Exams 類別中的屬性和方法，這是繼承的基本概念。

(2) 繼承使得 EnglishExams 和 ChineseExams 可以在不重複編寫 minutes 屬性和 getMinutes()方法的情況下，直接使用這些屬性和方法。

這種繼承關係還使得我們可以對每個子類別進行更多的特定功能擴展，例如 score() 方法，它是每個子類別特有的，而不需要在每個子類別中都重新寫一遍。這個程式說明了如何使用繼承建立物件導向程式設計中的類別關係，並展示了如何在子類別中擴展功能，同時又能夠重用父類別的屬性和方法。

## 5-2-3　示範案例：DemoInheritance3

下面的程式範例展示建構子(Constructor)在繼承關係上的作用。透過父類別(Exam)和子類別（EnglishExamA 和 ChineseExamA）之間的關係，這種繼承關係能夠幫助我們更容易地擴展和修改程式碼，使得程式更具彈性和可維護性。此外，透過建立不同的子類別，例如 EnglishExamA 和 ChineseExamA，我們可以看到如何在繼承中建立多型性。這種多型性使得我們能夠使用相同的介面來處理不同的子類別物件，這樣的設計方法提高了程式的可擴展性和可重用性。

在這個程式中，建構子用於初始化物件的屬性。在 Exam、EnglishExamA 和 ChineseExamA 類別中，我們都定義了建構子。當我們創建一個類別的物件時，該類別的建構子會被自動啟用。

1. **Exam 類別的建構子**：在 Exam 類別的建構子中，我們初始化了 minutes 屬性，將其設置為 75。這表示所有的考試時間都預設為 75 分鐘。

2. **EnglishExamA 和 ChineseExamA 類別的建構子**

   (1) 在這兩個子類別的建構子中，我們使用了 super()方法，該方法用於呼叫父類別的建構子。這樣做的目的使得子類別的建構過程中，父類別的屬性(Minutes)得以初始化。

   (2) 在子類別的建構子中，我們還初始化了各自類別的特有屬性（例如 vocab、grammar、listen 和 word、sentence、composition）。

```java
//考試基本類別，包含考試時長(minutes)
class Exam {
  public int minutes; // 考試時長

  // 建構子，初始化考試時長並輸出訊息
  public Exam() {
      System.out.println("Calling Exam()...");
      minutes = 75; // 預設考試時長為75分鐘
  }

  // 取得考試時長的方法
  public int getMinutes() {
      return minutes;
  }
}

//英文考試類別，繼承自 Exam 類別，並包含詞彙分數(vocab)、語法分數(grammar)、聽力分數(listen)
class EnglishExamA extends Exam {
  public int vocab, grammar, listen; // 英文考試詞彙分數、語法分數、聽力分數

  // 建構子，初始化英文考試分數並輸出訊息
  public EnglishExamA() {
      super(); // 呼叫父類別的建構子，初始化考試時長
```

```java
        System.out.println("Calling EnglishExam()...");
        vocab = 7; // 預設詞彙分數為7
        grammar = 7; // 預設語法分數為7
        listen = 7; // 預設聽力分數為7
    }

    // 計算總分的方法
    public int score() {
        return vocab + grammar + listen;
    }
}
```

//中文考試類別，繼承自 Exam 類別，並包含字詞分數(word)、句子分數(sentence)、作文分數(composition)

```java
class ChineseExamA extends Exam {
    public int word, sentence, composition; // 中文考試字詞分數、句子分數、作文分數

    // 建構子，初始化中文考試分數並輸出訊息
    public ChineseExamA() {
        super(); // 呼叫父類別的建構子，初始化考試時長
        System.out.println("Calling ChineseExam()...");
        word = 7; // 預設字詞分數為7
        sentence = 7; // 預設句子分數為7
        composition = 7; // 預設作文分數為7
    }

    // 計算總分的方法
    public int score() {
        return word + sentence + composition;
    }
}
```

//主程式類別

```java
public class DemoInheritance3 {
  public static void main(String argv[]) {
        // 創建英文考試物件，呼叫 EnglishExamA 的建構子，初始化分數
        EnglishExamA ee = new EnglishExamA();

        // 創建中文考試物件，呼叫 ChineseExamA 的建構子，初始化分數
        ChineseExamA cc = new ChineseExamA();
```

```
        }
    }
```

Calling Exam()...
Calling EnglishExam()...
Calling Exam()...
Calling ChineseExam()...

上述程式執行原理，如下：

1. **Exam 類別**

   (1) Exam 類別有一個公開的整數實例變數 minutes（考試時長）。

   (2) Exam 類別的建構子初始化 minutes 為 75。

   (3) 有一個公開的方法 getMinutes()可以取得考試時長。

2. **EnglishExamA 類別**

   (1) EnglishExamA 類別繼承自 Exam 類別，繼承了 minutes 實例變數和 getMinutes()方法。

   (2) EnglishExamA 類別新增了三個整數實例變數：vocab（詞彙分數）、grammar（語法分數）、listen（聽力分數）。

   (3) 有一個 score()方法用來計算總分，回傳 vocab + grammar + listen。

3. **ChineseExamA 類別**

   (1) ChineseExamA 類別同樣繼承自 Exam 類別，繼承了 minutes 實例變數和 getMinutes()方法。

   (2) ChineseExamA 類別新增了三個整數實例變數：word（字詞分數）、sentence（句子分數）、composition（作文分數）。

(3) 有一個 score()方法用來計算總分,回傳 word + sentence + composition。

4. **主程式(DemoInheritance3)**

(1) 主程式創建了一個 EnglishExamA 物件 ee 和一個 ChineseExamA 物件 cc。

(2) 在創建這些物件時,它們的建構子會被呼叫。EnglishExamA 的建構子初始化了詞彙、語法和聽力分數,而 ChineseExamA 的建構子初始化了字詞、句子和作文分數。

5. **繼承關係與運作原理**

(1) EnglishExamA 和 ChineseExamA 類別都繼承自 Exam 類別,因此它們擁有 Exam 類別中的 minutes 實例變數和 getMinutes()方法。

(2) 這種繼承關係使得 EnglishExamA 和 ChineseExamA 物件能夠直接存取和使用 Exam 類別的屬性和方法,而不需要重新定義。

(3) 子類別還擁有自己的特定屬性和方法,它們可以擴展父類別的功能,同時重用了父類別的屬性和方法,增加了程式碼的可讀性和可維護性。

這個程式雖然展示了物件導向程式設計中的繼承概念,顯示了如何建立類別之間的關係,然而在輸出訊息部分僅刻意顯現父類別之建構子,以及子類別之建構子之間的呼叫關係。

## 5-2-4 示範案例:DemoInheritance4

在下面這個範例中,我們有不同類型的考試(英文考試和中文考試),它們都繼承自基本的 ExamB 類別。這種繼承關係允許我們共享基本的屬性和方法,同時又可以在每個子類別中定義特有的屬性和行為,比如不同類型的分數計算方法。這個範例還展示了方法的改寫(Override)機制,子類別可以根據需要改寫從父類別繼承來的方法。

```java
//考試基本類別，包含考試時長(minutes)
class ExamB {
  public int minutes; // 考試時長（minutes）

  // 建構子，初始化考試時長
  public ExamB() {
      minutes = 75;
  }

  // 取得考試時長的方法
  public int getMinutes() {
      return minutes;
  }
}
```

//英文考試類別，繼承自 ExamB 類別，並包含詞彙分數(vocab)、語法分數(grammar)、聽力分數(listen)

```java
class EnglishExamB extends ExamB {
  public int vocab, grammar, listen; // 詞彙分數（vocab）、語法分數（grammar）、聽力分數（listen）

  // 建構子，初始化詞彙、語法、聽力分數
  public EnglishExamB() {
      vocab = 7;
      grammar = 7;
      listen = 7;
  }

  // 計算總分的方法
  public int score() {
      return vocab + grammar + listen;
  }
}
```

//GRE 英文考試類別，繼承自 EnglishExamB 類別

```java
class GREEnglishExam extends EnglishExamB {
  // 覆寫 score() 方法，聽力分數為 0
  @Override
  public int score() {
      return vocab + grammar + 0;
  }
```

```
    }

    //中文考試類別，繼承自 ExamB 類別，並包含字詞分數(word)、句子分
數(sentence)、作文分數(composition)
    class ChineseExamB extends ExamB {
      public int word, sentence, composition; // 字詞分數(word)、句子分數
(sentence)、作文分數(composition)

      // 建構子，初始化字詞、句子、作文分數
      public ChineseExamB() {
          word = 7;
          sentence = 7;
          composition = 7;
      }

      // 計算總分的方法
      public int score() {
          return word + sentence + composition;
      }
    }

    public class DemoInheritance4 {
    public static void main(String argv[]) {
          EnglishExamB ee = new EnglishExamB(); // 創建英文考試物件
          GREEnglishExam gre = new GREEnglishExam(); // 創建 GRE 英文考試物件
          System.out.println("The score of English exam is " + ee.score()); // 輸
出英文考試總分
          System.out.println("The score of GRE English exam is " + gre.score()); // 輸出 GRE 英文考試總分
      }
    }
```

---

**⧗ 執行結果**

The score of English exam is 21
The score of GRE English exam is 14

---

讓我們逐步解釋上述程式執行的原理、繼承關係，以及最後的執行結果：

1. **ExamB 類別**

   (1) ExamB 是基礎類別，有一個 minutes 屬性（考試時長）和 getMinutes()方法（取得考試時長）。

   (2) ExamB 的建構子設定 minutes 為 75。

2. **EnglishExamB 類別**

   (1) EnglishExamB 繼承自 ExamB，繼承了 minutes 屬性和 getMinutes() 方法。

   (2) EnglishExamB 有 vocab、grammar 和 listen 屬性（詞彙分數、語法分數、聽力分數），以及 score()方法（計算總分）。

   (3) EnglishExamB 的建構子初始化了 vocab、grammar 和 listen 的分數為 7。

3. **GREEnglishExam 類別**

   (1) GREEnglishExam 繼承自 EnglishExamB。

   (2) GREEnglishExam 覆寫了 score()方法，將聽力分數 listen 設為 0。

4. **ChineseExamB 類別**

   (1) ChineseExamB 繼承自 ExamB。

   (2) ChineseExamB 有 word、sentence 和 composition 屬性（字詞分數、句子分數、作文分數），以及 score()方法（計算總分）。

(3) ChineseExamB 的建構子初始化了 word、sentence 和 composition 的分數為 7。

## 5. 執行過程

(1) 在 DemoInheritance4 的 main 方法中，我們創建了 EnglishExamB 物件 ee 和 GREEnglishExam 物件 gre。接著，分別呼叫它們的 score()方法。

(2) ee 是 EnglishExamB 的物件，它的 score()方法會計算詞彙、語法和聽力分數，因為這些屬性在 EnglishExamB 中有定義，且在建構子中被初始化為 7。所以 ee.score()會是 7+7+7=21。

(3) gre 是 GREEnglishExam 的物件，它的 score()方法覆寫了 listen 屬性，將聽力分數設為 0，所以 gre.score()會是 7+7+0=14。

## 5-2-5 示範案例：DemoInheritance5

在以下這個程式中，我們有一個 Exam5A 類別，代表了一個考試，它包含了考試的基本屬性：考試時長(Minutes)。然後，我們創建了兩個子類別 EnglishExam5 和 ChineseExam5，它們繼承了 Exam5A，並且擴展了額外的屬性和方法，分別代表英文考試和中文考試。子類別 EnglishExam5 和 ChineseExam5 繼承了父類別 Exam5A 的屬性和方法，這種繼承關係使得子類別可以重複使用父類別的程式碼，同時也能夠擴展新的功能。在子類別的建構子中，使用 super 關鍵字調用父類別的建構子，這樣可以確保父類別的屬性得到初始化。在 DemoInheritance5 中，我們創建了 EnglishExam5 和 ChineseExam5 的物件，並且使用它們的共同父類別 Exam5A 的參考來調用方法。這種多型性(Polymorphism)使得我們可以針對不同的子類別類型使用統一的介面。

```java
//考試基本類別，包含考試時長(minutes)
class Exam5A {
 public int minutes;   // 考試時長(minutes) 實例變數

 // 建構子，初始化考試時長並輸出訊息
 Exam5A(int m) {
     minutes = m;
 }

 // 取得考試時長的方法
 public int getMinutes() {
     return minutes;
 }
}
```

//英文考試類別，繼承自 Exam5A 類別，並包含詞彙分數(vocab)、語法分數(grammar)、聽力分數(listen)

```java
class EnglishExam5 extends Exam5A {
 public int vocab, grammar, listen;   // 詞彙分數(vocab)、語法分數(grammar)、聽力分數(listen) 實例變數
```

// 建構子，初始化詞彙分數(vocab)、語法分數(grammar)、聽力分數(listen)，並調用父類別的建構子設定考試時長(minutes)為 60 分鐘

```java
 EnglishExam5(int v, int g, int l) {
     super(60);
     vocab = v;
     grammar = g;
     listen = l;
 }

 // 計算總分的方法
 public int score() {
     return vocab + grammar + listen;
 }

 // 輸出考試成績和時長的方法
 public void report() {
     System.out.println("The English exam score: " + score() +
                         " Exam time: " + getMinutes() + " minutes");
 }
}
```

```
//中文考試類別，繼承自 Exam5A 類別，並包含字詞分數(word)、句子
分數(sentence)、作文分數(composition)
class ChineseExam5 extends Exam5A {
    public int word, sentence, composition;   // 字詞分數(word)、句子分數
(sentence)、作文分數(composition) 實例變數

    // 建構子，初始化字詞分數(word)、句子分數(sentence)、作文分數
(composition)，並調用父類別的建構子設定考試時長(minutes)為 75 分鐘
    ChineseExam5(int w, int s, int c) {
        super(75);
        word = w;
        sentence = s;
        composition = c;
    }

    // 計算總分的方法
    public int score() {
        return word + sentence + composition;
    }

    // 輸出考試成績和時長的方法
    public void report() {
        System.out.println("The Chinese exam score: " + score() +
                            " Exam time: " + getMinutes() + " minutes");
    }
}

//主程式類別
public class DemoInheritance5 {
  public static void main(String argv[]) {
        // 創建中文考試物件，設定字詞分數、句子分數、作文分數，並
呼叫 report() 方法輸出考試成績和時長
        ChineseExam5 cc = new ChineseExam5(35, 35, 18);
        cc.report();

        // 創建英文考試物件，設定詞彙分數、語法分數、聽力分數，並
呼叫 report() 方法輸出考試成績和時長
        EnglishExam5 ee = new EnglishExam5(30, 20, 26);
        ee.report();
    }
}
```

> **⧗ 執行結果**
>
> The Chinese exam score: 88 Exam time: 75 minutes
> The English exam score: 76 Exam time: 60 minutes

上述程式執行原理,如下:

1. **Exam5A 類別**

   (1) Exam5A 是基礎類別,有一個 minutes 屬性(考試時長)和 getMinutes()方法(取得考試時長)。

   (2) Exam5A 的建構子設定 minutes 為傳入的參數值。

2. **EnglishExam5 類別**

   (1) EnglishExam5 繼承自 Exam5A 類別,擁有 vocab(詞彙分數)、grammar(語法分數)、listen(聽力分數)屬性。

   (2) EnglishExam5 的建構子設定 vocab、grammar、listen 的值,並調用父類別 Exam5A 的建構子設定 minutes 為 60 分鐘。

   (3) score()方法計算並回傳總分。

   (4) report()方法輸出考試成績和時長。

3. **ChineseExam5 類別**

   (1) ChineseExam5 繼承自 Exam5A 類別,擁有 word(字詞分數)、sentence(句子分數)、composition(作文分數)屬性。

   (2) ChineseExam5 的建構子設定 word、sentence、composition 的值,並調用父類別 Exam5A 的建構子設定 minutes 為 75 分鐘。

   (3) score()方法計算並回傳總分。

   (4) report()方法輸出考試成績和時長。

4. DemoInheritance5 類別：main 方法創建 ChineseExam5 和 EnglishExam5 物件，並呼叫它們的 report()方法，輸出考試成績和時長。

5. 繼承關係與運作原理
   (1) EnglishExam5 和 ChineseExam5 是 Exam5A 的子類別，它們繼承了 Exam5A 的 minutes 屬性和 getMinutes()方法。
   (2) 在子類別的建構子中，使用 super 關鍵字調用父類別的建構子，初始化父類別的屬性。
   (3) 子類別可以新增特有的屬性和方法，並且可以改寫父類別的方法，實現自己的邏輯。

在 DemoInheritance5 中，我們創建了 EnglishExam5 和 ChineseExam5 的物件，並且呼叫了它們的 report()方法，這樣就能夠使用繼承和多型的概念，根據物件的實際類型來調用相對應的方法。這個範例展示了如何設計具有彈性的類別結構。如果未來需要新增其他類型的考試，只需要創建新的子類別，而不需要修改父類別的程式碼。

## 5-2-6　示範案例：DemoInheritance6

我們使用下面的程式再次示範物件導向程式設計中的繼承關係和多型性。程式中有三個類別：Exam6 是基本考試類別，包含了考試時長；EnglishExam6 繼承自 Exam6，並包含英文考試相關的屬性和方法；ChineseExam6 繼承自 Exam6，並包含中文考試相關的屬性和方法。在這裡，report()方法被不同的子類別改寫，以適應各自的需求。這樣的特性增加了程式的靈活性，使得我們可以使用相同的介面（方法名稱）處理不同的物件類型。

```
//考試基本類別，包含考試時長(minutes)
class Exam6 {
  public int minutes;
```

```java
    // 建構子，初始化考試時長並輸出訊息
    Exam6(int m) {
        minutes = m;
    }

    // 取得考試時長的方法
    public int getMinutes() {
        return minutes;
    }

    // 報告考試時長的方法
    public void report() {
        System.out.println("The exam time: " + this.getMinutes() + " minutes");
    }
}
```

//英文考試類別，繼承自 Exam6 類別，並包含詞彙分數(<u>vocab</u>)、語法分數(grammar)、聽力分數(listen)

```java
class EnglishExam6 extends Exam6 {
    public int vocab, grammar, listen;

    // 建構子，初始化詞彙分數、語法分數、聽力分數，並調用父類別的建構子
    EnglishExam6(int v, int g, int l) {
        super(60);
        vocab = v;
        grammar = g;
        listen = l;
    }

    // 計算總分的方法
    public int score() {
        return vocab + grammar + listen;
    }

    // 報告考試分數和時長的方法，使用 super 關鍵字調用父類別的方法
    public void report() {
        System.out.println("The English exam score: " + this.score());
        super.report();
    }
}
```

```java
//中文考試類別，繼承自 Exam6 類別，並包含字詞分數(word)、句子分
數(sentence)、作文分數(composition)
    class ChineseExam6 extends Exam6 {
      public int word, sentence, composition;

      // 建構子，初始化字詞分數、句子分數、作文分數，並調用父類別的建構子
      ChineseExam6(int w, int s, int c) {
          super(75);
          word = w;
          sentence = s;
          composition = c;
      }

      // 計算總分的方法
      public int score() {
          return word + sentence + composition;
      }

      // 報告考試分數和時長的方法，使用 super 關鍵字調用父類別的方法
      public void report() {
          System.out.println("The Chinese exam score: " + this.score());
          super.report();
      }
    }

    public class DemoInheritance6 {
      public static void main(String argv[]) {
          // 創建中文考試物件，設定字詞分數、句子分數、作文分數
          ChineseExam6 cc = new ChineseExam6(35, 35, 18);
          cc.report();

          // 創建英文考試物件，設定詞彙分數、語法分數、聽力分數
          EnglishExam6 ee = new EnglishExam6(30, 20, 26);
          ee.report();
      }
    }
```

**執行結果**

The Chinese exam score: 88
The exam time: 75 minutes
The English exam score: 76
The exam time: 60 minutes

　　上述這個程式範例示範了物件導向程式設計中的繼承和多型性。讓我們逐步詳細說明程式的運作原理。

1. Exam6 類別

　　(1) 包含 minutes 屬性，代表考試時長。

　　(2) 有一個建構子 Exam6(int m)，用來初始化 minutes 屬性。

2. EnglishExam6 類別

　　(1) EnglishExam6 繼承自 Exam6，並新增了 vocab、grammar 和 listen 屬性，代表英文考試的詞彙分數、語法分數和聽力分數。

　　(2) 覆寫了 report()方法，顯示英文考試分數和考試時長。

　　(3) 這個類別繼承自 Exam6，並新增了 vocab、grammar 和 listen 屬性，代表英文考試的詞彙分數、語法分數和聽力分數。有一個建構子 EnglishExam6(int v, int g, int l)，初始化自身的屬性，並使用 super(60)調用父類別的建構子，確保 minutes 被正確初始化。

3. ChineseExam6 類別

　　(1) ChineseExam6 繼承自 Exam6，並新增了 word、sentence 和 composition 屬性，代表中文考試的字詞分數、句子分數和作文分數。

　　(2) 覆寫了 report()方法，顯示中文考試分數和考試時長。

(3) 這個類別也繼承自 Exam6，並新增了 word、sentence 和 composition 屬性，代表中文考試的字詞分數、句子分數和作文分數。它有一個建構子 ChineseExam6(int w, int s, int c)，初始化自身的屬性，並使用 super(75)調用父類別的建構子。

4. 繼承關係

(1) EnglishExam6 和 ChineseExam6 都繼承自 Exam6，因此它們擁有 minutes 屬性和 getMinutes()方法。

(2) EnglishExam6 和 ChineseExam6 分別擁有自己的屬性（詞彙分數、語法分數、聽力分數或字詞分數、句子分數、作文分數），並且覆寫了 report 方法來顯示各自的考試分數和考試時長。

5. DemoInheritance6 類別

(1) 創建了一個 ChineseExam6 物件 cc，並傳入字詞分數 35、句子分數 35、作文分數 18。

(2) 創建了一個 EnglishExam6 物件 ee，並傳入詞彙分數 30、語法分數 20、聽力分數 26。

(3) 分別呼叫了它們的 report()方法，顯示了各自的考試分數和考試時長。

## 5-2-7　示範案例：DemoInheritance7

以下這個程式示範了如何使用抽象類別(Abstract Class)和繼承來組織程式碼，使其更具可讀性和擴展性（後續章節將詳述抽象類別與抽象方法之概念與運用）。Exam7 的設計體現了抽象類別的概念，它包含了共同的屬性和方法，並定義了一個抽象方法(Abstract Method)，這種設計使得子類別必須實作特定的行為，增加了程式的結構性和一致性。程式中的 Exam7 參考變數可以指向不同子類別的物件，這即是多型性的優勢，可以根據實際物件的類型執行相對應的方法。

```java
abstract class Exam7 {
    private int minutes;
    private String examName;

    Exam7(String n, int m) {
        examName = n;
        minutes = m;
    }

    public int getMinutes() {
        return minutes;
    }

    public String getExamName() {
        return examName;
    }

    public void report() {
        System.out.println(this.getExamName() + " score: " +
        this.score() + "    The exam time: " + this.getMinutes() + " minutes");
    }

    abstract int score(); // 抽象方法，需要子類實作
}

class EnglishExam7 extends Exam7 {
    public int vocab, grammar, listen;

    EnglishExam7(int v, int g, int l, String n) {
        super(n, 60);
        vocab = v;
        grammar = g;
        listen = l;
    }

    public int score() {
        return vocab + grammar + listen;
    }
}

class ChineseExam7 extends Exam7 {
    public int word, sentence, composition;
```

```
        ChineseExam7(int w, int s, int c, String n) {
            super(n, 75);
            word = w;
            sentence = s;
            composition = c;
        }

        public int score() {
            return word + sentence + composition;
        }
    }

    public class DemoInheritance7 {
        public static void main(String argv[]) {
            Exam7 ex;
            ex = new ChineseExam7(35, 35, 18, "The Chinese exam"); // 建立
中文考試物件，指向父類別參考
            ex.report(); // 呼叫中文考試的 report() 方法
            ex = new EnglishExam7(30, 20, 26, "The English exam"); // 建立
英文考試物件，指向父類別參考
            ex.report(); // 呼叫英文考試的 report() 方法
        }
    }
```

### ☒ 執行結果

The Chinese exam score: 88　　The exam time: 75 minutes

The English exam score: 76　　The exam time: 60 minutes

　　上述程式展示了抽象類別、繼承和多型性的概念。程式執行原理，如下：

1. 抽象類別 Exam7

   (1) Exam7 是一個抽象類別，它包含了 minutes 和 examName 兩個屬性，並定義了一個抽象方法 score()，這個方法需要具體的子類別實作。

   (2) Exam7 中的 report() 方法根據實際的考試名稱、分數和時間，輸出考試報告。

2. 子類別 EnglishExam7 和 ChineseExam7

   (1) EnglishExam7 和 ChineseExam7 都是 Exam7 的子類別，它們分別實作了 score()方法。

   (2) EnglishExam7 表示英文考試，計算 vocab、grammar 和 listen 的分數。

   (3) ChineseExam7 表示中文考試，計算 word、sentence 和 composition 的分數。

3. DemoInheritance7 主程式

   (1) 在 main 方法中，建立了一個 Exam7 的參考變數 ex。

   (2) 先將 ex 指向一個 ChineseExam7 物件，表示中文考試，並呼叫 report()方法，印出中文考試的分數和時間。

   (3) 然後將 ex 指向一個 EnglishExam7 物件，表示英文考試，再次呼叫 report()方法，印出英文考試的分數和時間。

   (4) 中文考試的分數是 word + sentence + composition = 35 + 35 + 18 = 88，考試時間為 75 分鐘。英文考試的分數是 vocab + grammar + listen = 30 + 20 + 26 = 76，考試時間為 60 分鐘。這個結果是根據各自子類別的分數計算而來，並且 report()方法中的考試名稱和時間是透過 Exam7 的屬性取得的。

## 隨|堂|練|習

請設計一個人員管理系統，包括三種角色：學生(Student)、老師(Teacher)和職員(Staff)。請使用物件導向程式設計，並使用繼承來實現以下要求：

1. 定義一個基本的人員類別 Persons，包括名字、年齡和任務三個屬性，以及介紹自己的方法 introduce()。
2. 學生類別 Student 繼承自 Persons，新增學校(School)屬性，並且有學習(Task)的方法。
3. 老師類別 Teacher 繼承自 Persons，新增教授科目(S ubject)屬性，並且有教授(Task)的方法。
4. 職員類別 Staff 繼承自 Persons，新增部門(Department)屬性，並且有工作(Task)的方法。

其中，主類別 class DemoMember 之完整程式碼如下：

```
//主程式類別  DemoMember
public class DemoMember {
    public static void main(String[] args) {
        // 建立一個 Persons 物件，名字為 "Andy"，年齡為 35，任務為 "living"
        Persons person = new Persons("Andy", 35, "living");
        person.introduce(); // 印出：Hi, I am a person. My name is Andy and I am 35 years old, and my task is living.
        System.out.println();

        // 建立一個 Student 物件，名字為 "Jack"，年齡為 18，所在學校為 "the Department of Information Management"
        Student student = new Student("Jack", 18, "the Department of Information Management", "learning Java OOP");
        student.introduce(); // 印出：Hello, I am a student. My name is Jack, I am 18 years old, I study at the Department of Information Management, and my task is learning Java OOP.
        student.task(); // 印出：I am learning Java OOP.
        System.out.println();
```

```
        // 建立一個 Teacher 物件，名字為 "Dr. Black"，年齡為
48，教授科目為 "Java Object-Oriented Programming"
        Teacher teacher = new Teacher("Dr. Black", 48, "Java
Object-Oriented Programming", "teaching Java OOP");
        teacher.introduce(); // 印出：Good day, I am a teacher. My
name is Dr. Black, I am 48 years old, and I teach Java Object-Oriented
Programming.
        teacher.task(); // 印出：I am teaching Java OOP.
        System.out.println();

        // 建立一個 Staff 物件，名字為 "Rose"，年齡為 25，所在部
門為 "HR"
        Staff staff = new Staff("Rose", 25, "HR", "preparing instructional
materials");
        staff.introduce(); // 印出：Hello, I am a staff member. My
name is Rose, I am 25 years old, and I work in the HR department.
        staff.task(); // 印出：I am preparing instructional materials.

    }
  }
```

請根據上述需求，完成程式碼並確保程式可以正確運行，並顯示每個角色的介紹和任務。執行結果，如下：

```
Hi, I am a person. My name is Andy, I am 35 years old, and my task is
living.

Hello, I am a student. My name is Jack, I am 18 years old, I study at the
Department of Information Management, and my task is learning Java
OOP.
I am learning Java OOP.

Good day, I am a teacher. My name is Dr. Black, I am 48 years old, and I
teach Java Object-Oriented Programming.
I am teaching Java OOP.

Hello, I am a staff member. My name is Rose, I am 25 years old, and I
work in the HR department.
I am preparing instructional materials.
```

🔒解答

```java
//這是一個表示人員的基本類別
class Persons {
  private String name; // 人的名字
  private int age; // 人的年齡
  private String task; // 人的任務

  // Persons 的建構子，初始化名字、年齡和任務
  public Persons(String name, int age, String task) {
      this.name = name;
      this.age = age;
      this.task = task;
  }

  // 取得名字的方法
  public String getName() {
      return name;
  }

  // 取得年齡的方法
  public int getAge() {
      return age;
  }

  // 取得任務的方法
  public String getTask() {
      return task;
  }

  // 介紹自己的方法
  public void introduce() {
      System.out.println("Hi, I am a person. My name is " + name + ", I am " + age + " years old, and my task is " + task + ".");
  }
}

//學生類別，繼承自 Persons
class Student extends Persons {
  private String school; // 學生所在學校

  // Student 的建構子，初始化名字、年齡、學校和任務
```

```
        System.out.println("Good day, I am a teacher. My name is " + getName() + ",
I am " + getAge() +
                        " years old, and I teach " + getSubject() + ".");
    }

    // 老師的任務，教授的方法
    public void task() {
        System.out.println("I am " + getTask() + ".");
    }
}

//職員類別，繼承自 Persons
class Staff extends Persons {
    private String department; // 職員所在的部門

    // Staff 的建構子，初始化名字、年齡和所在部門
    public Staff(String name, int age, String department, String task) {
        super(name, age, task);
        this.department = department;
    }

    // 取得部門名稱的方法
    public String getDepartment() {
        return department;
    }

    // 覆寫介紹自己的方法
    @Override
    public void introduce() {
        System.out.println("Hello, I am a staff member. My name is " + getName()
+ ", I am " + getAge() +
                        " years old, and I work in the " + getDepartment() + " department.");
    }

    // 職員的任務，工作的方法
    public void task() {
        System.out.println("I am " + getTask() + ".");
    }
}

//主程式類別 DemoMember
public class DemoMember {
    public static void main(String[] args) {
```

```
// 建立一個 Persons 物件，名字為 "Andy"，年齡為 35，任務為 "living"
Persons person = new Persons("Andy", 35, "living");
person.introduce(); // 印出：Hi, I am a person. My name is Andy
and I am 35 years old, and my task is living.
System.out.println();

// 建立一個 Student 物件，名字為 "Jack"，年齡為 18，所在學
校為 "the Department of Information Management"
Student student = new Student("Jack", 18, "the Department of
Information Management", "learning Java OOP");
student.introduce(); // 印出：Hello, I am a student. My name is
Jack, I am 18 years old, I study at the Department of Information Management,
and my task is learning Java OOP.
student.task(); // 印出：I am learning Java OOP.
System.out.println();

// 建立一個 Teacher 物件，名字為 "Dr. Black"，年齡為 48，教
授科目為 "Java Object-Oriented Programming"
Teacher teacher = new Teacher("Dr. Black", 48, "Java Object-
Oriented Programming", "teaching Java OOP");
teacher.introduce(); // 印出：Good day, I am a teacher. My name is
Dr. Black, I am 48 years old, and I teach Java Object-Oriented Programming.
teacher.task(); // 印出：I am teaching Java OOP.
System.out.println();

// 建立一個 Staff 物件，名字為 "Rose"，年齡為 25，所在部門為 "HR"
Staff staff = new Staff("Rose", 25, "HR", "preparing instructional
materials");
staff.introduce(); // 印出：Hello, I am a staff member. My name is
Rose, I am 25 years old, and I work in the HR department.
staff.task(); // 印出：I am preparing instructional materials.
    }
}
```

## 運作原理

這個程式定義了以下類別：Persons、Student、Teacher 和 Staff，它們
分別代表了不同角色的人員。以下是程式的運作原理及步驟：

1. Persons 類別

   (1) Persons 類別是所有角色的基本類別，它包含了人的名字、年齡和任務。

   (2) 有一個建構子 public Persons(String name, int age, String task)，用來初始化名字、年齡和任務。

   (3) 有三個方法：getName()回傳名字、getAge()回傳年齡、getTask()回傳任務。

   (4) 有一個介紹自己的方法 introduce()，用來印出人的基本資訊。

2. Student 類別

   (1) Student 類別繼承自 Persons，並新增了學校(School)屬性。

   (2) 有一個建構子 public Student(String name, int age, String school, String task)，用來初始化名字、年齡、學校和任務，並呼叫父類別的建構子。

   (3) 覆寫了 introduce()方法，加入了學校的資訊。

   (4) 有一個特有的方法 task()，用來顯示學生的任務。

3. Teacher 類別

   (1) Teacher 類別繼承自 Persons，並新增了教授科目(Subject)屬性。

   (2) 有一個建構子 public Teacher(String name, int age, String subject, String task)，用來初始化名字、年齡、教授科目和任務，並呼叫父類別的建構子。

   (3) 覆寫了 introduce()方法，加入了教授科目的資訊。

   (4) 有一個特有的方法 task()，用來顯示老師的任務。

4. Staff 類別

   (1) Staff 類別繼承自 Persons，並新增了部門(Department)屬性。

   (2) 有一個建構子 public Staff(String name, int age, String department, String task)，用來初始化名字、年齡、部門和任務，並呼叫父類別的建構子。

   (3) 覆寫了 introduce()方法，加入了部門的資訊。

   (4) 有一個特有的方法 task()，用來顯示職員的任務。

5. 主程式類別 DemoMember

   (1) 主程式開始執行(Class DemoMember)，進入 main 方法。

(2) 在 main 方法中，分別創建了一個 Persons 物件、一個 Student 物件、一個 Teacher 物件和一個 Staff 物件，並初始化了它們的屬性。

(3) 使用物件的 introduce() 和 task() 方法來顯示每個角色的介紹和任務。

　　這個程式示範了物件導向程式設計的基本概念，包括類別的繼承和方法的改寫。學生、老師和職員都是人的一種特殊類型，透過繼承，我們可以建立這些特殊類型的物件，並且使用共同的介面（Persons 類別的方法）來操作它們。這種設計方式使得程式碼更容易擴展，當需要新增其他類型的人員時，只需要新增對應的子類別。

### ⧖ 執行結果

Hi, I am a person. My name is Andy, I am 35 years old, and my task is living.

Hello, I am a student. My name is Jack, I am 18 years old, I study at the Department of Information Management, and my task is learning Java OOP.
I am learning Java OOP.

Good day, I am a teacher. My name is Dr. Black, I am 48 years old, and I teach Java Object-Oriented Programming.
I am teaching Java OOP.

Hello, I am a staff member. My name is Rose, I am 25 years old, and I work in the HR department.
I am preparing instructional materials.

## 程式實作演練

### 題目　植物屬性系統

　　試設計一植物屬性系統 PlantMain.java，該程式包含以下機制：

1. 設計一個植物屬性的系統，包括父類別 Plant 與其子類別 Tree。

2. Plant 類別擁有兩個屬性，分別為植物的名稱(name)與生長速率 (growthRate)。

3. Tree 類別繼承自 Plant，並增加了兩個額外的屬性，分別是葉子的類型 (leafType)與樹木的年齡(age)。

4. 請在 PlantMain 主程式中創建一個樹木物件，名稱為「橡樹」，生長速率為 0.5，葉子類型為「寬葉」，年齡為 10，然後呼叫物件的 displayInfo 方法，顯示出樹木的所有屬性資訊。

　　上述程式架構之所有類別與方法，可藉由如下驅動類別(Driver Class) PlantMain 實作並執行，及其互動過程的顯示訊息列舉如下：

```java
public class PlantMain {
  public static void main(String[] args) {
      // 創建一個樹木物件
      Tree myTree = new Tree("橡樹", 0.5, "寬葉", 10);

      // 呼叫樹木物件的 displayInfo 方法
      myTree.displayInfo();
  }
}
```

---

**執行結果**

植物名稱：橡樹
生長速率：0.5
葉子類型：寬葉
樹木年齡：10

---

**題目**　**植物分類系統**

　　試設計一植物分類系統程式 PlantMultiMain.java，該程式包含以下機制：

1. 請設計一個多層繼承的程式，包括三個類別：PlantMulti（多用途植物），TreeMulti（樹木），和 FruitTree（果樹）。

2. PlantMulti 是最基本的類別，具有植物的名稱和生長速率屬性，以及一個方法 displayInfo()來顯示植物的資訊。

3. TreeMulti 繼承自 PlantMulti，新增了葉子的類型(leafType)和樹木的年齡(age)屬性，同時覆寫了 displayInfo()方法以顯示樹木的資訊。

4. FruitTree 繼承自 TreeMulti，並新增了果實的名稱(fruitName)和果實的味道(fruitTaste)屬性，同樣也覆寫了 displayInfo()方法以顯示果樹的資訊。

5. 請在 PlantMultiMain 主程式中創建一個樹木物件 treeType，名稱為「果樹」，生長速率為 0.5，葉子類型為「窄葉」，樹木年齡為 0。呼叫物件的 displayInfo()方法，顯示出樹木的所有屬性資訊。接著，再創建一個果樹物件 myFruitTree，名稱為「蘋果樹」，生長速率為 0.7，葉子類型為「寬葉」，樹木年齡為 15，果實名稱為「蘋果」，果實味道為

「甜」。呼叫該物件的 displayInfo()方法，顯示出果樹的所有屬性資訊。

有一 driver class 命名為 PlantMultiMain，將此主類別 PlantMultiMain 的完整程式碼列舉如下：

```java
public class PlantMultiMain {
    public static void main(String[] args) {
        TreeMulti treeType = new TreeMulti("果樹", 0.5, "窄葉", 0);
        treeType.displayInfo();
        System.out.println();
        FruitTree myFruitTree = new FruitTree("蘋果樹", 0.7, "寬葉", 15, "蘋果", "甜");
        myFruitTree.displayInfo();
    }
}
```

試完成此程式 PlantMultiMain.java 使其執行結果如下。

🖾 **執行結果**

植物名稱：果樹
生長速率：0.5
葉子類型：窄葉
樹木年齡：0


植物名稱：蘋果樹
生長速率：0.7
葉子類型：寬葉
樹木年齡：15
果實名稱：蘋果
果實味道：甜

| 題目 | 進階植物管理程式 |

試設計一進階植物管理程式 PlantFlowerMain.java，該程式包含以下機制：

1. 設計一個程式，使用層次繼承的概念，包含三個類別：PlantMultiple（多用途植物）、TreeMultiple（樹木），和 Flower（花朵）。

2. PlantMultiple 是最基本的類別，具有植物的名稱和生長速率屬性，以及一個方法 displayInfo() 來顯示植物的資訊。

3. TreeMultiple 繼承自 PlantMultiple，新增了葉子的類型(leafType)和樹木的年齡(age)屬性，同時覆寫了 displayInfo()方法以顯示樹木的資訊。

4. Flower 是另一個直接繼承自 PlantMultiple 的子類別，具有花朵的顏色(color)和花朵的大小(size)屬性，同樣也覆寫了 displayInfo()方法以顯示花朵的資訊。

5. 請在 PlantFlowerMain 主程式中創建一個樹木物件 treeType，名稱為「果樹」，生長速率為 0.5，葉子類型為「窄葉」，樹木年齡為 0。呼叫物件的 displayInfo()方法，顯示出樹木的所有屬性資訊。接著，再創建一個花朵物件 rose，名稱為「玫瑰」，生長速率為 0.3，花朵顏色為「紅色」，花朵大小為「中等」。呼叫該物件的 displayInfo()方法，顯示出花朵的所有屬性資訊。

主程式類別 class PlantFlowerMain 之完整程式碼如下，試根據上述需求，完成此程式設計，使得完整程式 PlantFlowerMain.java 執行結果如下。

```
public class PlantFlowerMain {
    public static void main(String[] args) {
        TreeMultiple treeType = new TreeMultiple("果樹", 0.5, "窄葉", 0);
        treeType.displayInfo();
        System.out.println();
        Flower rose = new Flower("玫瑰", 0.3, "紅色", "中等");
        rose.displayInfo();
    }
}
```

🔳 執行結果

植物名稱：果樹
生長速率：0.5
葉子類型：窄葉
樹木年齡：0

植物名稱：玫瑰
生長速率：0.3
花朵顏色：紅色
花朵大小：中等

作業

1. 為什麼繼承中的多型(Polymorphism)對程式的靈活性和可維護性有所貢獻？

2. 為什麼避免程式碼重複(Avoiding Code Duplication)是使用繼承的一個重要原則？

3. 什麼是抽象類別(Abstract Class)和介面(Interface)？它們在繼承中的作用是什麼？

4. 在 DemoInheritance2 示範案例中，父類別(Exams)的屬性和方法可以被子類別（EnglishExams 和 ChineseExams）使用。請解釋這種特性稱為什麼，並提供一個例子。

5. 在 DemoInheritance2 示範案例中，為什麼子類別（EnglishExams 和 ChineseExams）可以擁有自己的額外屬性和方法，而不需要重新定義父類別的屬性和方法？

6. 在 DemoInheritance2 示範案例中，為什麼建構子(Constructor)在繼承中扮演重要角色？

7. 在 DemoInheritance4 示範案例中，為什麼我們需要使用繼承(Inheritance)的概念？請舉例說明。

8. 在 DemoInheritance4 示範案例中，GREEnglishExam 類別中的 score()方法進行了方法的改寫(Override)。請解釋什麼是方法的覆寫，並說明為什麼在這個情況下使用了改寫。

9. 在 DemoInheritance6 示範案例中，為什麼我們需要使用繼承(Inheritance)的概念？請舉例說明。

10. 在 DemoInheritance6 示範案例中，為什麼我們需要使用方法的改寫(Method Overriding)？請舉例說明。

CHAPTER

 抽象類別

## 6-1 物件導向程式的特性

物件導向程式設計(OOP)將現實世界中的事物抽象化為程式世界中的物件。這種方法著重於四大特性，分別是封裝、繼承、多型和抽象。

### 6-1-1 封裝

封裝(Encapsulation)是一種保護物件內部狀態的機制，同時提供一個公開的介面供外部使用。在封裝中，物件的內部狀態被隱藏，只有透過物件的方法（稱為 getter 和 setter）才能存取和修改內部狀態。這樣的設計不僅確保了資料的安全性，還隱藏了實現的細節，使得程式更容易維護和修改。它允許我們將類別的資料欄位（屬性）和行為（方法）包裝在一起，形成一個獨立的單元。如此則可對外部（基於 class、package 等可視範圍）隱藏了類別的內部實現細節，僅暴露必要的操作介面。這樣的設計方式提供了以下幾個重要優勢：

1. **資料的安全性**：封裝可以保護類別的屬性，防止外部直接存取和修改。只有定義了公開(Public)的 getter 和 setter 方法，外部才能存取和修改這些屬性。這樣可以確保資料的合法性，避免不當的操作導致資料混亂。

2. **實現細節的隱藏**：封裝隱藏了類別的內部實現細節。外部使用者只需要知道如何使用公開的方法，而不需要知道背後的實現。如此提高了程式的安全性，因為使用者無法直接存取和修改內部資料，也提高了程式的可維護性，因為內部的實現可以被隨時修改而不影響外部程式碼。

3. **程式碼的重複使用**：封裝使得類別的內部實現與外部介面分離。如果類別的內部設計需要改變，只需要確保外部介面保持不變，就不會影響到外部程式碼。這樣的設計使得程式碼更容易被重複使用，因為外部程式碼不需要改變，就可以適應內部設計的變化。

　　如下面案例，一個銀行帳戶的類別(class　BankAccount)，它有屬性 balance 表示餘額。這裡就可以使用封裝的概念來保護這個餘額資料。在這個例子中，balance 屬性被設為私有(Private)，外部無法直接存取。提供了 setBalance 和 getBalance 兩個公開的方法(Public　Method)，使用者可以透過這些方法設定和獲取餘額。這樣就確保了 balance 的安全性，同時也隱藏了內部的實作細節。

```java
public class BankAccount {
    private double balance; // 餘額，使用 private 關鍵字封裝

    // 提供公開的方法存取和修改餘額
    public void setBalance(double balance) {
        // 檢查輸入的餘額是否合法，這裡可以加入各種業務邏輯的檢查
        if (balance >= 0) {
            this.balance = balance;
        } else {
            System.out.println("無效的餘額！");
        }
    }

    public double getBalance() {
        return balance;
    }
}
```

## 6-1-2 繼承

繼承(Inheritance)允許一個類別（子類別，Subclass）繼承另一個類別（父類別，Superclass）的屬性和方法。表示該子類別可以使用父類別的所有公共(public)屬性和方法，並且可以在此基礎上擴展(Extends)或修改它們。子類別可以透過關鍵字 extends 來使用父類別的屬性和方法，同時還可以改寫(Override)父類別的方法來適應特定需求。

在下述例子中，Fruit 是父類別，Apple 和 Orange 是兩個子類別。Apple 和 Orange 分別繼承了 Fruit 的 name 屬性和 taste()方法。同時，它們還擁有各自特有的方法 crunch()和 peel()。這樣，子類別可以重用父類別的屬性和方法，並且擁有自己特定的行為。

```java
//父類別：水果
class Fruit {
 protected String name;

 public Fruit(String name) {
     this.name = name;
 }

 public void taste() {
     System.out.println(name + "的味道很好！");
 }
}

//子類別：蘋果
class Apple extends Fruit {
 public Apple() {
     super("蘋果");
 }

 // 子類別特有的方法
 public void crunch() {
     System.out.println(name + "發出嘎吱聲！");
 }
}
```

```
//子類別：橙子
class Orange extends Fruit {
  public Orange() {
      super("橙子");
  }

  // 子類別特有的方法
  public void peel() {
      System.out.println(name + "正在剝皮");
  }
}

public class FruitInheritTest {
  public static void main(String[] args) {
      Apple myApple = new Apple();
      Orange myOrange = new Orange();

      myApple.taste();   // 調用父類別的方法
      myApple.crunch(); // 調用子類別特有的方法

      myOrange.taste(); // 調用父類別的方法
      myOrange.peel();   // 調用子類別特有的方法
  }
}
```

執行結果，如下：

```
蘋果的味道很好！
蘋果發出嘎吱聲！
橙子的味道很好！
橙子正在剝皮
```

### 6-1-3 多型

多型(Polymorphism)是一種能夠根據當前程式情境自動選擇適當行為的特性。在 OOP 中，如果某個類別的物件具有父類別或介面的型別，那麼它可以接受那個父類別或介面的型別，使得相同的方法或屬性可以被不同的物件類型呼叫。多型性提高了程式碼的靈活性，以及可擴展性。

在多型的概念下，我們可以定義一個通用的介面(General Interface)或父類別，然後讓不同的子類別實現這個介面或繼承這個父類別。這樣，我們可以使用通用的介面或父類別類型來操作這些不同子類別的物件，而不需要關心具體是哪一個子類別的物件。

以下以水果為多型(Polymorphism)的程式案例，在這個程式中，Fruits是水果的父類別，而 Apples、Oranges、Grapes 則是不同種類的水果，它們都繼承自 Fruits。在 FruitsPolyTest 類別中，我們創建了一個 Fruits 型別的物件 myFruit，然後根據具體的水果種類來實例化這個物件。這樣，我們就可以使用通用的 Fruits 型別來呼叫不同水果子類別的 taste()方法，達到多型的效果。在程式中，我們在父類別 Fruits 定義了 taste()的方法，其會接受一個 Fruits 格式的參數進來，但程式中我們卻給他 Apples（即myFruit = new Apples();）、Oranges（即 myFruit = new Oranges();），以及 Grapes（即 myFruit = new Grapes();）等類別的物件，為什麼能夠正常執行？因為 Java 會幫我們進行型態轉換，子類別必定擁有父類別的所有屬性、所有方法，所以子類別一定可以隱性轉型(Implicit Casting)，轉型為父類別而不會出錯。

```java
//水果父類別
class Fruits {
  public void taste() {
      System.out.println("這是一種普通水果");
  }
}
```

```java
//蘋果子類別
class Apples extends Fruits {
  @Override
  public void taste() {
      System.out.println("這是一個蘋果，味道甜甜的");
  }
}

//橙子子類別
class Oranges extends Fruits {
  @Override
  public void taste() {
      System.out.println("這是一個橙子，味道酸酸的");
  }
}

//葡萄子類別
class Grapes extends Fruits {
  @Override
  public void taste() {
      System.out.println("這是一串葡萄，味道非常甜美");
  }
}

public class FruitsPolyTest {
  public static void main(String[] args) {
      Fruits myFruit = new Apples();
      myFruit.taste(); // 呼叫的是 Apple 類別的 taste() 方法

      myFruit = new Oranges();
      myFruit.taste(); // 呼叫的是 Orange 類別的 taste() 方法

      myFruit = new Grapes();
      myFruit.taste(); // 呼叫的是 Grape 類別的 taste() 方法
  }
}
```

執行結果，如下：

```
這是一個蘋果，味道甜甜的
這是一個橙子，味道酸酸的
這是一串葡萄，味道非常甜美
```

經由以上範例，我們得知多型(Polymorphism)允許不同類別的物件被視為同一種類型的物件，這樣就可以使用相同的方法名稱來操作這些不同類型的物件。多型的實現依賴於動態綁定(Dynamic Binding)的機制，在執行期間決定所需呼叫的實際物件方法。在多型的概念下，方法的名稱可以被不同的類別共用，也就是方法的重載(Overloading)。此外，子類別也可以改寫(Overriding)父類別的方法，當使用父類別的引用指向子類別的物件時，會動態選擇使用子類別的方法，這也是多型的體現之一。

多型的好處在於它使得程式碼更靈活，減少了類別之間的耦合度。這種彈性的設計讓程式更容易維護和擴展，並提供了更好的程式架構。在多型的世界中，一個名稱可以代表多種不同的物件，這種靈活性使得程式碼更具有彈性和可擴展性。

## 6-1-4  抽象

抽象(Abstraction)是一種將類別的共同特性提取出來，形成抽象類別或介面，隱藏其具體實現細節，僅顯示功能特性。抽象類別是一個不能被實例化的類別，它定義了一個類別的基本結構和方法，但是沒有具體的實現。介面(Interface)是一個僅包含抽象方法(Abstract Method)和常數的類型，它定義了一個物件的功能契約。它允許我們將現實世界中的實體和問題簡化為程式碼中的抽象類型或介面。在抽象概念下，我們只關心對特定的問題建立模板，而忽略其他不必要的細節。

在下面例子中，Fruit1 是一個抽象類別(Abstract Class)，它定義了所有水果都必須實現的 taste()方法。Apple1 和 Orange1 是具體的水果類別，它們繼承自 Fruit1 並實現了 taste()方法。這樣的設計使得我們可以專注於水果的共性特徵（味道，taste()），並且允許具體的水果類別來實現這一特徵。這樣的抽象設計提高了程式碼的靈活性，使得我們可以輕鬆地新增其他水果類別，同時提高了程式的可讀性和可維護性。

```java
//抽象類別  Fruit1
abstract class Fruit1 {
 public abstract void taste();
}

//具體類別  Apple1  繼承自  Fruit1
class Apple1 extends Fruit1 {
 @Override
 public void taste() {
     System.out.println("蘋果的味道是甜的！");
 }
}

//具體類別  Orange1  繼承自  Fruit1
class Orange1 extends Fruit1 {
 @Override
 public void taste() {
     System.out.println("橘子的味道是酸甜的！");
 }
}

//主程式
public class FruitAbsTest {
 public static void main(String[] args) {
     Fruit1 myApple = new Apple1();
     myApple.taste(); // 輸出：蘋果的味道是甜的！

     Fruit1 myOrange = new Orange1();
     myOrange.taste(); // 輸出：橘子的味道是酸甜的！
 }
}
```

執行結果，如下：

蘋果的味道是甜的！
橘子的味道是酸甜的！

## 6-2 抽象類別基礎介紹

抽象類別(Abstract Class)是一種特殊的類別，無法被直接實例化（即無法使用關鍵字 new 創建該類別的物件），主要用於定義具有共同特徵和行為的類別，並為子類別提供一個統一的模板。抽象類別具有以下的基本特性：

1. **無法實例化(Cannot be Instantiated)**：抽象類別不能被直接實例化為物件，因為它包含抽象方法(Abstract Method)。抽象方法是指尚未被具體實現的方法。

2. **必須包含一個以上的抽象方法(Contain Abstract Methods)**：抽象類別可以包含抽象方法，抽象方法是一個沒有實作內容的方法，只有方法的簽名(Method Signature)，用 abstract 關鍵字標記。這些方法尚未被具體實現，再藉由子類別來實現這些抽象方法。

3. **可以包含具體方法(Can Contain Concrete Methods)**：抽象類別也可以包含具體的方法（具備完整功能的實作方法），這些方法可以被繼承的子類別直接使用，無需重新實現。

抽象類別提供了一種設計結構，用於定義相關類別的統一標準，確保了程式的結構性和可維護性。透過抽象類別，程式開發者可以有效地組織程式碼，提高程式的可讀性和可擴展性。將抽象類別的用法和優勢，說明如下：

1. **定義共同特徵，提供共同介面(Provide a Common Interface)**：抽象類別用於定義一組類別的共同特徵，確保這些類別可以擁有相似的行為和屬性。抽象類別可以包含抽象方法，這些方法規定了子類別應該實作的介面，透過這些共同的方法，可以實現多個類別的一致操作。

2. **定義模板(Template Definition)**：抽象類別定義了類別的結構和方法，作為子類別的模板，確保所有子類別具有相同的結構，規定了子類別應該實現的方法，確保了程式的結構和邏輯。透過抽象類別，可以強制規定子類別實現某些特定方法，增加了程式的規範性和可讀性。

3. **實現繼承(Enable Inheritance)**：抽象類別允許其他類別繼承它，並且可以利用抽象方法要求子類別實作特定的行為。

4. **實現多型性(Achieve Polymorphism)**：抽象類別的使用促使了多型性(Polymorphism)，即不同子類別可以根據相同的抽象類別進行實作，提高了程式的靈活性。

以下為典型的抽象類別之樣式：

1. **抽象類別名稱**：定義了一個抽象類別的名稱，使用 abstract 關鍵字來聲明它是一個抽象類別。

2. **屬性（可有可無）**：抽象類別可以包含屬性，這些屬性可以是一般的屬性，也可以是抽象類別的特有屬性。

3. **抽象方法**：抽象類別中包含至少一個抽象方法，使用 abstract 關鍵字來聲明它是一個抽象方法。抽象方法本身在抽象類別中並沒有被實作(即該方法內並沒有程式碼)，只有方法的聲明，具體的實作則由子類別來完成。

4. **一般方法（可有可無）**：抽象類別中可以包含一般的方法，這些方法本身在抽象類別中已被實作，一般方法的區塊內提供了具體的程式碼。這些方法可以被子類別直接繼承或改寫。

```
abstract class  抽象類別名稱  {
    // 抽象類別的屬性（可有可無）
    類型  屬性名稱;

    // 抽象方法（子類別必須實作的方法）
    public abstract  回傳類型  方法名稱(參數列表);

    // 一般方法（可有可無）
    public  回傳類型  方法名稱(參數列表) {
        // 方法的實作
    }
}
```

　　抽象類別的存在使得我們可以定義一個類別的結構，同時又允許該類別的一部分行為由子類別來實現，提供了一種彈性的設計方式。以下這個例子中，Fruit2 是一個抽象類別，具有一個抽象方法 describeTaste()，代表所有水果的共同特性。具體的子類別 Apple2 繼承自 Fruit2，並提供了對抽象方法的具體實作。wash()方法是一個具體方法，可以被所有水果物件使用。

```
//抽象類別  Fruit2（水果）
abstract class Fruit2 {
  protected String name;

  public Fruit2(String name) {
      this.name = name;
  }

  // 抽象方法，子類別必須實作
  public abstract void describeTaste();
```

```java
  // 具體方法
  public void wash() {
      System.out.println(name + "已經被洗過了。");
  }
}

//具體類別 Apple2（蘋果），繼承自 Fruit2
class Apple2 extends Fruit2 {
  public Apple2(String name) {
      super(name);
  }

  // 實作抽象方法
  @Override
  public void describeTaste() {
      System.out.println(name + "的味道是甜脆的。");
  }
}

//主程式
public class FruitAbsDemo {
  public static void main(String[] args) {
      Fruit2 myApple = new Apple2("蘋果");
      myApple.describeTaste(); // 輸出：蘋果的味道是甜脆的。
      myApple.wash(); // 輸出：蘋果已經被洗過了。
  }
}
```

執行結果，如下：

```
蘋果的味道是甜脆的。
蘋果已經被洗過了。
```

## 6-3 抽象類別的設計

　　抽象類別(Abstract Class)是一種在 Java 中的類別，它可以聲明方法名稱但不提供具體實作，只要具有抽象方法(Abstract Method)的類別就被稱為抽象類別。抽象類別無法被用來實例化物件，只能被繼承並在子類別中實作未完成的抽象方法。

### 6-3-1　抽象類別的特性

　　我們使用關鍵字"abstract"來定義抽象類別(Abstract Class)和抽象方法(Abstract Method)，任何類別如果含有抽象方法，該類別必須被定義為抽象類別，子類別必須實作其父類別中的所有抽象方法，否則子類別也必須聲明為抽象類別。抽象類別為其子類別提供了共用的方法和變數，這樣可以保持程式碼的一致性。抽象類別的使用可以降低程式的耦合度，增加程式的擴展性。它常被用來設計介面(Interface)或者一個類別層次結構的基礎。

　　彙整上述概念，我們在進行抽象類別的設計必須考慮以下特性：

1. 抽象方法使用 abstract 關鍵字聲明，不包含具體的程式碼。

2. 抽象類別不能被用來直接創建物件。

3. 抽象類別為其子類別提供共用的變數和方法。

4. 子類別必須實作抽象類別中的所有抽象方法。

5. 抽象類別不可能在類別繼承結構的最底層。

6. 一個 final 的類別不能被其他類別繼承。

7. 抽象類別的設計中，當子類別繼承父類別時，子類別可以改寫父類別原有的方法內容。但方法名稱、回傳值的資料型態、參數型態和數量必須與父類別完全相同。

8. 抽象類別的設計中，被改寫的父類別方法不能為 private，因為 private 方法無法被子類別改寫。

多型(Polymorphism)提供了程式架構的彈性和可維護性，多型常常透過抽象類別(Abstract Class)、介面(Interface)、方法改寫(Overriding)，以及建構子過載(Overloading)來實現。抽象類別定義了一個共同的操作介面，而具體的子類別實現了這些方法。當程式碼依賴於抽象類別或介面時，可以輕鬆地在不修改現有程式碼的情況下，引入新的子類別，從而提高了程式的擴展性和可讀性。抽象類別、方法改寫、以及建構子過載概念促使了多型性的實現，使得程式碼更有彈性，能夠適應不同類型的物件。抽象類別提供了一個通用的設計框架，使得系統的設計更加模組化和可擴展；而改寫允許子類別客製化父類別的方法，從而適應特定需求。

### 6-3-2 「沒有採用繼承類別」的設計

先來看一個「沒有採用繼承類別」的設計方式，我們可以將它們設計為普通的「具體類別」(Concrete Class)。

如下面的範例，Class AppleC 和 Class OrangeC 類別會直接實作所有的方法，並沒有採用繼承類別，當然也沒有使用抽象方法。

```java
class AppleC {
    private String color;
    private double weight;

    public AppleC(String color, double weight) {
        this.color = color;
        this.weight = weight;
    }

    public String getColor() {
        return color;
    }
```

```java
        public double getWeight() {
            return weight;
        }

        public String getTaste() {
            return "甜";
        }

        public String getTexture() {
            return "脆";
        }
    }

class OrangeC {
        private String color;
        private double weight;

        public OrangeC(String color, double weight) {
            this.color = color;
            this.weight = weight;
        }

        public String getColor() {
            return color;
        }

        public double getWeight() {
            return weight;
        }

        public String getTaste() {
            return "酸甜";
        }

        public String getTexture() {
            return "多汁";
        }
    }

public class FruitConcreteDemo {
        public static void main(String[] args) {
            AppleC apple = new AppleC("紅色", 0.2);
```

```
            OrangeC orange = new OrangeC("橙色", 0.3);

            System.out.println("蘋果顏色：" + apple.getColor());
            System.out.println("蘋果重量：" + apple.getWeight() + " 公斤");
            System.out.println("蘋果味道：" + apple.getTaste());
            System.out.println("蘋果質地：" + apple.getTexture());

            System.out.println("橙子顏色：" + orange.getColor());
            System.out.println("橙子重量：" + orange.getWeight() + " 公斤");
            System.out.println("橙子味道：" + orange.getTaste());
            System.out.println("橙子質地：" + orange.getTexture());
        }
    }
```

**🔲 執行結果**

蘋果顏色：紅色

蘋果重量：0.2 公斤

蘋果味道：甜

蘋果質地：脆

橙子顏色：橙色

橙子重量：0.3 公斤

橙子味道：酸甜

橙子質地：多汁

　　上述的程式碼在功能上是正確的，但是設計上缺乏了彈性。將上述的程式採用 UML 類別圖(Class Diagram)分析如下，可以清楚觀察到 class AppleC 以及 class OrangeC 都擁有相同的屬性(Attribute)、欄位(Field)，以及相同的方法(Method)名稱等。如果未來需要增加新的水果類別，它們也需要實作相同的方法，這樣會導致程式碼的重複性增加。

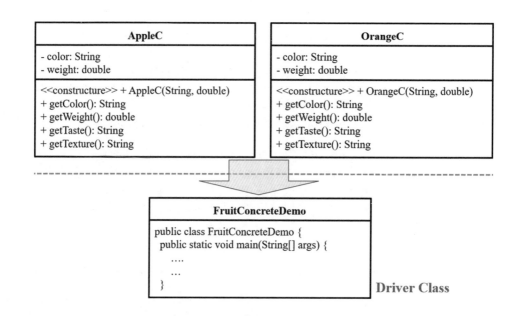

### 6-3-3　「採用繼承類別」的設計

再來看一個改善上述程式的案例，我們進一步「採用繼承類別」的設計方式，將 class AppleC 以及 class OrangeC 類別的共同成員與方法等，往上提升設計一個可以承接子類別(Subclass)共通成員與方法的父類別(Superclass)。

將改善後的程式碼展示如下面的範例，這段程式碼示範了繼承的概念。程式開始定義了一個基礎的類別(Base Class) class FruitInheritance，這個類別包含了水果的共同特性，例如顏色和重量。然後，衍生出兩個子類別 class AppleInheritance 和 class OrangeInheritance，分別代表著蘋果和橙子。在基礎類別 class FruitInheritance 中，我們定義了兩個私有(Private)成員變數，分別是顏色 color 和重量 weight。然後，我們提供了公共(Public)的方法 getTaste()和 getTexture()來獲取水果的味道和質地。在這個基礎上，子類別 class AppleInheritance 和 class OrangeInheritance 繼承了這些特性，同時也可以改寫這些方法，賦予它們自己特有的行為。

在子類別中，我們使用了 super 關鍵字來調用基礎類別的建構子，來初始化顏色和重量。然後，改寫了基礎類別的 getTaste()和 getTexture()方法，根據水果的類型，賦予它們不同的味道和質地。例如，蘋果的味道被設定為「甜」，質地被設定為「脆」，而橙子的味道被設定為「酸甜」，質地被設定為「多汁」。

最後，在 FruitInheritanceDemo 類別中，我們創建了一個蘋果物件和一個橙子物件，並呼叫它們的方法來獲取相關資訊。

```java
class FruitInheritance {
    private String color;
    private double weight;

    public FruitInheritance(String color, double weight) {
        this.color = color;
        this.weight = weight;
    }

    public String getColor() {
        return color;
    }

    public double getWeight() {
        return weight;
    }

    public String getTaste() {
        return "unknow";
    }

    public String getTexture() {
        return "unknow";
    }
}

class AppleInheritance extends FruitInheritance {
    public AppleInheritance(String color, double weight) {
        super(color, weight);
    }
```

```java
        // 實作方法，指定蘋果的味道為甜
        @Override
        public String getTaste() {
            return "甜";
        }

        // 實作方法，指定蘋果的質地為脆
        @Override
        public String getTexture() {
            return "脆";
        }
    }

class OrangeInheritance extends FruitInheritance {
    public OrangeInheritance(String color, double weight) {
        super(color, weight);
    }

    // 實作方法，指定橙子的味道為酸甜
    @Override
    public String getTaste() {
        return "酸甜";
    }

    // 實作方法，指定橙子的質地為多汁
    @Override
    public String getTexture() {
        return "多汁";
    }
}

public class FruitInheritanceDemo {
    public static void main(String[] args) {
        FruitInheritance apple = new AppleInheritance("紅色", 0.2);
        FruitInheritance orange = new OrangeInheritance("橙色", 0.3);

        System.out.println("蘋果顏色：" + apple.getColor());
        System.out.println("蘋果重量：" + apple.getWeight() + " 公斤");
        System.out.println("蘋果味道：" + apple.getTaste());
        System.out.println("蘋果質地：" + apple.getTexture());
```

```
            System.out.println("橙子顏色：" + orange.getColor());
            System.out.println("橙子重量：" + orange.getWeight() + " 公斤");
            System.out.println("橙子味道：" + orange.getTaste());
            System.out.println("橙子質地：" + orange.getTexture());
        }
    }
```

**執行結果**

蘋果顏色：紅色

蘋果重量：0.2 公斤

蘋果味道：甜

蘋果質地：脆

橙子顏色：橙色

橙子重量：0.3 公斤

橙子味道：酸甜

橙子質地：多汁

　　將上述的程式採用 UML 類別圖(Class Diagram)分析如下，可以觀察到前一個範例中 class AppleC 以及 class OrangeC 共同擁有的屬性(Attribute)、欄位(Field)，以及方法(Method)等，已被上提(Pull Up)至基礎類別（即父類別），例如：color、weight、getColor()，以及 getWeight() 等。

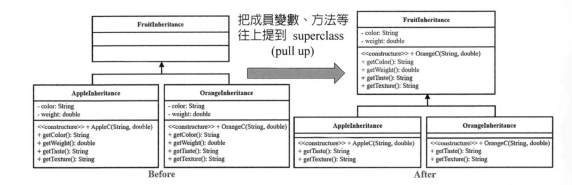

Before　　　　　　　　　　　　　　　　　After

　　這 一 個 程 式 FruitInheritanceDemo 與 前 一 個 程 式 class FruitConcreteDemo 之間的主要差異在於它們的設計風格和程式結構。在 FruitConcreteDemo 中，則是直接使用具體的類別 AppleC 和 OrangeC 來實例化水果物件，這種設計方式比較簡單直接，但缺乏彈性和擴展性。

　　然而，在程式 FruitInheritanceDemo 中，class FruitInheritance 定義了水果的基本屬性 color、weight，以及方法 getColor()、getWeight()、getTaste() ， 以 及 getTexture() 等 ， 並 且 有 具 體 的 子 類 別 class AppleInheritance 和 class OrangeInheritance 利用繼承與 getTaste()以及 getTexture()方法改寫實現了抽象化的概念。這種設計方式具有高度的擴展性，可以輕鬆地添加新的水果類型，同時實現了多態性，使得不同類型的水果可以共享相同的介面。

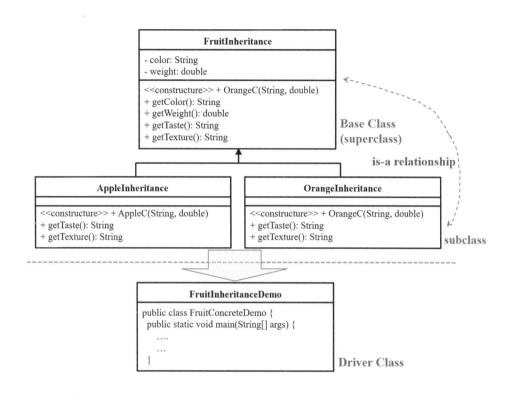

雖然程式 FruitInheritanceDemo 採用繼承與方法改寫等機制,提供了水果的基本結構和行為,可以輕鬆地新增新的水果類型,使得程式碼更具擴展性。然而,其父類別 class FruitInheritance 中所設計並實作的原有方法 getTaste()以及 getTexture()等之程式碼並沒有直接被呼叫使用,而是由子類別 class AppleInheritance 和 class OrangeInheritance 自行改寫並實作。

因此,我們可以使用「抽象類別」的設計方式,將「共同的方法提取到抽象類別」中,則可進一步精簡程式碼,提高程式可維護性和擴展性。在未來需要添加新的水果類別時,只需要繼承抽象類別並實作抽象方法,而不需要修改原有的程式碼。這樣的設計方式符合面向物件程式設計的開放—封閉原則(Open-Closed Principle),使得系統更容易擴展和修改。

## 6-3-4 「採用抽象類別」的設計

若將上述程式之子類別 class AppleInheritance 和 class OrangeInheritance 改用抽象類別(Abstract Class)的設計方式，程式架構會有所改變。以下是使用抽象類別設計的程式碼：

```java
abstract class FruitAbs {
    private String color;
    private double weight;

    public FruitAbs(String color, double weight) {
        this.color = color;
        this.weight = weight;
    }

    public String getColor() {
        return color;
    }

    public double getWeight() {
        return weight;
    }

    // 定義抽象方法，表示水果的味道
    public abstract String getTaste();

    // 定義抽象方法，表示水果的質地
    public abstract String getTexture();
}

class AppleAbs extends FruitAbs {
    public AppleAbs(String color, double weight) {
        super(color, weight);
    }

    // 實作抽象方法，指定蘋果的味道為甜
    @Override
    public String getTaste() {
        return "甜";
    }
}
```

```java
        // 實作抽象方法，指定蘋果的質地為脆
        @Override
        public String getTexture() {
            return "脆";
        }
    }

    class OrangeAbs extends FruitAbs {
        public OrangeAbs(String color, double weight) {
            super(color, weight);
        }

        // 實作抽象方法，指定橙子的味道為酸甜
        @Override
        public String getTaste() {
            return "酸甜";
        }

        // 實作抽象方法，指定橙子的質地為多汁
        @Override
        public String getTexture() {
            return "多汁";
        }
    }

    public class FruitAbstractDemo {
        public static void main(String[] args) {
            FruitAbs apple = new AppleAbs("紅色", 0.2);
            FruitAbs orange = new OrangeAbs("橙色", 0.3);

            System.out.println("蘋果顏色：" + apple.getColor());
            System.out.println("蘋果重量：" + apple.getWeight() + " 公斤");
            System.out.println("蘋果味道：" + apple.getTaste());
            System.out.println("蘋果質地：" + apple.getTexture());

            System.out.println("橙子顏色：" + orange.getColor());
            System.out.println("橙子重量：" + orange.getWeight() + " 公斤");
            System.out.println("橙子味道：" + orange.getTaste());
            System.out.println("橙子質地：" + orange.getTexture());
        }
    }
```

**執行結果**

蘋果顏色：紅色

蘋果重量：0.2 公斤

蘋果味道：甜

蘋果質地：脆

橙子顏色：橙色

橙子重量：0.3 公斤

橙子味道：酸甜

橙子質地：多汁

在這個版本的程式碼中，class FruitAbs 類別變成了抽象類別，它包含了兩個抽象方法 getTaste()和 getTexture()，這兩個方法代表了水果的味道和質地。Class AppleAbs 和 class OrangeAbs 類別繼承了 Fruit 類別，並實作了這兩個抽象方法。這樣的設計方式使得 FruitAbs 成為了一個通用的基底類別(Base Class)，可以方便地擴展新的水果類別，同時也確保了所有的水果類別都具有相同的介面。這樣的設計提高了程式碼的可擴展性和可維護性，使得新增其他水果類別時，只需要繼承 FruitAbs 並實作相應的方法即可。

### 6-4　抽象類別的應用範例

#### 6-4-1　示範案例：AnimalDemo VS. AnimalAbsDemo

程式範例 AnimalDemo 將說明類別繼承之設計，而程式範例 AnimalAbsDemo 則介紹如何使用抽象類別的設計技巧來達到與範例 AnimalDemo 同樣的執行效果。

　　程式範例 AnimalDemo 展示了物件導向程式設計中的繼承(Inheritance)概念。程式中定義了一個 class Animal（動物）類別作為基底類別，包含了動物的共同特性，如速度(Speed)、生活地點(Place)和年齡(Age)。然後，程式中定義了三個子類別，分別是 class Bird（鳥）、class Fish（魚）和 class Dog（狗），這些子類別繼承了 class Animal 類別的特性，同時也可以定義自己特有的屬性和方法。另外，class Akita（秋田犬）又進一步繼承了 class Dog。

　　在每個子類別的建構子中，透過呼叫父類別(Animal)的建構子來初始化繼承自父類別的屬性。例如，Bird 類別的建構子中有 super(speed, place, age)，這樣就可以將速度、生活地點和年齡傳遞給父類別 Animal，進行屬性的初始化。

　　每個子類別中還改寫了父類別的 move()方法，以展示不同動物的移動行為。改寫的方法允許子類別自行定義自己的行為，同時保留了父類別的方法簽名。例如，在 Bird 類別中，覆寫了 move()方法來顯示鳥在天空飛翔的速度。

　　在主程式 AnimalDemo 中，建立了 Bird、Fish、Dog 和 Akita（秋田犬）的物件，並呼叫它們的 move()和 live()方法。這些方法將顯示不同動物的移動和生活行為，這是因為每一個物件都根據其所屬的類別（Bird、Fish、Dog 或 Akita）而具有不同的行為特性。

```
//定義Animal類別，包含速度、生活地點和年齡屬性，以及移動和生活的
方法
class Animal {
  protected int speed;
  protected String place;
  protected int age;

  // 移動方法，顯示動物的移動速度
  public void move() {
```

```java
        System.out.printf("動物正在移動，平均速度%d%s", speed, "公尺/小時;");
    }

    // 生活方法，顯示動物的生活地點
    public void live() {
        System.out.printf("生活在%s。%n", place);
    }
}

//Bird類別繼承自Animal，定義了鳥類的特有行為
class Bird extends Animal {
    // Bird類別的建構子，初始化速度、生活地點和年齡
    public Bird(int speed, String place, int age) {
        this.speed = speed;
        this.place = place;
        this.age = age;
    }

    // 覆寫父類別的move方法，顯示鳥在天空飛翔的速度
    @Override
    public void move() {
        System.out.printf("鳥在天空飛翔，平均速度%d%s", speed, "公尺/小時,");
    }
}

//Fish類別繼承自Animal，定義了魚類的特有行為
class Fish extends Animal {
    // Fish類別的建構子，初始化速度、生活地點和年齡
    public Fish(int speed, String place, int age) {
        this.speed = speed;
        this.place = place;
        this.age = age;
    }

    // 覆寫父類別的move方法，顯示魚在水中游動的速度
    @Override
    public void move() {
        System.out.printf("魚在水中游動，平均速度%d%s", speed, "公尺/小時,");
    }
}
```

```
//Dog類別繼承自Animal，定義了狗類的特有行為
class Dog extends Animal {
 // Dog類別的建構子，初始化速度、生活地點和年齡
 public Dog(int speed, String place, int age) {
      this.speed = speed;
      this.place = place;
      this.age = age;
 }

 // 覆寫父類別的move方法，顯示狗在陸地奔跑的速度
 @Override
 public void move() {
      System.out.printf("狗在陸地奔跑，平均速度%d%s", speed, "公尺/小時,");
 }
}

//Akita類別繼承自Dog，定義了秋田犬的特有行為
class Akita extends Dog {
 // Akita類別的建構子，呼叫父類別的建構子來初始化速度、生活地點和
年齡
 public Akita(int speed, String place, int age) {
      super(speed, place, age);
 }

 // 覆寫父類別的move方法，顯示秋田犬在花園奔跑的速度
 @Override
 public void move() {
      System.out.printf("秋田犬在花園奔跑，平均速度：%d%s", speed, "
公尺/小時,");
 }
}

//主程式
public class AnimalDemo {

 public static void main(String[] args) {
      // 建立Bird、Fish、Dog和Akita物件，並呼叫它們的move和live方法
      Bird bird = new Bird(45, "樹上", 3);
      Fish fish = new Fish(15, "水中", 5);
      Dog dog = new Dog(10, "陸地", 7);
      Akita akita = new Akita(12, "花園", 4);
```

```
            bird.move();
            bird.live();

            fish.move();
            fish.live();

            dog.move();
            dog.live();

            akita.move();
            akita.live();
        }
    }
```

**■ 執行結果**

鳥在天空飛翔，平均速度 45 公尺／小時,生活在樹上。
魚在水中游動，平均速度 15 公尺／小時,生活在水中。
狗在陸地奔跑，平均速度 10 公尺／小時,生活在陸地。
秋田犬在花園奔跑，平均速度：12 公尺／小時,生活在花園。

　　為了增加程式的彈性與未來的擴充性，我們將上述程式範例
AnimalDemo，重新設計成使用抽象類別(Abstract Class)和繼承
(Inheritance)概念的下述程式範例 AnimalAbsDemo。其中，class Animals
是一個抽象類別，它包含了三個屬性(speed、place、age)和兩個方法
move() 和 live()。move() 是一個抽象方法，代表動物的移動行為。抽象
方法在抽象類別中只有方法的簽名，沒有實作。子類別必須實作這個方
法。live() 是一個具體方法，顯示動物的生活地點。

Class Birds、class Fishes、class Dogs 和 class Akitas 分別是 Animals 的子類別。每個子類別都實作了 move()方法，根據該動物的類型，加以改寫使其輸出不同的移動資訊。

在主程式(AnimalAbsDemo)中，我們建立了四個動物的物件：一隻鳥 (Bird)、一條魚(Fish)、一隻普通狗(Dog)和一隻秋田犬(Akitas)。這些物件的型態都是 Animals，這代表它們是 Animals 類別的實例。透過多型性 (Polymorphism)的概念，可以將這些不同種類的動物物件存放在相同的型態(Animals)的變數中。

程式呼叫了這些物件的 move()方法，根據物件的實際類型(Birds、Fishes、Dogs、Akitas)分別執行了不同的 move()方法。同時，每一個物件也呼叫了 live()方法，這是 Animals 類別提供的通用方法。

總結來說，這個程式利用了抽象類別和繼承的特性，實現了多型性的應用。這樣的設計使得程式碼更加靈活和可擴展，新增其他類型的動物時，只需要擴展 Animals 抽象類別並實作 move()方法即可，而不需要修改原有的程式碼。

```java
//定義抽象類別Animals
abstract class Animals {
  protected int speed;
  protected String place;
  protected int age;

  // 抽象方法move，由子類別實作
  public abstract void move();

  // 生活方法，顯示動物的生活地點
  public void live() {
      System.out.printf("生活在%s。%n", place);
  }
}
```

```java
//Bird類別繼承自Animals，實作抽象方法move
class Birds extends Animals {
  public Birds(int speed, String place, int age) {
      this.speed = speed;
      this.place = place;
      this.age = age;
  }

  @Override
  public void move() {
      System.out.printf("鳥在天空飛翔，平均速度%d%s", speed, "公尺/小時,");
  }
}

//Fishes類別繼承自Animals，實作抽象方法move
class Fishes extends Animals {
  public Fishes(int speed, String place, int age) {
      this.speed = speed;
      this.place = place;
      this.age = age;
  }

  @Override
  public void move() {
      System.out.printf("魚在水中游動，平均速度%d%s", speed, "公尺/小時,");
  }
}

//Dogs類別繼承自Animals，實作抽象方法move
class Dogs extends Animals {
  public Dogs(int speed, String place, int age) {
      this.speed = speed;
      this.place = place;
      this.age = age;
  }

  @Override
  public void move() {
      System.out.printf("狗在陸地奔跑，平均速度%d%s", speed, "公尺/小時,");
  }
}
```

```
//Akitas類別繼承自Dogs，實作抽象方法move
class Akitas extends Dogs {
  public Akitas(int speed, String place, int age) {
      super(speed, place, age);
  }

  @Override
  public void move() {
      System.out.printf("秋田犬在花園奔跑，平均速度：%d%s", speed, "
公尺/小時,");
  }
}

//主程式
public class AnimalAbsDemo {

  public static void main(String[] args) {
      // 建立Birds、Fishes、Dogs和Akitas物件，並呼叫它們的move和
live方法
      Animals bird = new Birds(45, "樹上", 3);
      Animals fish = new Fishes(15, "水中", 5);
      Animals dog = new Dogs(10, "陸地", 7);
      Animals akita = new Akitas(12, "花園", 4);

      bird.move();
      bird.live();

      fish.move();
      fish.live();

      dog.move();
      dog.live();

      akita.move();
      akita.live();
  }
}
```

---

⌛ **執行結果**

鳥在天空飛翔，平均速度 45 公尺／小時,生活在樹上。

魚在水中游動，平均速度 15 公尺／小時,生活在水中。

狗在陸地奔跑，平均速度 10 公尺／小時,生活在陸地。

秋田犬在花園奔跑，平均速度：12 公尺／小時,生活在花園。

---

### 6-4-2 抽象類別與多型的應用

以下案例將藉由抽象類別的方法改寫，來展示物件程式設計的多型 (Polymorphism)效果。

假設我們的任務是設計一個程式，能夠計算不同形狀的面積。形狀可以是圓形、正方形或三角形。

首先，設計一個抽象類別 ShapesCH 包含以下方法：

1.  public abstract void calcArea();用來計算面積的抽象方法。

2.  public double getArea();用來取得計算後的面積值之方法。

3.  public void printArea();用來顯示面積的方法。

設計三個類別分別代表不同的形狀，這些類別應該繼承自 ShapesCH 抽象類別，並實作 calcArea 方法，我們可以採用 UML 類別圖(Class Diagram)來表抽象類別與相關類別之間的繼承關係：

1.  CirclesCH 代表圓形，擁有 double radius 屬性表示半徑。

2.  SquaresCH 代表正方形，擁有 double side 屬性表示邊長。

3.  TrianglesCH 代表三角形，擁有 double bottom 和 double height 屬性分別表示底邊和高度。

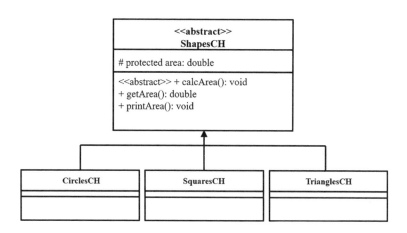

在 PolymorphismDemoCH 主類別中，使用 BufferedReader 讀取使用者輸入的形狀選擇(Circle、Square、Triangle)，然後使用多型的概念，創建適當的形狀物件，計算並顯示面積。程式執行時，應該提示使用者輸入相應形狀的尺寸數值（例如，圓形需要輸入半徑，正方形需要輸入邊長，三角形需要輸入底邊和高度）。將整體程式的流程圖(Flow Chart)表示如下：

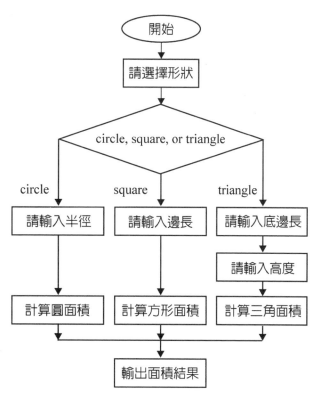

　　為了維持程式的品質，我們設計此程式碼時應該遵循物件導向設計原則，包括封裝、繼承和多型。考慮使用適當的命名規則，應該具有良好的可讀性和註解，使別人能夠容易理解程式邏輯。基於此範例的 UML 類別圖(Class Diagram)以及流程圖(Flow Chart)的分析，將此完整程式列舉如下：

```java
import java.io.BufferedReader;
import java.io.IOException;
import java.io.InputStreamReader;
import java.util.Scanner;

public class PolymorphismDemoCH {

    public static void main(String[] args) {
        // 使用 BufferedReader 來讀取使用者輸入
        BufferedReader input = new BufferedReader(new InputStreamReader(System.in));
        // 建立 ShapesCH 物件的參考
        ShapesCH s;

        // 提示使用者選擇形狀：圓形、正方形、三角形
        System.out.println("請選擇形狀：Circle、Square、Triangle");
        try {
            // 讀取使用者輸入的形狀選擇
            String str = input.readLine();
            // 顯示所選擇的形狀
            System.out.println("您選擇的形狀是：" + str);
            // 根據使用者的輸入創建相應的形狀物件
            if (str.equalsIgnoreCase("Circle")) {
                // 若選擇圓形，請使用者輸入半徑
                System.out.println("請輸入半徑：");
                Scanner inputRadius = new Scanner(System.in);
                double r = inputRadius.nextDouble();
                // 建立圓形物件
                s = new CirclesCH(r);
                // 計算並顯示面積
                s.calcArea();
                s.printArea();
            } else if (str.equalsIgnoreCase("Square")) {
```

```java
                        // 若選擇正方形，請使用者輸入邊長
                        System.out.println("請輸入邊長：");
                        Scanner inputSide = new Scanner(System.in);
                        double side = inputSide.nextDouble();
                        // 建立正方形物件
                        s = new SquaresCH(side);
                        // 計算並顯示面積
                        s.calcArea();
                        s.printArea();
                } else if (str.equalsIgnoreCase("Triangle")) {
                        // 若選擇三角形，請使用者輸入底邊和高度
                        System.out.println("請輸入底邊長：");
                        Scanner inputBottom = new Scanner(System.in);
                        double b = inputBottom.nextDouble();
                        System.out.println("請輸入高度：");
                        Scanner inputHeight = new Scanner(System.in);
                        double h = inputHeight.nextDouble();
                        // 建立三角形物件
                        s = new TrianglesCH(b, h);
                        // 計算並顯示面積
                        s.calcArea();
                        s.printArea();
                }
        } catch (IOException ex) {
                // 處理例外狀況
                System.out.println(ex);
        }
    }
}

// ShapesCH  抽象類別，表示各種形狀的基礎類別
abstract class ShapesCH {

    protected double area; // 儲存計算後的面積值

    // 抽象方法，由各個具體形狀的子類別實作計算面積的邏輯
    public abstract void calcArea();

    // 取得面積的方法
    public double getArea(){
        return area;
```

```java
        }

        // 顯示面積的方法
        public void printArea(){
            System.out.println("面積為：" + area);
        }
    }

// 圓形類別，繼承自 ShapesCH 抽象類別
class CirclesCH extends ShapesCH {
    private double r; // 圓的半徑

    // 無參數建構子，將半徑初始化為 0
    public CirclesCH() {
        this.r = 0;
    }

    // 帶有半徑參數的建構子
    public CirclesCH(double r){
        this.r = r;
    }

    // 設定半徑的方法
    public void setRadius(double r){
        this.r = r;
    }

    // 實作計算面積的抽象方法
    @Override
    public void calcArea() {
        area = Math.pow(this.r, 2) * Math.PI; // 圓形面積的計算公式
    }
}

// 正方形類別，繼承自 ShapesCH 抽象類別
class SquaresCH extends ShapesCH {

    private double side; // 正方形的邊長

    // 無參數建構子，將邊長初始化為 0
    public SquaresCH(){
```

```
            this.side = 0;
    }

    // 帶有邊長參數的建構子
    public SquaresCH(double side){
            this.side = side;
    }

    // 設定邊長的方法
    public void setSquareParameter(double side){
            this.side = side;
    }

    // 實作計算面積的抽象方法
    @Override
    public void calcArea() {
            area = Math.pow(this.side, 2); // 正方形面積的計算公式
    }
}

// 三角形類別，繼承自 ShapesCH 抽象類別
class TrianglesCH extends ShapesCH {
    private double bottom, height; // 三角形的底邊和高度

    // 無參數建構子，將底邊和高度初始化為 0
    public TrianglesCH(){
            bottom = 0;
            height = 0;
    }

    // 帶有底邊和高度參數的建構子
    public TrianglesCH(double b,double h){
            bottom = b;
            height = h;
    }

    // 設定底邊和高度的方法
    public void setTriangleParameter(double bottom , double height){
            this.bottom = bottom;
            this.height = height;
    }
```

```
        // 實作計算面積的抽象方法
        @Override
        public void calcArea() {
            area = (this.bottom * this.height)/2; // 三角形面積的計算公式
        }
    }
```

**⌛ 執行結果一**

請選擇形狀：Circle、Square、Triangle

Circle

您選擇的形狀是：Circle

請輸入半徑：

10

面積為：314.1592653589793

**⌛ 執行結果二**

請選擇形狀：Circle、Square、Triangle

Square

您選擇的形狀是：Square

請輸入邊長：

20

面積為：400.0

**⌛ 執行結果三**

請選擇形狀：Circle、Square、Triangle

Triangle

您選擇的形狀是：Triangle

請輸入底邊長：
20
請輸入高度：
10
面積為：100.0

 隨|堂|練|習

　　試設計一基礎類別(Base Class) Line，包含有可以取得 a 的方法 get_a ()，以及抽象方法(Abstract Method) getArea()取得面積值、抽象方法 getLength()取得幾何圖形的周長值；

　　設計一衍生類別(Derived Class) Square 繼承類別 Line，並改寫 getArea()方法及 getLength()方法，取得所計算之正方形面積值(灰色區域)及 其周長值；

　　設計一衍生類別(Derived Class) Circle 繼承類別 Square，並改寫 getArea()方法及 getLength()方法，取得所計算之圓形面積值(灰色區域)及其 周長值；

　　設計一衍生類別(Derived Class) Other 繼承類別 Circle，並改寫 getArea()方法及 getLength()方法，取得所計算之特別形面積值(灰色區域)及 其周長值；

　　幾何圖形與線段 a 與幾何圖形之關係，如下圖所示。

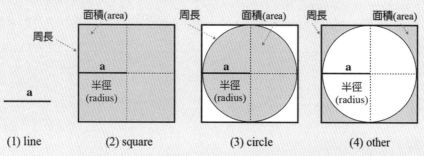

(1) line　　　　(2) square　　　　(3) circle　　　　(4) other

上述所有類別與方法，可藉由如下驅動類別 (Driver Class) class ShapeCalculator 實作並執行：

```java
public class ShapeCalculator {
    public static void main(String args[]) {
        double Pi = 3.1415;
        Square square = new Square(10);
        Circle circle = new Circle(10, Pi);
        Other other = new Other(10, Pi);
        System.out.printf("The a of the Square = %.2f   ", square.get_a());
        System.out.printf("%nThe Area of the Square = %.2f   ", square.getArea());
        System.out.printf("The Length of the Square = %.2f%n%n", square.getLength());
        System.out.printf("The a of the Circle =  %.2f   ", circle.get_a());
        System.out.printf("%nThe Area of the Circle =  %.2f   ", circle.getArea());

        System.out.printf("The Length of the Circle =  %.2f%n%n", circle.getLength());
        System.out.printf("The a of the Other =  %.2f   ", other.get_a());
        System.out.printf("%nThe Area of the Other =  %.2f   ", other.getArea());
        System.out.printf("The Length of the Other =  %.2f%n", other.getLength());
    }
}
```

程式 class ShapeCalculator 基於上述程式架構之執行結果，顯示如下：

```
The a of the Square = 10.00
The Area of the Square = 400.00    The Length of the Square = 80.00

The a of the Circle =    10.00
The Area of the Circle =    314.15    The Length of the Circle =    62.83

The a of the Other =    10.00
The Area of the Other =    85.85    The Length of the Other =    142.83
```

🔒 解答

```java
abstract class Line
{
    private double a;

    Line(double a) {
        this.a = a;
    }

    double get_a() {
        return a;
    }

    abstract double getArea();
    abstract double getLength();
}

class Square extends Line
{
    double a;
    Square(double a) {
        super(a);
        this.a = a;
    }
    double getArea() {
        return (2 * a) * (2 * a);       //傳回正方形面積
    }
    double getLength() {
        return 2 * a * 4;   //傳回正方形周長
    }
}

class Circle extends Square
{
    double Pi;
    double a;

    Circle(double a, double Pi) {
        super(a);
        this.a = a;
        this.Pi = Pi;
    }
```

```java
    Circle(double a) {
        super(a);
        this.a = a;
    }

    double getArea() {
        return Pi * a * a;  //傳回圓形面積
    }

    double getLength() {
        return 2 * Pi * a;  //傳回圓形周長
    }
}

class Other extends Circle
{
    double Pi;
    double a;

    Other(double a, double Pi) {
        super(a);
        this.a = a;
        this.Pi = Pi;
    }

    double getArea() {
        return (2 * a * 2 * a - (Pi * a * a));   //傳回圓形面積
    }

    double getLength() {
        return (2 * Pi * a + 4 * 2 * a);   //傳回圓形周長
    }
}

public class ShapeCalculator {
    public static void main(String args[]) {
        double Pi = 3.1415;
        Square square = new Square(10);
        Circle circle = new Circle(10, Pi);
        Other other = new Other(10, Pi);
        System.out.printf("The a of the Square = %.2f   ", square.get_a());
```

```
            System.out.printf("%nThe Area of the Square = %.2f", square.getArea());
            System.out.printf("The Length of the Square = %.2f%n%n", square.getLength());
            System.out.printf("The a of the Circle =%.2f", circle.get_a());
            System.out.printf("%nThe Area of the Circle =%.2f", circle.getArea());
            System.out.printf("The Length of the Circle =%.2f%n%n", circle.getLength());
            System.out.printf("The a of the Other =%.2f", other.get_a());
            System.out.printf("%nThe Area of the Other =%.2f", other.getArea());
            System.out.printf("The Length of the Other =%.2f%n", other.getLength());
        }
    }
```

## 程式實作演練

### 題目　猜數字遊戲

　　設計一個猜數字遊戲的程式 GuessNumberDemoCH.java，程式會設定一個介於 1 到 100 之間的數字。玩家每次可以輸入一個猜測的數字，程式會提示玩家所猜的數字是太大還是太小，直到玩家猜中為止。該程式包含以下機制：

1. 請使用物件導向設計，設計一個抽象類別 AbstractGuessGame，其中包含以下方法：

   (1) void setNumber(int number)：設定要猜的數字。

   (2) void start()：開始遊戲的方法。

   (3) protected abstract void showMessage(String message)：顯示訊息的抽象方法。

   (4) protected abstract int getUserInput()：取得使用者輸入的抽象方法。

2. 請設計一個繼承自 AbstractGuessGame 的子類別 TextModeGame，實現 showMessage 和 getUserInput 方法，以文字模式與使用者進行互動。

3. 遊戲開始時，顯示歡迎訊息，每次玩家猜測數字後，根據玩家的猜測給出提示信息，直到玩家猜中為止。

上述程式架構之所有類別與方法，可藉由如下驅動類別(Driver Class) GuessNumberDemoCH 實作並執行，及其互動過程的顯示訊息列舉如下：

```java
public class GuessNumberDemoCH {
    public static void main(String[] args) {
        AbstractGuessGame guessGame = new TextModeGame ();
        guessGame.setNumber(66);
        guessGame.start();
    }
}
```

🔲 執行結果

```
***************************
<歡迎來到猜數字遊戲>
***************************
請選擇一個介於 1 到 100 之間的數字：28
***************************
數字太小了！再猜一次。
***************************
請選擇一個介於 1 到 100 之間的數字：86
***************************
數字太大了！再猜一次。
***************************
請選擇一個介於 1 到 100 之間的數字：65
***************************
數字太小了！再猜一次。
***************************
```

請選擇一個介於 1 到 100 之間的數字：67
****************************
數字太大了！再猜一次。
****************************
請選擇一個介於 1 到 100 之間的數字：66
************************
太棒了！你猜對了。
************************

## 題目　植物屬性系統

　　試設計一植物屬性系統 PlantAbsMain.java，其中需要建立一個抽象類別 Plant，其具有植物的基本屬性（名稱 name 和生長速率 growthRate）。此外，需要建立一個 Tree 類別，它是 Plant 的子類別，具有額外的屬性：葉子類型 leafType 和樹木年齡 age。該程式包含以下機制：

1. 請建立抽象類別 Plant，具有以下特性
   (1) 屬性：名稱 name（字串類型）、生長速率 growthRate（浮點數類型）。
   (2) 建構子：接受名稱和生長速率作為參數，初始化屬性。
   (3) 方法：抽象方法 displayPlantInfo()，由子類別實作 displayInfo()方法顯示植物名稱、生長速率，並呼叫 displayPlantInfo()顯示特有資訊。

2. 請建立 Tree 類別，繼承自 Plant，具有以下特性：
   (1) 額外屬性：葉子類型 leafType（字串類型）、樹木年齡 age（整數類型）。
   (2) 建構子：接受名稱、生長速率、葉子類型和樹木年齡作為參數，初始化屬性。

(3) 方法：實作 displayPlantInfo()方法，顯示葉子類型和樹木年齡。

3. 請建立主程式 PlantAbsMain，在此類別的 main 方法中

   (1) 創建一個樹木物件，名稱為「橡樹」，生長速率為 0.5，葉子類型為「寬葉」，樹木年齡為 10。

   (2) 呼叫樹木物件的 displayInfo()方法，顯示樹木的所有資訊。

使用上述提供的抽象類別 Plant 和子類別 Tree 的程式碼架構，請確保所有屬性和方法的存取修飾字符是正確的。程式碼應具有清晰的註釋，解釋類別、屬性和方法的用途。

上述程式架構之所有類別與方法，可藉由如下驅動類別(Driver Class) PlantMain 實作並執行，及其互動過程的顯示訊息列舉如下：

```java
public class PlantAbsMain {
  public static void main(String[] args) {
      Tree myTree = new Tree("橡樹", 0.5, "寬葉", 10);

      myTree.displayInfo();
  }
}
```

🔲 執行結果

植物名稱：橡樹
生長速率：0.5
葉子類型：寬葉
樹木年齡：10

植物分類系統

　　試設計一植物分類系統程式 PlantMultiAbsMain.java，該程式包含以下機制：

1. 定義一個抽象類別 PlantMulti 包含以下屬性

    (1) name（植物名稱，字串類型）。

    (2) growthRate（生長速率，浮點數類型）。

    (3) 抽象方法 displayAdditionalInfo()以顯示特有資訊。

    (4) displayInfo()方法，用來顯示植物的基本資訊，並呼叫一個抽象方法 displayAdditionalInfo()以顯示特有資訊。

2. 定義兩個子類別 TreeMulti 和 FruitTree

    (1) TreeMulti 繼承自 PlantMulti，包含以下額外屬性

        A. leafType（葉子類型，字串類型）。

        B. age（樹木年齡，整數類型）。

    (2) FruitTree 繼承自 TreeMulti，包含以下額外屬性

        A. fruitName（果實名稱，字串類型）。

        B. fruitTaste（果實味道，字串類型）。

3. 所有類別應該實作必要的建構子和方法，確保系統的完整性。

4. 在主程式 PlantMultiAbsMain 中，創建一個 TreeMulti 物件和一個 FruitTree 物件，並呼叫它們的 displayInfo()方法，顯示植物的詳細資訊。

　　請寫出符合上述要求的 Java 程式碼，並確保程式可以正確運行且顯示植物的詳細資訊。有一 driver class 命名為 PlantMultiAbsMain，將此主類別的完整程式碼列舉如下：

```java
public class PlantMultiAbsMain {
  public static void main(String[] args) {
      TreeMulti treeType = new TreeMulti("果樹", 0.5, "窄葉", 0);
      treeType.displayInfo();
      System.out.println();
      TreeMulti myFruitTree = new FruitTree("蘋果樹", 0.7, "寬葉", 15, "蘋果", "甜");
      myFruitTree.displayInfo();
  }
}
```

試完成此程式 PlantMultiAbsMain.java 使其執行結果如下。

## 執行結果

植物名稱：果樹
生長速率：0.5
葉子類型：窄葉
樹木年齡：0

植物名稱：蘋果樹
生長速率：0.7
葉子類型：寬葉
樹木年齡：15
果實名稱：蘋果
果實味道：甜

題目 進階植物管理程式

設計一進階植物管理程式 PlantFlowerAbsMain.java，該程式包含以下機制：

1. 抽象類別 PlantMultiple

   (1) 屬性：name（植物名稱）、growthRate（生長速率）。

   (2) 建構子：接受植物名稱和生長速率作為參數，初始化相應的屬性。

2. 方法

   (1) displayInfo()：顯示植物的基本資訊（植物名稱和生長速率），並呼叫 displayAdditionalInfo()抽象方法。

   (2) protected abstract void displayAdditionalInfo()：抽象方法，由子類別實作以顯示植物特有資訊。

3. 子類別 TreeMultiple 繼承自 PlantMultiple

   (1) 新增屬性：leafType（葉子類型）、age（樹木年齡）。

   (2) 建構子：接受植物名稱、生長速率、葉子類型和樹木年齡作為參數，初始化相應的屬性。

   (3) 實作 displayAdditionalInfo()方法以顯示樹木的特有資訊。

4. 子類別 Flower 繼承自 PlantMultiple

   (1) 新增屬性：color（花朵顏色）、size（花朵大小）。

   (2) 建構子：接受植物名稱、生長速率、花朵顏色和花朵大小作為參數，初始化相應的屬性。

   (3) 實作 displayAdditionalInfo()方法以顯示花朵的特有資訊。

5. 主程式 PlantFlowerAbsMain

   (1) 在 main 方法中，創建一個 TreeMultiple 物件（代表一棵樹），並呼叫 displayInfo()方法顯示樹的資訊。

(2) 在 main 方法中，創建一個 Flower 物件（代表一朵花），並呼叫 displayInfo()方法顯示花的資訊。

主程式類別 class PlantFlowerAbsMain 之完整程式碼如下：

```java
public class PlantFlowerAbsMain {
    public static void main(String[] args) {
        TreeMultiple treeType = new TreeMultiple("果樹", 0.5, "窄葉", 0);
        treeType.displayInfo();
        System.out.println();
        Flower rose = new Flower("玫瑰", 0.3, "紅色", "中等");
        rose.displayInfo();
    }
}
```

試根據上述需求，完成此程式設計，使得 PlantFlowerAbsMain.java 執行結果如下。

**▣ 執行結果**

植物名稱：果樹
生長速率：0.5
葉子類型：窄葉
樹木年齡：0

植物名稱：玫瑰
生長速率：0.3
花朵顏色：紅色
花朵大小：中等

作業

1. 什麼是封裝(Encapsulation)在 Java 物件導向程式設計中？它的主要目的是什麼？

2. 在 Java 中，什麼是繼承(Inheritance)？它的主要優勢是什麼？請舉例說明。

3. 多型(Polymorphism)在 Java 中是什麼意思？它如何實現？請舉例說明。

4. 什麼是抽象類別(Abstract Class)？它和普通類別有什麼不同？請舉例說明。

5. 抽象類別中可以有普通的方法嗎？如果可以，這些方法有什麼特點？

6. 抽象類別是否可以被實例化？為什麼？

7. 一個抽象類別可以繼承另一個抽象類別嗎？為什麼？

8. 在什麼情況下應該使用抽象類別？請舉例說明。

9. 請說明在 Java 中，抽象類別和多型性是如何相關的，並提供一個範例說明。

10. 一個類別同時可以繼承多個抽象類別嗎？

11. 為什麼抽象方法不能為 private？

MEMO

 Java

CHAPTER

 介 面

## 7-1　介面基本概念

介面(Interface)是一種定義抽象方法的抽象類型，用於定義一個類別應該實現的方法規範，但並不提供這些方法的實作內容。介面僅定義了方法的簽名（方法名稱、回傳類型、參數列表），而不包含方法的具體實現。

### 7-1-1　介面的定義

介面可以用來整合類別的共通行為，當不同的類別需要共享某些行為或功能時，介面提供了一個非常有用的機制，其允許類別定義一組方法，而這些方法可以被實現為具體的功能。介面允許類別根據需要實現這些方法，而不需要在類別之間建立直接的繼承關係。

Java 程式語言中的介面(Interface)是一個抽象型別(Abstract Type)，可用來要求類別(Class)必須實作指定的方法，使不同類別的物件得以使用相同的界面進行溝通。介面通常以 interface 來宣告，它僅能包含方法簽名(Method Signature)以及常數宣告（變數宣告包含了 static 及 final），一個介面僅會定義方法不會包含方法的實作。方法的修飾子必為 public abstract，欄位（即常數）的修飾子必須為 public static final，可以省略修飾子，當然必須避免宣告修飾子與實作運用上的衝突。

介面定義不同類別之間的一致行為，也就是一些共同的屬性（常數）或抽象方法，如同一些規範（或契約）。一個類別可以實現(Implement)多個介面，如此就能夠同時達到（繼承）多個規範的要求，就像是實現多重繼承的效果。介面亦可稱為介面類別，通常稱之為介面(Interface)。其編譯後會產生「介面名稱.class」的檔案。介面之宣告並非使用 class 而是改用 interface，且不須修飾字。介面中的方法只有宣告，沒有實作區介面、沒有建構子。也不須包含 static 初始區塊。然而，介面的成員變數在宣告時就必須指定初始值，且於繼承後無法改變。介面不可以用以產生物件實體，只能被實作；其欄位都必須宣告為具有初始值的靜態常數，例如 "public static final int x=10;"；其方法只能進行原型的宣告，而不能提供實作。

　　若要在類別中使用介面，則需在類別名稱後加上關鍵字 "implements"，隨後加上介面名稱。舉例來說，假設我們有不同種類的動物，它們可能需要發出聲音(makeSound)的功能。我們可以定義一個能夠發聲音的介面(Soundable)，其中包含了發聲音的方法。然後，不同的動物類別（例如狗、貓、鳥類等）可以實現這個介面，使得它們都具有了發聲音的能力。也就是說，狗會發出聲音，然而透過介面貓不必為了會發出聲音而去繼承狗的特色而創造出不合理的繼承關係。

```java
// 定義能夠發聲音的介面
interface Soundable {
void makeSound();
}

// 實現介面的具體類別：狗
class Dog implements Soundable {
    @Override
    public void makeSound() {
        System.out.println("狗發出汪汪的聲音");
    }
}

// 實現介面的具體類別：貓
class Cat implements Soundable {
    @Override
    public void makeSound() {
        System.out.println("貓發出喵喵的聲音");
    }
}

// 使用介面的客戶端程式碼
public class Main {
```

```
public static void main(String[] args) {
    Soundable dog = new Dog();
    Soundable cat = new Cat();

    dog.makeSound(); // 輸出：狗發出汪汪的聲音
    cat.makeSound(); // 輸出：貓發出喵喵的聲音
}
}
```

在這個例子中，Soundable 介面定義了 makeSound 方法，Dog 和 Cat 類別實現了這個介面，使得它們都具有了發聲音的行為。這樣，我們就能夠很容易地擴展其他動物類別，使它們也能夠使用 Soundable 介面，而不需要修改現有的程式碼結構。例如，進一步，我們也可以透過介面將會產生聲音的汽車、音響等加入而不需透過繼承關係。

## 7-1-2 為何使用介面

介面是一個類別的藍圖，它包含靜態常數和抽象方法。在 Java 介面中，只能包含抽象方法，而不能包含完整實現的方法，所以介面無法被實例化，就像抽象類別一樣。因為介面可以表示 is-a 的關係，所以透過介面我們可以實現抽象化、多重繼承、以及可以用來實現鬆散耦合(Loose Coupling)。

鬆散耦合是指程式中的模組或元件之間應該盡可能減少彼此之間的相依性。這種設計原則的目的在於增加程式設計的靈活性和可維護性，使得程式中的不同部分的程式碼可以獨立地變更，而不會對其他部分程式造成影響。在鬆散耦合的設計中，各個模組或元件之間的關係應該是最小的，彼此之間僅依賴於必要的介面或契約。如此一來，當系統的某個部分需要修改時，只需要著重於相關的模組，而不需要修改其他不相關的部分，可降低程式碼維護的複雜性，提高了程式的可讀性和可維護性。

我們舉一個實際案例來說明這個概念，首先列舉一些不合理的繼承關係，如下：

1. **狗會發出聲音，貓也會發出聲音，所以貓繼承狗(NG)**：在這個例子中，狗和貓都具有發出聲音的特性，但這並不意味著貓應該繼承狗。相反，我們可以定義一個名為「能發聲音」(Soundable)的介面，然後讓狗和貓分別實現這個介面。這樣，無論是狗還是貓，它們都可以被視為能夠發聲音的物件，而不需要建立不適當的繼承關係。

2. **狗會移動，貓也會移動，所以貓繼承狗(NG)**：同樣的，在這個情況下，狗和貓都能夠移動。但是，我們不應該讓貓繼承狗，而是應該將移動的能力抽象為一個介面「可移動的」(Movable)，然後讓狗和貓實現這個介面。這樣，它們可以擁有各自的特性，同時還能夠被視為可移動的物件。

3. **狗會移動，飛機也會移動，所以飛機繼承狗(NG)**：不同的物體（狗和飛機）都有移動的能力，但這並不意味著飛機應該繼承狗。相反，我們可以將移動的特性提取為「可移動的」(Movable)介面，然後讓狗和飛機分別實現這個介面。這樣，它們都能夠具有移動的能力，而不需要建立不恰當的繼承關係。

上述例子清楚地說明了為何使用介面(Interface)是一個更適合的選擇，而不是使用類別的繼承關係。透過使用介面，我們能夠達到程式碼的模組化和彈性，並避免不必要的繼承關係。於是，我們運用介面來表示類別之間的關係，似乎更為恰當。彙整上述案例，呈現如下：

1. **能發聲音(Soundable)**{狗，貓，汽車，飛機}

2. **可移動的(Movable)**{狗，貓，汽車，飛機}

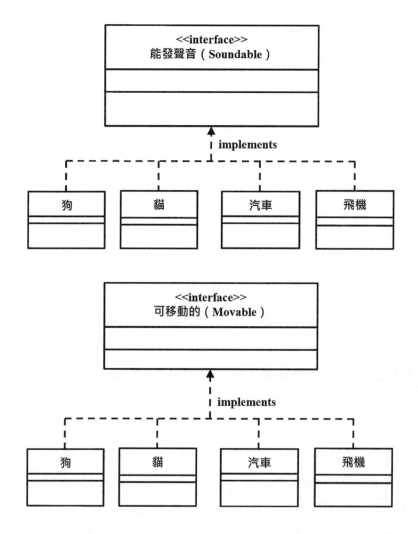

　　進一步，我們運用介面來實現鬆散耦合，彈性擴充更多的類別，例如：音響以及歌手等都可以發出聲音；歌手以及螢火蟲等都會移動。我們可以採用上述之原有介面，再次彈性地擴充這些新類別，並整合上述案例的原有類別，這樣在系統擴充和維護時會更具有靈活性。將擴充後所有類別之間的關係，呈現如下：

1. 能發聲音(Soundable){狗，貓，汽車，飛機，音響，歌手，...}

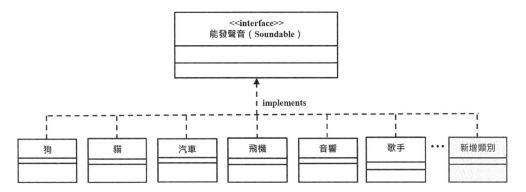

2. 可移動的(Movable){狗，貓，汽車，飛機，歌手，螢火蟲，...}

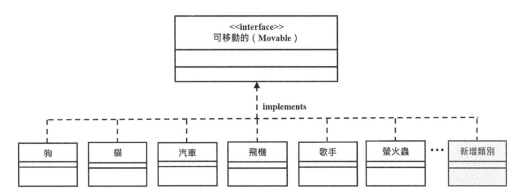

綜合上述，我們觀察到許多類別同時屬於能發聲音(Soundable)的介面、以及可移動的(Movable)的介面；例如，狗，貓，汽車，飛機，以及歌手等類別。從歌手類別的角度來觀察，歌手能發出聲音，又能夠移動，因此可以同時實現(Implement)多個介面，也就是「能發聲音」(Soundable)的介面，以及「可移動的」(Movable)的介面。

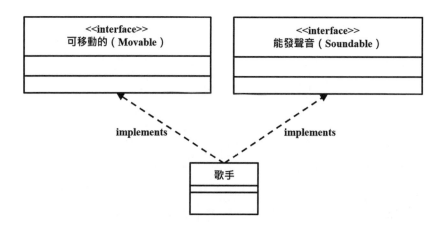

鬆散耦合的設計通常可以使用介面(Interface)或抽象類別(Abstract Class)來定義模組之間的互動關係，這樣可以隱藏實現細節，只暴露必要的方法和屬性，減少了模組之間的相依性，如此在系統擴充和維護時會更具有靈活性。

### 7-1-3 介面與類別的關係

介面(Interface)可以繼承其他介面，這種繼承關係允許一個介面繼承另一個或多個介面。當一個介面繼承了其他介面時，它就繼承了被繼承介面的所有方法規範，包括方法的名稱、回傳值類型和參數等。介面的使用有助於實現程式碼的模組化和靈活性，使得不同的類別可以實現相同的介面，從而提高了程式碼的可擴展性和可維護性。

在 Java 中，介面(Interface)和類別(Class)之間的關係非常重要，它們定義了類別的結構和行為。介面與類別之間的關係，包含：

1. 一個介面可以繼承(Extends)多個介面。

2. 一個類別可以實作(Implements)多個介面。

3. 介面不可被實例化(Instances)，只能被實作(Implements)。

4. 類別只能繼承(Extends)類別，介面只能繼承(Extends)介面。

5. 一個類別只可以繼承(Extends)一個類別。

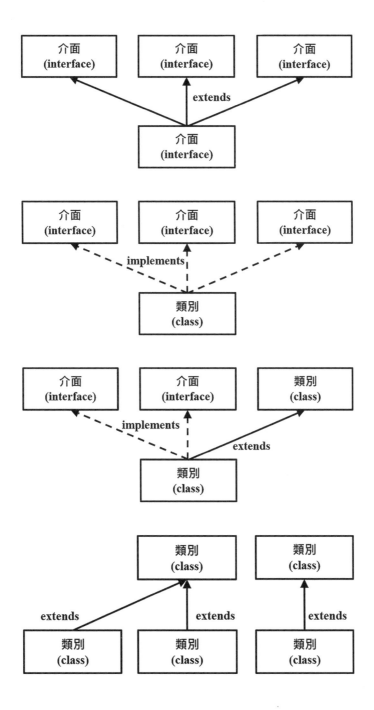

介面(Interface)和類別(Class)是物件導向程式設計的重要概念，它們之間的關係和作用非常關鍵。以下是對上述介面和類別之間關係的詳細論述：

1. **一個介面可以繼承多個介面**：介面可以使用 extends 關鍵字繼承一個或多個其他介面。這樣的設計允許我們在一個介面中組織和定義多個相關的方法。這樣的擴展保持了介面之間的關聯性，同時也保持了程式碼的組織性和可讀性。

```java
interface InterfaceA {
    void methodA();
}

interface InterfaceB {
    void methodB();
}

interface InterfaceC extends InterfaceA, InterfaceB {
    void methodC();
}
```

2. **一個類別可以實作多個介面**：一個類別可以使用 implements 關鍵字實現(Implement)一個或多個介面。當一個類別實現了一個介面，它必須實現該介面中所有的方法。這樣的設計允許一個類別具有多重行為，同時保持了鬆散耦合的特性，使得類別的設計更具靈活性。

```java
interface InterfaceA {
    void methodA();
}

interface InterfaceB {
    void methodB();
}
```

```
class MyClass implements InterfaceA, InterfaceB {
    public void methodA() {
        // 實作 InterfaceA 中的方法
    }

    public void methodB() {
        // 實作 InterfaceB 中的方法
    }
}
```

3. **一個類別只可以繼承一個類別**：在 Java 中，單一繼承(Single Inheritance)是被支持的，這意味著一個類別只能繼承自一個父類別。這樣的設計確保了類別的層次結構，避免了多重繼承可能帶來的複雜性和不確定性。

```
class ParentClass {
    // 父類別的屬性和方法
}

class ChildClass extends ParentClass {
    // 子類別繼承自單一父類別
}
```

4. **介面不可被實例化，只能被實作**：介面本身不能被實例化，也就是說，我們不能使用 new 關鍵字來創建一個介面的物件。介面僅僅是一個規範，描述了實現它的類別應該具有的方法，但它本身不包含具體的實現。

```
interface MyInterface {
    void myMethod();
}
```

```
// 以下程式碼將會出現編譯錯誤，因為介面不能被實例化
MyInterface obj = new MyInterface(); // 無法編譯通過

// 正確的方式是實作介面
class MyClass implements MyInterface {
    public void myMethod() {
        // 實作介面中的方法
    }
}
```

5. **類別只能繼承類別，介面只能繼承介面**：在 Java 中，類別只能繼承另一個類別，介面只能繼承另一個介面。這樣的限制確保了類別和介面在繼承結構上的差異，也保持了介面之間的繼承關係的一致性。

## 7-2 介面的使用情境

介面(Interface)提供了抽象化的方式，讓程式設計師能夠定義一組規範，而不需要指定具體的實現方式。

### 7-2-1 介面的使用優勢

介面的使用具有許多好處，以下是介面使用的優勢：

1. **實現抽象化(Abstraction)**：介面允許定義方法的規範，但不提供方法的具體實現。這樣，當一個類別實現了某個介面時，它必須提供介面中定義的所有方法的具體實現。例如，假設有一個介面 Shape 定義了計算面積的方法 calculateArea()。不同的幾何形狀（如圓形、正方形）可以實現這個介面，但它們的面積計算方式是不同的。

2. **規範性(Specification)**：介面提供了一個標準，規定了實現它的類別必須實現哪些方法。這樣的標準化設計提高了程式碼的可讀性和可維護性。例如，有一介面 DatabaseConnector 定義了連接到資料庫的方法 connect()，當要連接不同的資料庫時都可以透過實現這個介面來達到資料連接的效果。

3. **類別獨立的實現(Independent Implementation)**：不同的類別可以獨立地實現介面中的方法，而且每一個類別的實現方式是相互獨立的，修改其中一個類別的實現不會影響其他類別。例如，介面 Logger 定義了記錄日誌的方法 log(message)。有一個類別 FileLogger 實現了 Logger 介面，將日誌寫入文件；另外一個類別 DataLogger 也實現了 Logger 介面，將日誌儲存到資料庫中。這樣的設計使得兩種日誌記錄方式可以相互獨立，並且可以根據需求擴展或修改其中的任何一種類別的功能。

　　在軟體工程中，有許多情況下需要不同的程式設計師團隊達成一個「契約」，明確規定他們的軟體如何互動。每個團隊都應該能夠在不知道其他團隊的程式碼實現方式的情況下撰寫他們的程式碼。一般來說，介面就是規範這樣的契約。舉例來說，USB(Universal Serial Bus)設備（例如 USB 鍵盤、滑鼠、印表機等）的製造商和電腦製造商之間存在著類似的情況。USB 設備製造商知道他們的設備需要與電腦進行通信，但不需要知道電腦的具體型號或作業系統。USB 規範定義了一個標準的介面，規定了設備和電腦之間的通訊協議。所有符合 USB 規範的設備都能夠與所有支援 USB 的電腦進行連接，而不需要進一步的設置。這裡，USB 介面提供了一個契約，定義了設備和電腦之間的通信方式，而這種契約使得不同製造商生產的設備能夠通用地連接到不同的電腦上，實現了硬體的相容性。這種情況下，製造商們不需要知道彼此的具體實現，只需要遵從共同的規範，就能確保設備能夠在各種電腦上正常運作。

上述的例子說明了介面被當作標準的規範，就如同是應用程式設計介面(Application Programming Interface; API)。例如，影像處理軟體公司可能將一個數位影像處理方法的套件賣給製作圖形化使用者介面程式的公司；影像處理軟體公司通常會撰寫自己的類別來實現一個介面，然後對外公開這個介面供他們的客戶使用。圖形化使用者介面程式公司則可以使用該介面中定義的方法簽名和回傳類型來進行影像處理的。雖然影像處理軟體公司的 API 是對外公開的（給他們的客戶使用），但是 API 的實現卻是一個極度保密的秘密。而且，影像處理軟體公司還可以在未來持續改善他們的軟體功能，只要維持其客戶所使用的介面一致性即可。

## 📖7-2-2 介面的聲明與實作

介面(Interface)的聲明方式，僅須使用 interface 關鍵字。介面定義了一組抽象的方法（沒有方法的實作），這些方法描述了一個類別應該具有的行為，但不包括具體的實現。介面也可以包含常數欄位(Constant Fields)，這些欄位是公共的(Public)、靜態的(Static)，且不可改變的(Final)。

介面的聲明形式，藉由使用關鍵字 interface 來聲明介面，介面中的所有方法都是尚未實現的，所有的欄位默認為 public、static 和 final，實現介面的類別必須實現介面中聲明的所有方法。換句話說，Java 編譯器將會在資料成員之前新增 public static final 關鍵字，且會在介面方法之前新增 public abstract 關鍵字；介面欄位預設是 public static final，而方法預設是 public 和 abstract。

```
public interface MyInterface {
// 抽象方法聲明（沒有方法實作）
void myMethod();

    // 常數欄位聲明（public static final 關鍵字可以省略）
```

```
        int MY_CONSTANT = 10;
    }
```

在這個例子中，MyInterface 是一個介面的名稱，它聲明了一個抽象方法 myMethod()和一個常數欄位 MY_CONSTANT。介面的方法聲明只包含方法名稱、參數列表和回傳類型，不包括方法的實現。介面的常數欄位預設是 public static final 的。介面的聲明定義了一個類別應該實現的契約，實現介面的類別需要完成介面中所有方法的具體實現。

抽象方法是一種聲明但不提供實作的方法，抽象方法必須被子類別實作，以便具體類別能夠實際執行這些方法。在定義抽象方法時，有以下幾點重要觀念：

1. **抽象方法的修飾關鍵字**：抽象方法的修飾關鍵字可以是 public、protected 或者預設（package-private，沒有修飾關鍵字）。我們不能將抽象方法定義為 private，因為抽象方法必須能夠被子類別實作，而 private 方法只能在同一類別內被取用，無法被繼承的子類別使用。

2. **子類別實作抽象方法的權限**：當一個類別繼承（或實現）一個包含抽象方法的介面或者抽象類別時，子類別必須提供對應的實作。在實作時，子類別的方法權限必須等於或寬於抽象方法的權限。換句話說，如果抽象方法是 protected，那麼子類別實作這個方法可以是 public 或者 protected。

3. **介面以及抽象類別不能直接產生物件**：介面以及抽象類別可以繼續往下被繼承(Extends)或實作(Implements)以延伸出其他子類別，如果要利用抽象類別的子類別產生新物件，必須在該子類別中已經沒有抽象方法。因此繼承之子類別的所有抽象方法都要加以明確定義，也就是加以改寫(Overriding)並實作。

4. 介面類似於整個系統的「總綱」，制定系統各模組的遵循標準：一個系統中的介面不應該經常改變，一旦介面被改變，對整個系統甚至其他相關子系統將具有輻射式的影響，導致系統中大部分類別都可能需要改寫。

| | 抽象類別 | 介面 |
|---|---|---|
| 實作 | 子類別使用 extends 關鍵字繼承抽象類，子類別若不是抽象類別，必須實作抽象類別中所有宣告的方法 | 子類別使用 implements 關鍵字來實現介面，需要提供介面中所有宣告的方法的實現 |
| 存取 | 可以用 public、protected 和 default 之存取修飾關鍵字 | 預設存取修飾關鍵字是 public，不能使用其他修飾關鍵字 |
| 方法 | 包含普通方法 | 所有方法在介面中都必須是抽象(Abstract)方法，抽象方法的存取修飾字必為 public abstract。同一介面中可以設計多個相同名稱的方法，然後根據方法的多載(Overloading)原則實作；其中，具有相同名稱、不同參數的方法，即視為不同的方法，每個不同參數的方法都必須在後續的類別中逐一被實作 |
| 變數 | 可定義成員變數，亦可定義靜態常數 | 僅能定義靜態常數，不能定義成員變數 |
| 建構子 | 具有建構子，供抽象類別初始化 | 沒有建構子 |
| main 方法 | 可以有 main 方法，並且能執行 | 沒有 main 方法 |
| 執行速度 | 比介面執行速度要快 | 需尋找類別實現方法，速度相對慢 |

以下我們舉一個介面聲明的完整實作示範案例：

```
//定義Shape介面
interface Shape {
  double calculateArea();
  double calculatePerimeter();
}

//實作Rectangle類別，實現Shape介面
class Rectangle implements Shape {
  private double width;
  private double height;

  // 矩形的建構子
  public Rectangle(double width, double height) {
      this.width = width;
      this.height = height;
  }

  // 實現calculateArea方法，計算矩形的面積
  @Override
  public double calculateArea() {
      return width * height;
  }

  // 實現calculatePerimeter方法，計算矩形的周長
  @Override
  public double calculatePerimeter() {
      return 2 * (width + height);
  }
}

//實作Circle類別，實現Shape介面
class Circle implements Shape {
  private double radius;

  // 圓形的建構子
  public Circle(double radius) {
      this.radius = radius;
  }
```

```java
        // 實現calculateArea方法，計算圓形的面積
        @Override
        public double calculateArea() {
            return Math.PI * radius * radius;
        }

        // 實現calculatePerimeter方法，計算圓形的周長
        @Override
        public double calculatePerimeter() {
            return 2 * Math.PI * radius;
        }
    }

//主類別，包含main()方法
public class InterfaceDemo {
    public static void main(String[] args) {
        // 創建矩形物件並計算面積和周長
        Shape rectangle = new Rectangle(20, 10);
        System.out.printf("矩形的面積: %.2f%n", rectangle.calculateArea());
        System.out.printf("矩形的周長: %.2f%n", rectangle.calculatePerimeter());

        // 創建圓形物件並計算面積和周長
        Shape circle = new Circle(10);
        System.out.printf("圓形的面積: %.2f%n", circle.calculateArea());
        System.out.printf("圓形的周長: %.2f%n", circle.calculatePerimeter());
    }
}
```

**⧖ 執行結果**

矩形的面積: 200.00

矩形的周長: 60.00

圓形的面積: 314.16

圓形的周長: 62.83

上面這段程式碼示範了使用介面(Shape)和實作類別（Rectangle 和 Circle）的概念。我們在一次回想介面宣告與相關預設值的概念，Java 編譯器將會在資料成員之前新增 public static final 關鍵字，且會在介面方法之前新增 public abstract 關鍵字；介面欄位預設是 public static final，而方法的預設則是 public 和 abstract。所以 interface Shape，編譯前所宣告之方法"double calculateArea();"，經過 Java 編譯器後會自動補上 public abstract 而變成"public abstract double calculateArea();"。

| 編譯前 | 編譯後 |
|---|---|
| ```interface Shape {
  double calculateArea();
  double calculatePerimeter();
}``` | ```interface Shape {
  public abstract double calculateArea();
  public abstract double calculatePerimeter();
}``` |

讓我們一步一步來解釋程式碼的原理：

1. **定義 Shape 介面**：這裡定義了一個 Shape 介面，它包含了兩個抽象方法：calculateArea()和 calculatePerimeter()。任何實作了 Shape 介面的類別都必須實現這兩個方法。

```
interface Shape {
    double calculateArea();
    double calculatePerimeter();
}
```

2. **實作 Rectangle 類別**：Rectangle 類別實作了 Shape 介面。它包含了 width 和 height 屬性，並且實現了 calculateArea()方法（計算矩形面積）和 calculatePerimeter()方法（計算矩形周長）。

```
class Rectangle implements Shape {
    private double width;
    private double height;

    // 矩形的建構子
    public Rectangle(double width, double height) {
        this.width = width;
        this.height = height;
    }

    // 實現 calculateArea 方法，計算矩形的面積
    @Override
    public double calculateArea() {
        return width * height;
    }

    // 實現 calculatePerimeter 方法，計算矩形的周長
    @Override
    public double calculatePerimeter() {
        return 2 * (width + height);
    }
}
```

3. **實作 Circle 類別**：Circle 類別同樣實作了 Shape 介面。它包含了 radius 屬性，並且實現了 calculateArea()方法（計算圓形面積）和 calculatePerimeter()方法（計算圓形周長）。

```
class Circle implements Shape {
    private double radius;

    // 圓形的建構子
    public Circle(double radius) {
        this.radius = radius;
    }

    // 實現 calculateArea 方法，計算圓形的面積
    @Override
    public double calculateArea() {
```

```
            return Math.PI * radius * radius;
        }

        // 實現 calculatePerimeter 方法，計算圓形的周長
        @Override
        public double calculatePerimeter() {
            return 2 * Math.PI * radius;
        }
    }
```

4. **主類別 InterfaceDemo：** 在主類別 InterfaceDemo 的 main()方法中，我們創建了一個矩形物件和一個圓形物件，並呼叫它們的 calculateArea()和 calculatePerimeter()方法來計算面積和周長。這樣的設計方式允許我們使用相同的介面方法，處理不同類型的物件，實現了介面的多態性。

```
public class InterfaceDemo {
    public static void main(String[] args) {
        // 創建矩形物件並計算面積和周長
        Shape rectangle = new Rectangle(20, 10);
        System.out.printf("矩形的面積: %.2f%n", rectangle.calculateArea());
        System.out.printf("矩形的周長: %.2f%n", rectangle.calculatePerimeter());

        // 創建圓形物件並計算面積和周長
        Shape circle = new Circle(10);
        System.out.printf("圓形的面積: %.2f%n", circle.calculateArea());
        System.out.printf("圓形的周長: %.2f%n", circle.calculatePerimeter());
    }
}
```

　　整合上述程式，我們可以採用下列之 UML 類別圖(Class Diagram)來表示上述程式之介面與類別之間的關係（實線表示繼承 extends 關係，虛線表示實作 implements 關係）。

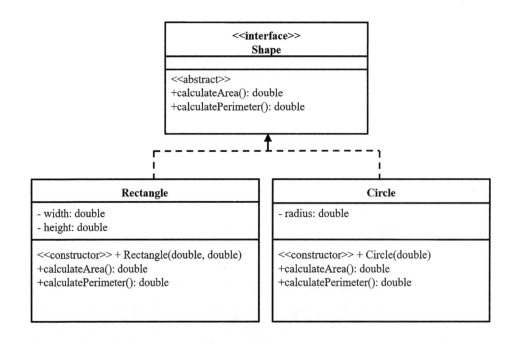

## 隨|堂|練|習

1. 請設計一個 Java 介面(Interface)叫做 Vehicle，包含以下抽象方法：

   (1) void startEngine() - 啟動交通工具的引擎。

   (2) void accelerate() - 加速交通工具的方法。

   (3) void brake() - 煞車交通工具的方法。

   (4) void displayVehicleInfo() - 顯示交通工具資訊的方法。

2. 然後，請實作兩個類別，Car 和 Motorcycle，這兩個類別分別代表汽車和摩托車，並實現 Vehicle 介面中的所有抽象方法。

3. 在 Car 類別中，請新增一個額外的私有屬性 int numberOfDoors（代表汽車的門數），並在建構子中初始化這個屬性。同時，請改寫 displayVehicleInfo()方法，顯示汽車的門數資訊。

4. 在 Motorcycle 類別中，請新增一個額外的私有屬性 boolean hasSideCar（代表摩托車是否有側車），並在建構子中初始化這個屬性。同時，請覆寫 displayVehicleInfo()方法，顯示摩托車是否有側車的資訊。

5. 最後，在 InterfaceTest 類別的 main()方法中，請創建一個汽車物件和一個摩托車物件，並呼叫相應的方法來展示這兩種交通工具的資訊和行為。

上述所有類別與方法，可藉由如下驅動類別(Driver Class) class InterfaceTest 實作並執行：

```java
public class InterfaceTest {
public static void main(String[] args) {
    // 創建汽車物件，並操作交通工具的方法
    Vehicle car = new Car(4);
    car.startEngine();
    car.accelerate();
    car.brake();
    car.displayVehicleInfo();

    System.out.println();

    // 創建摩托車物件，並操作交通工具的方法
    Vehicle motorcycle = new Motorcycle(true);
    motorcycle.startEngine();
    motorcycle.accelerate();
    motorcycle.brake();
    motorcycle.displayVehicleInfo();
  }
}
```

程式 class InterfaceTest 基於上述程式架構之執行結果，顯示如下：

```
汽車引擎已啟動
汽車正在加速
汽車正在煞車
這是一台汽車，擁有 4 門

摩托車引擎已啟動
摩托車正在加速
摩托車正在煞車
這是一台摩托車，側車狀態：有
```

🔓解答

```java
//定義交通工具介面
interface Vehicle {
  void startEngine();
  void accelerate();
  void brake();
  void displayVehicleInfo();
}

//實作汽車類別，實現Vehicle介面
class Car implements Vehicle {
  private int numberOfDoors;

  public Car(int numberOfDoors) {
      this.numberOfDoors = numberOfDoors;
  }

  @Override
  public void startEngine() {
      System.out.println("汽車引擎已啟動");
  }

  @Override
  public void accelerate() {
      System.out.println("汽車正在加速");
  }

  @Override
  public void brake() {
      System.out.println("汽車正在煞車");
  }

  @Override
  public void displayVehicleInfo() {
      System.out.println("這是一台汽車，擁有 " + numberOfDoors + "門");
  }
}

//實作摩托車類別，實現Vehicle介面
class Motorcycle implements Vehicle {
  private boolean hasSideCar;
```

```java
    public Motorcycle(boolean hasSideCar) {
        this.hasSideCar = hasSideCar;
    }

    @Override
    public void startEngine() {
        System.out.println("摩托車引擎已啟動");
    }

    @Override
    public void accelerate() {
        System.out.println("摩托車正在加速");
    }

    @Override
    public void brake() {
        System.out.println("摩托車正在煞車");
    }

    @Override
    public void displayVehicleInfo() {
        String sideCarInfo = hasSideCar ? "有" : "無";
        System.out.println("這是一台摩托車，側車狀態：" + sideCarInfo);
    }
}

//驅動類別
public class InterfaceTest {
  public static void main(String[] args) {
        // 創建汽車物件，並操作交通工具的方法
        Vehicle car = new Car(4);
        car.startEngine();
        car.accelerate();
        car.brake();
        car.displayVehicleInfo();

        System.out.println();

        // 創建摩托車物件，並操作交通工具的方法
        Vehicle motorcycle = new Motorcycle(true);
        motorcycle.startEngine();
        motorcycle.accelerate();
```

```
            motorcycle.brake();
            motorcycle.displayVehicleInfo();
        }
    }
```

## 7-3 ● 介面的應用範例

本節首先介紹介面在設計模式中扮演著重要角色，隨後提出單層介面、兩層介面，以及兩層介面整合抽象類別的實作範例。

### 7-3-1 介面在設計模式的應用

介面在設計模式(Design Pattern)中扮演著重要角色，例如策略模式(Strategy Pattern)、觀察者模式(Observer Pattern)等。

策略模式透過定義一系列演算法，並將其封裝起來，根據特定情境選用最合適的演算法或是相互替換演算法，以達到目的。策略模式包含三個基本元素：抽象策略(Abstract Strategy)、實體策略(Concrete Strategy)以及情境(Context)等。策略模式可藉由介面的使用提供一系列可重複使用的演算法，適當的使用繼承技巧，避免程式碼重複；提供共通的行為（方法）不同的實作方式，以根據不同情境選擇適當的策略。不同的演算法的選用對應於特定情境類別，演算法的實作對應於具體類別，讓兩者分離，使得在不修改原始程式碼的情況下，可以增加新的演算法，符合開閉原則(The Open/Closed Principle; OCP)，即類別、方法、欄位等成員之擴展是開放的，但是對其部分資訊的修改是封閉的，也就是說一個實體是允許在不改變它的原始碼的前提下變更它的行為。因此，當系統（程式）需要動態的選擇策略時，可以根據所定義的多種行為擇優來使用，且這些行為在這個類別中有多種形式出現。

　　以下程式示範了策略模式的基本結構，在這個範例中，SoundBehavior 是抽象策略介面，定義了發出聲音的抽象方法。Bark 和 Meow 是具體策略類別，分別代表狗吠和貓叫的聲音行為。Animals 類別是情境類別，持有一個 SoundBehavior 的參考，可以動態地設定不同的聲音行為。在使用者端程式碼(Driver Class)中，我們建立了狗和貓的物件，並設定了它們的聲音行為，最後呼叫 makeSound() 方法發出聲音。

**策略模式**

```java
//Step 1: 定義抽象策略介面
interface SoundBehavior {
  void makeSound(); // 發出聲音的抽象方法
}

//Step 2: 實作具體策略 - 狗吠
class Bark implements SoundBehavior {
  @Override
  public void makeSound() {
      System.out.println("狗狗：汪汪汪！");
  }
}

//Step 2: 實作具體策略 - 貓叫
class Meow implements SoundBehavior {
  @Override
  public void makeSound() {
      System.out.println("貓咪：喵喵喵！");
  }
}

//Step 3: 實作情境類別
class Animals {
  private SoundBehavior soundBehavior;

  // 設定聲音行為的方法
  public void setSoundBehavior(SoundBehavior soundBehavior) {
      this.soundBehavior = soundBehavior;
  }
```

```
    // 發出聲音的方法
    public void makeSound() {
        soundBehavior.makeSound();
    }
}

//Step 4: 使用者程式碼
public class StrategyPatternExample {
  public static void main(String[] args) {
      // 建立狗物件，設定狗吠的聲音行為，並發出聲音
      Animals dog = new Animals();
      dog.setSoundBehavior(new Bark());
      dog.makeSound(); // 輸出：汪汪汪！

      // 建立貓物件，設定貓叫的聲音行為，並發出聲音
      Animals cat = new Animals();
      cat.setSoundBehavior(new Meow());
      cat.makeSound(); // 輸出：喵喵喵！
    }
}
```

### 🖫 執行結果

狗狗：汪汪汪！
貓咪：喵喵喵！

策略模式的優勢在於它的彈性和可擴充性，新的聲音行為可以輕易地被新增，而且 Animals 類別不需要修改。這種設計模式使得程式碼更容易維護和擴展，同時讓不同的行為可以獨立變化，互不影響。

觀察者模式是一種行為型設計模式，它建立一對多的依賴關係，允許多個觀察者對象同時監聽並且被通知。當被觀察者的狀態發生變化時，所有的觀察者都會接收到通知並且採取相應的處理行動。這種模式通常被用

來實現分散式事件處理以建立彈性的、可擴展的架構。觀察者模式有四個主要的元素：主題(Subject)、觀察者(Observer)、具體主題(Concrete Subject)和具體觀察者(Concrete Observer)。主題是被觀察的對象，它維護一個觀察者清單，可以增加或刪除觀察者，並且在狀態變化時通知所有觀察者。觀察者是接收主題通知的對象，它包含了一個更新方法，當主題的狀態發生變化時，更新方法會被呼叫，觀察者可以根據主題的通知進行相應的處理。具體主題是主題的具體實現類，它擁有狀態，並且在狀態變化時通知所有的觀察者。具體觀察者是觀察者的具體實現類，它實現了更新方法，並且在接收到通知時進行相應的處理。

　　觀察者模式的基本流程：首先，定義觀察者介面，這個介面包含了一個更新方法，用來接收主題的通知。接著，定義主題介面，這個介面包含了增加觀察者、刪除觀察者、和通知觀察者的方法。然後，實現具體觀察者類，這個類實現了觀察者介面的更新方法，並且定義了當接收到通知時的行為。最後，實現具體主題類別，這個類別實現了主題介面，包含了主題的狀態，並且在狀態變化時通知所有的觀察者。以 YouTube 的例子來說明，YouTube 頻道是主題，而所有訂閱該頻道的觀眾則是觀察者。該頻道的 Youtuber 會在影片中告訴觀眾：「如果喜歡我的影片，請按讚分享，也別忘了開啟小鈴鐺訂閱我哦！」。這裡，觀眾的訂閱狀態就像主題和觀察者之間的關係。一旦觀眾訂閱，系統就會將他們加入訂閱者的清單中。當 Youtuber 發布新影片時，系統會通知所有在清單中的觀眾。當觀眾不再喜歡該頻道的內容時，隨時可以取消訂閱。一旦被移出訂閱者清單，就不再收到相應通知。在上述例子，透過設計觀察者的介面，得以確保所有觀察者都具有加入訂閱和取消訂閱的方法，因此介面的使用確保了所有的類別都有接收通知的能力。

　　以下程式範例展示了觀察者模式的基本架構，包含了主題介面(Subject)和觀察者介面(Observer)。主題(YouTubeChannel)維護了一個觀察者(YouTubeSubscriber)列表,當主題的狀態改變時,它會通知所有的觀察者。觀察者可以訂閱(AddObserver)或取消訂閱(RemoveObserver)主題,並在主題狀態改變時收到通知(Update)。在這個例子中,YouTubeChannel 是主題,YouTubeSubscriber 是觀察者。當 YouTubeChannel 上傳新影片時,它會通知所有訂閱者。觀眾可以選擇訂閱或取消訂閱頻道,並在新影片上傳時收到通知。

**觀察者模式**

```java
import java.util.ArrayList;
import java.util.List;

//Step 1: 定義觀察者介面
interface Observer {
  void update(String message);
}

//Step 2: 定義主題介面
interface Subject {
  void addObserver(Observer observer);
  void removeObserver(Observer observer);
  void notifyObservers(String message);
}

//Step 3: 實作具體觀察者類別
class YouTubeSubscriber implements Observer {
  private String name;

  public YouTubeSubscriber(String name) {
      this.name = name;
  }

  @Override
  public void update(String message) {
      System.out.println(name + " received a notification: " + message);
  }
}

//Step 4: 實作具體主題類別
class YouTubeChannel implements Subject {
```

```
    private List<Observer> subscribers;
    private String latestVideo;

    public YouTubeChannel() {
        subscribers = new ArrayList<>();
    }

    @Override
    public void addObserver(Observer observer) {
        subscribers.add(observer);
    }

    @Override
    public void removeObserver(Observer observer) {
        subscribers.remove(observer);
    }

    @Override
    public void notifyObservers(String message) {
        for (Observer subscriber : subscribers) {
            subscriber.update(message);
        }
    }

    public void uploadVideo(String videoTitle) {
        latestVideo = videoTitle;
        notifyObservers("New video: " + videoTitle);
    }
}

//Step 5: 客戶端程式碼
public class ObserverPatternExample {
  public static void main(String[] args) {
        // 建立YouTube頻道和觀眾（觀察者）
        YouTubeChannel channel = new YouTubeChannel();
        Observer subscriber1 = new YouTubeSubscriber("Viewer A");
        Observer subscriber2 = new YouTubeSubscriber("Viewer B");

        // 觀眾訂閱YouTube頻道
        channel.addObserver(subscriber1);
        channel.addObserver(subscriber2);
```

```
        // YouTube頻道上傳新影片
        channel.uploadVideo("How to Learn Programming");

        // 觀眾取消訂閱YouTube頻道
        channel.removeObserver(subscriber1);

        // YouTube頻道再次上傳新影片
        channel.uploadVideo("Introduction to Design Patterns");

        // 觀眾A不再收到通知，只有觀眾B收到新影片通知
    }
}
```

**▣ 執行結果**

Viewer A received a notification: New video: How to Learn Programming

Viewer B received a notification: New video: How to Learn Programming

Viewer B received a notification: New video: Introduction to Design Patterns

　　觀察者模式的關鍵點在於主題和觀察者之間的鬆散耦合，主題不需要知道觀察者的詳細資訊，只需知道它們實現了觀察者介面。這樣的設計使得主題和觀察者可以獨立地變化，增加新的觀察者或主題都不會影響到對方。

### 7-3-2　示範案例：單層介面實作範例

　　這個範例程式展示了如何使用單層介面(Interface)及其實作類別。下面是對這個範例程式的詳細說明：

1. **介面定義**：這裡定義了一個介面叫做 Vehicle1，其中包含三個抽象方法：startEngine()、accelerate()和 brake()。這些方法代表著交通工具的基本行為。

2. **汽車類別實作介面**：在這個程式碼中，Car1 類別實現了 Vehicle1 介面，因此它必須實作介面中的所有方法。Car1 類別改寫了 startEngine()、accelerate()和 brake()方法，定義了汽車的引擎啟動、加速和煞車行為。

3. **主程式**：主程式中，我們創建了一個 Car1 物件，並將其指派給介面類型的變數 car。這是一個介面多形的應用。然後，我們呼叫了 car 的方法，實際上執行的是 Car1 類別中改寫的方法。

```java
//單層介面
interface Vehicle1 {
  void startEngine();
  void accelerate();
  void brake();
}

//汽車類別實作Vehicle介面
class Car1 implements Vehicle1 {
  @Override
  public void startEngine() {
      System.out.println("汽車引擎已啟動");
  }

  @Override
  public void accelerate() {
      System.out.println("汽車正在加速");
  }

  @Override
  public void brake() {
      System.out.println("汽車正在煞車");
  }
}

//主程式
public class InterfaceExample1 {
  public static void main(String[] args) {
      Vehicle1 car = new Car1();
```

```
            car.startEngine();
            car.accelerate();
            car.brake();
        }
    }
```

⏳ 執行結果

汽車引擎已啟動

汽車正在加速

汽車正在煞車

這個範例程式展示了介面的概念，即定義了交通工具的行為，並由實作類別(Car1)來實現這些行為，將其介面與類別之關係表示如以下之 UML 類別圖。

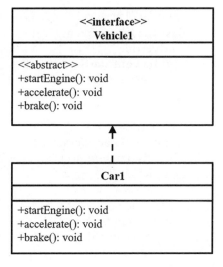

### 7-3-3 示範案例：兩層介面實作範例

這個範例程式展示了兩層介面的概念，包括第一層介面(Vehicle2)和第二層介面(ElectricVehicle)，以及一個實作了第二層介面的類別(ElectricCar)。我們繪製如下之 UML 類別圖，表示第一層介面(Vehicle2)、第二層介面(ElectricVehicle)，以及類別 ElectricCar 之間的關係。

以下內容是針對這個範例程式的詳細說明：

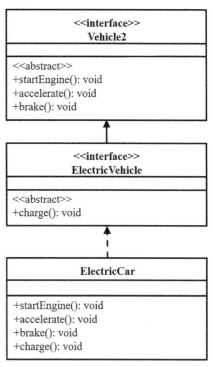

1. **第一層介面定義**：在第一層介面中，我們定義了一個基本的交通工具介面 (Vehicle2)，其中包含了三個抽象方法：startEngine()、accelerate() 和 brake()，這些方法描述了交通工具的基本行為。

2. **第二層介面定義**：在第二層介面中，我們定義了一個繼承自第一層介面的介面叫做 ElectricVehicle。這個介面新增了一個抽象方法 charge()，用於描述電動車的充電行為。

3. **電動車類別實作介面**：在這個程式碼中，ElectricCar 類別實作了 ElectricVehicle 介面，因此它必須實作介面中的所有方法，包括來自第一層介面的方法（startEngine()、accelerate()和 brake()），以及新增的 charge()方法。

4. **主程式**：主程式中，我們創建了一個 ElectricCar 物件，並使用 ElectricVehicle 介面的參考變數來引用它。然後，我們呼叫了 ElectricCar 類別實作的方法，實際上執行的是 ElectricCar 類別中改寫的方法。這展示了介面的多形應用，使得我們可以統一的方式處理不同類型的交通工具。

```java
//第一層介面
interface Vehicle2 {
  void startEngine();
  void accelerate();
  void brake();
}

//第二層介面，繼承第一層介面
interface ElectricVehicle extends Vehicle2 {
  void charge();
}

//電動車類別實作ElectricVehicle介面
class ElectricCar implements ElectricVehicle {
  @Override
  public void startEngine() {
      System.out.println("電動車引擎已啟動");
  }

  @Override
  public void accelerate() {
      System.out.println("電動車正在加速");
  }

  @Override
  public void brake() {
      System.out.println("電動車正在煞車");
  }

  @Override
  public void charge() {
      System.out.println("電動車正在充電");
  }
}

//主程式
public class InterfaceExample2 {
  public static void main(String[] args) {
      ElectricVehicle electricCar = new ElectricCar();
      electricCar.startEngine();
      electricCar.accelerate();
      electricCar.brake();
```

```
        electricCar.charge();
    }
}
```

```
┌─────────────┐
│ ⧗ 執行結果  │
└─────────────┴──────────────────────────
電動車引擎已啟動
電動車正在加速
電動車正在煞車
電動車正在充電
```

### 7-3-4　示範案例：兩層介面整合抽象類別實作範例

　　這個範例程式展示了兩層介面（Vehicle3 和 ElectricVehicle1）和一個抽象類別(AbstractElectricVehicle)的概念。以下是對這個範例程式的詳細說明：

1. **第一層介面定義**：在第一層介面中，我們定義了一個基本的交通工具介面(Vehicle3)，其中包含了三個抽象方法：startEngine()、accelerate()和 brake()，這些方法描述了交通工具的基本行為。

2. **第二層介面定義**：在第二層介面中，我們定義了一個繼承自第一層介面的介面叫做 ElectricVehicle1。這個介面新增了一個抽象方法 charge()，用於描述電動車的充電行為。

3. **抽象類別實作第二層介面**：AbstractElectricVehicle 是一個抽象類別，實作了 ElectricVehicle1 介面，但它將 charge()方法留給具體的子類別實作。此外，它也實作了來自第一層介面的 accelerate()和 brake()方法。

4. **具體的電動車類別繼承抽象類別**：在這個程式碼中，Tesla 類別是一個具體的電動車類別，它繼承了 AbstractElectricVehicle 抽象類別，並實作了 startEngine()和 charge()方法。

5. **主程式**：主程式中，我們創建了一個 Tesla 物件，並使用 ElectricVehicle1 介面的參考變數來引用它。然後，我們呼叫了 Tesla 類別實作的方法，實際上執行的是 Tesla 類別中改寫的方法。這展示了介面和抽象類別的應用，使得我們可以設計具有彈性和可擴展性的程式結構。

將此程式之 UML 類別圖以及完整程式碼呈現如下：

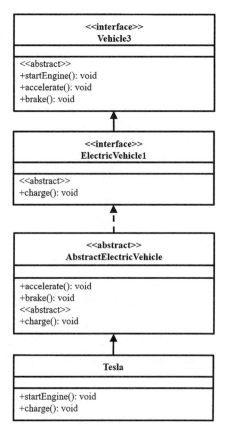

```
//第一層介面
interface Vehicle3 {
  void startEngine();
  void accelerate();
  void brake();
}

//第二層介面，繼承第一層介面
interface ElectricVehicle1 extends Vehicle3 {
  void charge();
}

//抽象類別實作第二層介面
```

```java
abstract class AbstractElectricVehicle implements ElectricVehicle1 {
  @Override
  public void accelerate() {
      System.out.println("電動車正在加速");
  }

  @Override
  public void brake() {
      System.out.println("電動車正在煞車");
  }

  // 具體的充電邏輯由子類別實作
  public abstract void charge();
}

//具體的電動車類別繼承抽象類別
class Tesla extends AbstractElectricVehicle {
  @Override
  public void startEngine() {
      System.out.println("特斯拉引擎已啟動");
  }

  @Override
  public void charge() {
      System.out.println("特斯拉正在充電");
  }
}

//主程式
public class InterfaceExample3 {
  public static void main(String[] args) {
      ElectricVehicle1 tesla = new Tesla();
      tesla.startEngine();
      tesla.accelerate();
      tesla.brake();
      tesla.charge();
  }
}
```

---

⧖ 執行結果

特斯拉引擎已啟動
電動車正在加速
電動車正在煞車
特斯拉正在充電

---

 隨|堂|練|習

　　你的任務是設計一個動物世界模擬器，該模擬器可以模擬不同種類的哺乳動物的特性和行為。你需要使用介面和抽象類別來設計這個模擬器，確保每種動物都有自己的名稱、年齡、移動方式、特殊行為、睡眠習性和飲食習慣。

　　要求：

1. 定義一個 IBiological 介面，包含 getName()和 getAge()方法，分別用於獲取動物的名稱和年齡。

2. 定義一個 IActivity 介面，繼承自 IBiological，包含 sleep()和 eat()方法，分別用於模擬動物的睡眠和進食行為。

3. 定義一個抽象類別 Animal，實作 IBiological 介面，包含名稱和年齡的屬性，並且包含一個抽象方法 move()，用於描述動物的移動方式。

4. 定義一個抽象類別 Mammal，繼承自 Animal，實作 IActivity 介面，並包含一個抽象方法 giveBirth()，用於描述哺乳動物的特殊生育行為。

5. 創建兩個具體的類別，分別代表不同的哺乳動物，例如 Dolphin 代表海豚，Lion 代表獅子。這兩個類別應該繼承自 Mammal，並實作相應的方法，描述各自的特性和行為。

6. 在主程式中，創建幾個不同種類的動物物件，呼叫相應的方法展示它們的特性和行為。

上述動物世界模擬器之 UML 類別圖(Class Diagram)，如下圖所示：

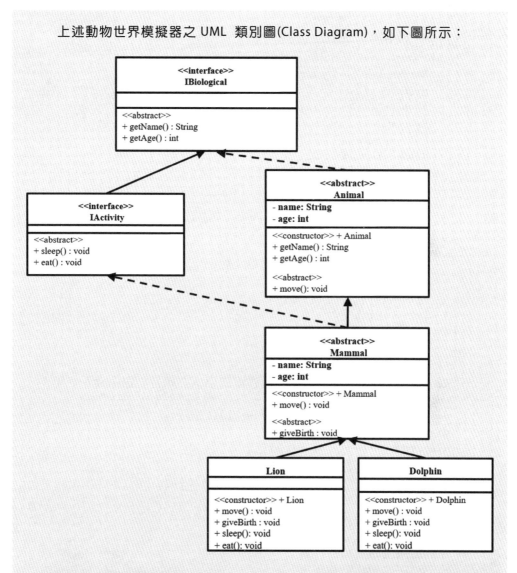

注意：請確保在設計程式時，遵循物件導向設計原則，並且使用恰當的封裝和繼承。

上述所有類別與方法，可藉由如下驅動類別(Driver Class) class InterfaceDemo1 實作並執行：

```java
public class InterfaceDemo1 {
  public static void main(String[] args) {
      Mammal dolphin = new Dolphin("中華白海豚", 12);
      System.out.printf("現在介紹的物種是%s，牠已經%d歲。%n",
dolphin.getName(), dolphin.getAge());
      System.out.printf("%s主要習性：%n", dolphin.getName());
      dolphin.move();
      dolphin.sleep();
      dolphin.giveBirth();
      System.out.println();

      Mammal leo = new Lion("非洲獅", 18);
      System.out.printf("現在介紹的物種是%s，牠已經%d歲。%n",
leo.getName(), leo.getAge());
      System.out.printf("%s主要習性：%n", leo.getName());
      leo.move();
      leo.sleep();
      leo.giveBirth();
  }
}
```

程式 class InterfaceDemo1 基於上述程式架構之執行結果，顯示如下：

```
現在介紹的物種是中華白海豚，牠已經12歲。
中華白海豚主要習性：
中華白海豚採用游泳方式移動
中華白海豚在海程睡覺
中華白海豚具備哺乳類動物特有的海洋育兒行為

現在介紹的物種是非洲獅，牠已經18歲。
非洲獅主要習性：
非洲獅採用四肢行走移動
非洲獅在非洲草原睡覺
非洲獅具群體育兒行為
```

🔒 解答

```java
//第一層介面：生物介面
interface IBiological {
  String getName();   // 取得生物名稱
```

```java
    int getAge();           // 取得生物年齡
}

//第二層介面：活動介面，繼承自生物介面
interface IActivity extends IBiological {
    void sleep();           // 生物休息的行為
    void eat();             // 生物進食的行為
}

//第一個抽象類別實作第一層介面
abstract class Animal implements IBiological {
    private String name;
    private int age;

    // 建構子
    public Animal(String name, int age) {
        this.name = name;
        this.age = age;
    }

    @Override
    public String getName() {
        return name;
    }

    @Override
    public int getAge() {
        return age;
    }

    // 抽象方法：生物的移動行為
    public abstract void move();
}

//第二個抽象類別(Mammal 哺乳動物)實作第一層和第二層介面
abstract class Mammal extends Animal implements IActivity {
    // 建構子
    public Mammal(String name, int age) {
        super(name, age);
    }

    // 實作第一層介面的抽象方法
    @Override
```

```java
    public void move() {
        System.out.println(getName() + "正在移動");
    }

    // 抽象方法：哺乳類動物的特殊行為
    public abstract void giveBirth();
}

//具體類別實作第二層抽象類別，代表海豚
class Dolphin extends Mammal {
    // 建構子
    public Dolphin(String name, int age) {
        super(name, age);
    }

    @Override
    public void move() {
        System.out.println(getName() + "採用游泳方式移動");
    }

    // 實作第二層介面的抽象方法，描述海豚的生育行為
    @Override
    public void giveBirth() {
        System.out.println(getName() + "具備哺乳類動物特有的海洋育兒行為");
    }

    // 實作第二層介面的方法，描述海豚的睡眠和進食行為
    @Override
    public void sleep() {
        System.out.println(getName() + "在海裏睡覺");
    }

    @Override
    public void eat() {
        System.out.println(getName() + "通常吃底棲的石首魚類(白姑魚等)");
    }
}

//具體類別實作第二層抽象類別，代表獅子
class Lion extends Mammal {
    // 建構子
    public Lion(String name, int age) {
```

```
            super(name, age);
        }

        @Override
        public void move() {
            System.out.println(getName() + "採用四肢行走移動");
        }

        // 實作第二層介面的抽象方法，描述獅子的生育行為
        @Override
        public void giveBirth() {
            System.out.println(getName() + "具群體育兒行為");
        }

        // 實作第二層介面的方法，描述獅子的睡眠和進食行為
        @Override
        public void sleep() {
            System.out.println(getName() + "在非洲草原睡覺");
        }

        @Override
        public void eat() {
            System.out.println(getName() + "通常獵食斑馬、羊等草食動物");
        }
    }

    //主類別，用於展示程式運作
    public class InterfaceDemo1 {
    public static void main(String[] args) {
        // 創建一個Dolphin物件，並呼叫相關方法展示海豚的特性和行為
        Mammal dolphin = new Dolphin("中華白海豚", 12);
        System.out.printf("現在介紹的物種是%s，牠已經%d歲。%n",
dolphin.getName(), dolphin.getAge());
        System.out.printf("%s主要習性：%n", dolphin.getName());
        dolphin.move();
        dolphin.sleep();
        dolphin.giveBirth();
        dolphin.eat();
        System.out.println();

        // 創建一個Lion物件，並呼叫相關方法展示獅子的特性和行為
        Mammal lion = new Lion("非洲獅", 18);
```

```
        System.out.printf("現在介紹的物種是%s，牠已經%d歲。%n",
lion.getName(), lion.getAge());
        System.out.printf("%s主要習性：%n", lion.getName());
        lion.move();
        lion.sleep();
        lion.giveBirth();
        lion.eat();
    }
}
```

## 程式運作原理說明

　　這個程式使用介面和抽象類別模擬了生物的層次結構，使得不同種類的哺乳動物可以共享相似的行為，同時也可以具有各自特定的行為。在 InterfaceDemo1 主類別中，我們創建了中華白海豚和非洲獅的物件，並呼叫相應的方法來展示它們的特性和行為。以下是程式的運作原理詳細說明：

1. IBiological 介面：定義了生物的基本屬性，包括名稱和年齡的取得方法，getName()和 getAge()。

2. IActivity 介面：繼承自 IBiological，並且加入了生物的活動行為，包括睡覺 sleep()和進食 eat()。

3. Animal 抽象類別：實作了 IBiological 介面，並包含了生物的 name 和 age 基本屬性。它還定義了抽象方法 move()，代表生物的移動行為，這個方法在具體的哺乳動物類別中實作。

4. Mammal 抽象類別：繼承了 Animal 抽象類別，實作了 IActivity 介面。它繼承了 Animal 的基本屬性，實作了 move()方法，並且定義了抽象方法 giveBirth()，代表哺乳類動物的特殊生育行為。

5. Dolphin 類別 是 Mammal 的具體實作，代表中華白海豚。它實作了 move()方法，描述了海豚的游泳移動方式。同時，它實作了 giveBirth()、sleep()和 eat()方法，分別描述了海豚的海洋育兒行為、睡眠習性和進食習慣。

6. Lion 類別 也是 Mammal 的具體實作，代表非洲獅。它同樣實作了 move()方法，描述了獅子的四肢行走移動方式。它實作了 giveBirth()、 sleep()和 eat()方法，分別描述了獅子的群體育兒行為、睡眠習性和捕食 習慣。

在主程式 InterfaceDemo1 中，創建中華白海豚(dolphin)和非洲獅(leo) 物件，展示它們的屬性和行為。這種設計模式保持了程式的結構清晰，方便 擴展，並且容易維護。

# 程式實作演練

## 題目　植物管理系統

請設計一個植物介面(IPlant)，包含以下方法：

1. String getName()：取得植物名稱。

2. int getHeight()：取得植物高度。

接著，設計一個植物活動介面(IPlantActivity)，繼承自植物介面 (IPlant)，並新增以下方法：

1. void photosynthesis()：代表植物的光合作用。

2. void grow()：代表植物的生長。

然後，建立一個抽象類別 Plant 實作植物介面，包含以下內容：

1. 有兩個私有屬性：String name（植物名稱）和 int height（植物高度）。

2. 建構子：接受植物名稱和高度，初始化兩個屬性。

3. 實作介面的方法 getName()和 getHeight()。

4. 定義抽象方法 abstract void grow()，代表植物的生長行為。

再建立一個抽象類別 FloweringPlant 實作植物活動介面，繼承自 Plant，包含以下內容：

1. 有一個額外的私有屬性 String words（代表花語）。

2. 建構子：接受植物名稱、高度和花語，初始化屬性。

3. 實作介面的方法 photosynthesis()。

4. 實作介面的抽象方法 grow()，描述植物的生長行為。

最後，創建兩個具體類別 Rose 和 Lotus 分別代表玫瑰花和蓮花，繼承自 FloweringPlant，並實作 photosynthesis()方法，描述植物的光合作用。在主程式中創建這兩種植物的物件，呼叫相對應的方法，展示它們的特性和行為。

上述植物管理系統之 UML 類別圖(Class Diagram)，如下圖所示：

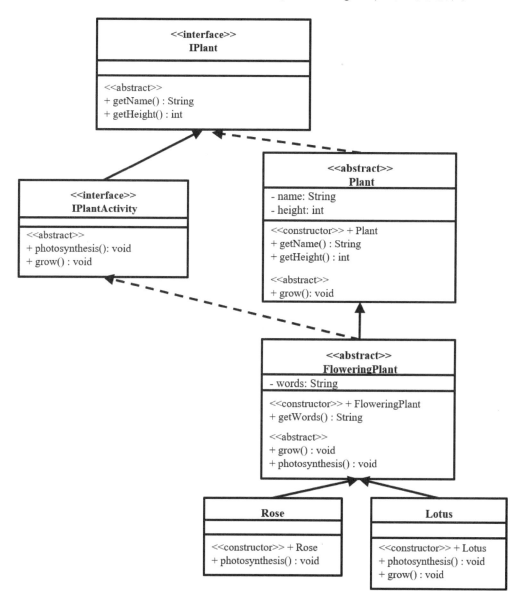

上述程式架構之所有類別與方法，可藉由如下驅動類別(Driver Class) PlantDemo 實作並執行：

```
public class PlantDemo {
  public static void main(String[] args) {
      // 創建一個Rose物件，並呼叫相關方法展示玫瑰花的特性和行為
      FloweringPlant redRose = new Rose("紅玫瑰", 50, "我愛你、愛情");
      System.out.printf("現在介紹的植物是%s，植株高度%d公分。%n",
redRose.getName(), redRose.getHeight());
      System.out.printf("%s 主 要 花 語 ： %s%n", redRose.getName(),
redRose.getWords());
      redRose.grow();
      redRose.photosynthesis();

      // 創建一個Lotus物件，並呼叫相關方法展示蓮花的特性和行為
      FloweringPlant whiteLotus = new Lotus("白蓮花", 90, "懷念、期
待、戀情的喜悅");
      System.out.printf("%n現在介紹的植物是%s，植株高度%d公分。
%n", whiteLotus.getName(), whiteLotus.getHeight());
      System.out.printf("%s 主 要 花 語 ： %s%n", whiteLotus.getName(),
whiteLotus.getWords());
      whiteLotus.grow();
      whiteLotus.photosynthesis();
  }
}
```

▣ 執行結果

現在介紹的植物是紅玫瑰，植株高度 50 公分。

紅玫瑰主要花語：我愛你、愛情

紅玫瑰正在泥土中生長！

紅玫瑰正在進行光合作用...

現在介紹的植物是白蓮花，植株高度 90 公分。

白蓮花主要花語：懷念、期待、戀情的喜悅

白蓮花種植於水池中生長！

白蓮花喜歡陽光與水，喜歡在水池中進行光合作用…

## 題目 女性健康管理系統

　　請設計一個 Java 程式，用於女性的健康管理系統。這個系統需要計算個人的 BMI（Body Mass Index, 身體質量指數）和體脂率，並根據計算結果提供相應的評價。

　　請設計一個介面(HealthIndex)，其中包含兩個方法：

(1) double calculateIndex(double weight, double height)：根據體重（公斤）和身高（公尺）計算健康指數。

(2) String interpretIndex(double index)：根據健康指數的值給出評價，例如正常、異常等。

　　請設計另一個介面(BodyFatPercentage)，其中包含兩個方法：

(1) double calculateBodyFatPercentage(double weight, double bodyFatWeight)：根據體重（公斤）和體脂肪重量（公斤）計算體脂率（以百分比表示）。

(2) String interpretBodyFatPercentage(double percentage)：根據體脂率的值給出評價，例如正常、異常等。

請設計兩個具體類別，分別實現上述兩個介面：

(1) BMICalculator 類別實現 HealthIndex 介面，計算 BMI 並給出評價。

　　A. BMI 計算公式：BMI = weight(kg) / (height(m) * height(m))

　　B. BMI 正常範圍：24 > BMI >= 18.5

(2) BodyFatPercentageCalculator 類別實現 BodyFatPercentage 介面，計算體脂率並給出評價。

    A. 體脂率計算公式：體脂率 ＝（體脂肪重量／體重） * 100

    B. 體脂率正常範圍：體脂率 < 30%

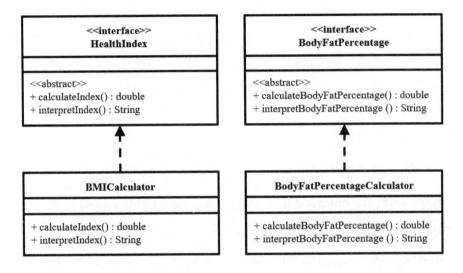

在主程式中，創建一個 BMICalculator 物件和一個 BodyFatPercentageCalculator 物件，並預先輸入用戶的體重、身高和體脂肪重量。然後分別計算 BMI 和體脂率，並輸出計算結果和評價。

上述程式架構，可藉由驅動類別 (Driver Class) HealthManagementSystem 實作並執行：

```java
public class HealthManagementSystem {
 public static void main(String[] args) {
     HealthIndex bmiCalculator = new BMICalculator(); // 使用BMI計算器
     double weight = 60; // 體重(kg)
     double height = 1.72; // 身高(m)
     double bodyFatWeight = 15; // 體脂肪重量(kg)

     double bmi = bmiCalculator.calculateIndex(weight, height);
```

```
            String bmiInterpretation = bmiCalculator.interpretIndex(bmi);
            System.out.printf("[女性健康指數標準評估: 體重%.2f(kg) 身高
%.2f(m) 體脂肪重量%.2f(kg)]%n", weight, height, bodyFatWeight);
            System.out.printf("BMI值: %.2f%n", bmi);
            System.out.printf("BMI評價: %s%n", bmiInterpretation);

            BodyFatPercentage bodyFatCalculator = new BodyFatPercentageCalculator();
            // 使用體脂率計算器

            double bodyFatPercentage =
            bodyFatCalculator.calculateBodyFatPercentage(weight, bodyFatWeight);
            String bodyFatInterpretation =
            bodyFatCalculator.interpretBodyFatPercentage(bodyFatPercentage);
            System.out.printf("體脂率: %.2f%%%n", bodyFatPercentage);
            System.out.printf("體脂率評價: %s", bodyFatInterpretation);
        }
    }
```

---

**⧗ 執行結果**

```
[女性健康指數標準評估: 體重 60.00(kg) 身高 1.72(m) 體脂肪重量
15.00(kg)]
BMI 值: 20.28
BMI 評價: 正常
體脂率: 25.00%
體脂率評價: 正常
```

題目　水果處理流程

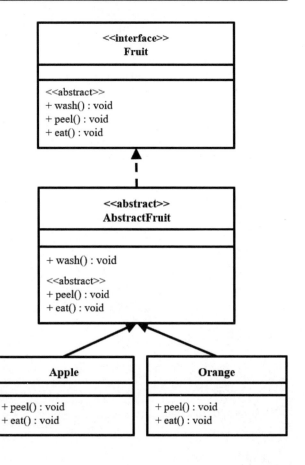

試設計一水果處理流程程式 FruitDemo.java，該程式包含以下機制：

1. 設計一個水果介面 (Fruit)，其中包含三個方法：wash()（洗水果的動作）、peel()（削皮或剝皮的動作）和 eat()（吃水果的動作）。

2. 接著，創建一個抽象水果類別(AbstractFruit)，實作水果介面中的 wash()方法，並且宣告為抽象的，不提供具體實現。

3. 再建立兩個具體水果類別：蘋果(Apple)和橘子(Orange)。蘋果和橘子類別應該分別繼承自抽象水果類別(AbstractFruit)，並實作剩餘的介面方法。

4. 請確保在具體水果類別中，wash()方法使用了抽象類別的實作，並且在蘋果和橘子類別中，peel()和 eat()的方法有不同的實現方式。

5. 最後，在主程式(FruitDemo)中創建蘋果和橘子的物件，呼叫相應的方法，展示水果的動作。

提示：可以在 peel()和 eat()方法中加入特殊的說明，例如蘋果削皮的方式和橘子剝皮的方式不同，吃蘋果和吃橘子的方法也可以描述得更詳細。

請寫出符合上述要求的 Java 程式碼，並確保程式可以在 driver class FruitDemo 之下正確執行。有一，將此主類別(class FruitDemo)的完整程式碼列舉如下：

```java
public class FruitDemo {
  public static void main(String[] args) {
      Fruit apple = new Apple();
      Fruit orange = new Orange();

      apple.wash();
      apple.peel();
      apple.eat();

      System.out.println("==============");

      orange.wash();
      orange.peel();
      orange.eat();
  }
}
```

### ⧗ 執行結果

```
清洗
用刀子削蘋果皮
吃蘋果
==============
清洗
用手剝橘子皮
吃橘子
```

作業

1. 什麼是介面(Interface)？介面在 Java 程式設計中的作用是什麼？

2. 介面和抽象類別(Abstract Class)有什麼不同？它們在設計中的適用場景有何差異？

3. 為什麼使用介面能夠實現鬆散耦合(Loose Coupling)？請舉例說明介面如何提高程式的靈活性和可維護性。

4. 介面中的常數欄位有什麼特殊性？

5. 介面中的抽象方法可以有什麼存取修飾關鍵字？

6. 介面是否可以繼承其他介面？如果可以，請舉例說明。

7. 請解釋策略模式(Strategy Pattern)的基本概念及其在程式設計中的應用。

8. 請解釋觀察者模式(Observer Pattern)的基本概念及其在程式設計中的應用。

CHAPTER

 泛型與集合（上）

8-1 Java 集合框架簡介

8-2 集合框架的介面元件

8-3 應用範例

☑ 程式實作演練

☑ 作業

## 8-1 ⊸ Java 集合框架簡介

我們經常聽到這樣的說法「資料結構+演算法=程式」，這表示著電腦程式是以有組織的方式儲存資訊，再透過特定的演算法處理資訊，最終產生所需的結果或輸出。

在資訊專業領域（如資訊工程、資訊管理等）的學習過程中，我們會接觸許多基本的資料結構(Data Structure)，例如鏈結串列(Linked List)、佇列(Queue)、堆疊(Stack)、樹(Tree)等。類似於資料結構領域所探討的各種資料處理的機制，Java 提供了一系列可重用資料結構和演算法，被稱為 Java 集合框架(Java Collections Framework)。

### 8-1-1 基本資料型別與包裹類別

在 Java 中，基本資料型別(Primitive Types)可以透過它們對應的包裹類別(Wrapper classes)進行包裝。以下是 Java 中基本資料型別：

| 基本資料型別(Primitive Types) | |
| --- | --- |
| 整數型別<br>(Integral Types) | 1. byte（位元組）：8 位元，範圍為-128 到 127<br>2. short（短整數）：16 位元，範圍為-32768 到 32767<br>3. int（整數）：32 位元，範圍為 -2147483648 到 2147483647<br>4. long（長整數）：64 位元，範圍為-9223372036854775808 到 9223372036854775807 |
| 浮點數型別<br>(Floating-Point Types) | 1. float（浮點數）：32 位元，IEEE 754 標準單精度浮點數<br>2. double（雙精度浮點數）：64 位元，IEEE 754 標準雙精度浮點數 |
| 字元型別<br>(Character Type) | 1. char（字元）：16 位元，表示一個 Unicode 字元 |

基本資料類型的包裝器被歸類於 java.lang 套件，以下是 Java 中的包裹類別：

| 包裹類別(Wrapper Classes) |
| --- |
| Byte（位元組包裹類別） |
| Short（短整數包裹類別） |
| Integer（整數包裹類別） |
| Long（長整數包裹類別） |
| Float（浮點數包裹類別） |
| Double（雙精度浮點數包裹類別） |
| Character（字元包裹類別） |
| Boolean（布林值包裹類別） |

透過這些包裹類別(Wrapper Classes)，我們可以將基本資料型別轉換為物件。因此，Long、Integer、Double、Float、Boolean 等類別是 Java 中的包裹器，這些類別的主要目的是提供物件實例，作為基本型態的「殼」，將基本型態包裹在物件之中。這樣一來，我們就可以像操作物件一樣來操作這些包裹器類別的實例，即使是基本型態的資料，也可以像是物件一樣執行各種操作。例如，使用集合框架，因為集合框架只能儲存物件而非基本資料型別。

這種包裹器類別的使用帶來了很大的方便性。例如，當我們需要在集合框架（如 ArrayList）中存儲基本型態的資料時，由於集合框架的容器只能存儲物件，這時我們就可以使用 Long、Integer、Double、Float、Boolean 等包裝器類別來將基本型態轉換為對應的物件，然後再將這些物件放入集合中。

此外，包裹器類別還提供了許多實用的方法，用於基本型態和字串之間的轉換，以及進行各種數學運算和比較操作。這樣，我們就可以更靈活地處理基本型態的資料，並在需要時方便地進行轉換和操作，以及執行各種數學運算和比較操作。

一種常見的方法是使用 Integer 包裹器類別來包裹 int 型態的資料。可以透過使用 new 關鍵字建構 Integer 實例，將 int 型態的資料傳入建構子。例如：

```
Integer num = new Integer(10); // 將 int 型態資料包裹為 Integer 物件
```

在類型轉換中，如果運算式中的所有操作數都是 int 型態，那麼操作將在 int 空間中進行，結果也會是 int 整數。例如，10 / 3 將會得到結果 3，因為整數相除的結果會被截斷為整數。然而，透過包裝器類別，我們可以使用 Integer 的 doubleValue()方法將包裝的值以 double 型態回傳，這樣就可以在 double 空間中進行除法運算，得到結果 3.33333333333...。Integer 類別還提供了 compareTo()方法，用於與另一個 Integer 物件進行比較。如果包裹的值相同，compareTo()方法會回傳 0；如果小於傳入物件的包裝值，回傳-1；如果大於傳入物件的包裹值，回傳 1。與==或!=運算符號不同，compareTo()方法提供了更多比較資訊。

從 J2SE 5.0 版本開始，Java 引入了自動裝箱(Auto Boxing)功能，允許直接將基本資料型別賦值給對應的包裝器類別，而無需使用 new 關鍵字。例如：

```
Integer number = 10; // 自動裝箱，將 int 型態賦值給 Integer 物件
```

同樣的操作也適用於 boolean、byte、short、char、long、float 和 double 等基本資料型別，分別會使用 Boolean、Byte、Short、Character、Integer、Long、Float 和 Double 包裝基本資料型別。相對於自動裝箱，自動拆箱(Auto Unboxing)是指從包裹器中自動取出基本資料型別的值。例如：

```
Integer wrapper = 10; // 自動裝箱（wrapper 會參考至 Integer 物件）
int foo = wrapper;//自動拆箱（指定給 int 型的變數 foo，則會自動取得包裝的 int
型態再指定給 foo）
```

在運算時，可以進行自動裝箱和拆箱操作。例如：

```
Integer number = 10;
System.out.println(number + 10); // 先拆箱再相加，輸出 20
System.out.println(number++);// 先拆箱再遞增，輸出 10
```

上述例子中，編譯器會自動進行裝箱和拆箱操作。另外，Boolean 類別的使用示例如下：

```
Boolean foo = true;
System.out.println(foo && false); // 先拆箱再進行邏輯與運算，結果為 false
```

在邏輯與運算時，foo 會先拆箱，然後與 false 進行邏輯與運算，結果為 false。透過自動裝箱和拆箱，Java 程式碼變得更加簡潔和易讀，同時也提高了程式碼的可維護性和可理解性。

進一步，我們用以下實作範例，來介紹包裹器之裝箱、以及拆箱之運用方式：

```java
public class WrapperDemo {
    public static void main(String[] args) {
        // 創建Integer和Double物件並進行自動裝箱(Auto boxing)
        Integer num1 = 10; // 將int型態賦值給Integer物件
        Double num2 = 3.14; // 將double型態賦值給Double物件

        // 透過compareTo()方法比較裝箱後的數值
        // compareTo()方法會自動拆箱，並比較兩個數值的大小
        System.out.println("After boxing, num1 comparing to num2: " +
num1.compareTo(num2.intValue()));

        // 自動拆箱和運算
        // num1自動拆箱，進行加法運算，運算後再自動裝箱為Integer
物件
        int additionResult = num1 + 5;
        System.out.println("Sum after auto boxing: " + additionResult);
```

```java
        // 手動拆箱後的比較
        // 使用intValue()方法手動拆箱,將Integer物件轉換為int型態
        // 進行比較操作,判斷num1是否小於15
        if (num1.intValue() < 15) {
            System.out.println("num1 is less than 15");
        }

        // 自動拆箱和比較
        // compareTo()方法自動拆箱,比較num1和5的大小
        int compareResult = num1.compareTo(5);
        System.out.println("Comparison result: " + compareResult);
    }
}
```

### 執行結果

```
After boxing, num1 comparing to num2: 1
Sum after auto boxing: 15
num1 is less than 15
Comparison result: 1
```

　　將上述程式之執行原理加以說明,程式一開始創建了一個 Integer 物件 num1 並賦值為 10,以及一個 Double 物件 num2 並賦值為 3.14。這是自動裝箱(Auto Boxing)的過程,將基本資料型別轉換為對應的包裝器物件。接著,使用 compareTo()方法比較 num1 和 num2 的大小。compareTo() 方法會自動拆箱,將 num2 轉換為 int 型態,然後比較 num1 和 num2 的數值,並輸出比較結果。

　　程式中進行了一個自動拆箱(Auto Unboxing)和運算的操作,計算 num1 加上 5 的結果,運算後的結果為 15。這個操作展示了自動拆箱和運

算的特性。在 if 語句中，使用 intValue()方法手動拆箱，將 num1 轉換為 int 型態，然後進行比較操作。這個操作展示了手動拆箱和比較的過程。最後，使用 compareTo()方法進行自動拆箱和比較操作，比較 num1 和 5 的大小，並輸出比較結果。這個操作展示了自動拆箱和比較的特性。

### 8-1-2　集合框架的特點

集合(Collections)在 Java 程式設計中，採用特定方式與資料結構來儲存資料並處理一組組的物件。集合框架的各種機制可以動態地儲存物件，還提供了許多便於操作的方法，例如執行搜尋、排序、插入，以及刪除等各種操作。

集合框架(Collections Framework)是一個廣泛應用於 Java 程式設計的標準 API，具有以下特點：

1. **減少程式設計工作量**：有了可重複使用、實作資料結構以及相關和演算法，程式設計者可以專注於開發應用程式的核心邏輯，節省時間和精重新設計複雜的資料結構。

2. **改善程式效能和品質**：集合框架所實作的具體元件都經過最佳化，具有高性能和高品質，程式設計者可以充分利用這些優勢，確保程式運行效率和穩定性。

3. **提升軟體重複使用**：由於 JDK 內建了集合框架(Collections Framework)，使用這些集合框架撰寫的程式碼可以在應用程式庫、API(Application Programming Interface)中重複使用。不僅降低了開發成本，亦提高了 Java 程式之間的相容性，使得不同的程式模組可以輕鬆整合。

### 8-1-3 什麼是集合框架

　　集合框架提供一個完整的架構，用於儲存和操作一組物件，其中包括：介面(Interface)、各種集合類型，以及演算法。讓我們來看看集合框架的層次結構，Java 的 java.util 套件包含了所有集合框架的類別(Class)和介面(Interface)。在這個層次結構中，不同的介面和類別提供了各種不同類型的集合和映射，讓程式開發者可以根據需求選擇適合的資料結構。

◎ Collection（集合框架介面）

1. List（串列）介面

　　(1) ArrayList 類別（基於動態陣列的串列）

　　(2) LinkedList 類別（鏈結串列）

　　(3) Vector 類別（同步的動態串列）

2. Set 介面（集合）

　　(1) HashSet 類別（基於雜湊的集合，不保證順序）

　　(2) LinkedHashSet 類別（具有插入順序的雜湊集合）

　　(3) TreeSet 類別（基於紅黑樹的有序集合）

3. Queue 介面（佇列）

　　(1) PriorityQueue 類別（基於優先等級的佇列）

　　(2) LinkedList 類別（基於鏈結串列的佇列，也可當作堆疊使用）

4. Deque 介面（雙向佇列）：ArrayDeque 類別（基於動態數組的雙向佇列）

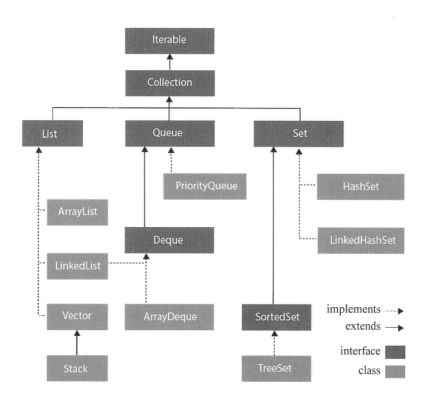

---

## 8-2　集合框架的介面元件

　　集合框架中，提供了多個介面元件，它們是集合類別的基本架構。以下是集合框架的介面元件：

1.　Iterator 介面(java.util.Iterator)：Iterator 介面提供了一種用於巡訪集合中元素的標準方法。透過 Iterator，我們可以依序存取集合中的每個元素，而不需要知道集合的內部結構。

2.　Collection 介面(java.util.Collection)：Collection 介面是所有集合類別的父介面，它定義了集合的基本行為，包括增加、刪除、查詢元素等操作。常見的子介面有 List、Set 和 Queue。

3. List 介面(java.util.List)：List 介面繼承自 Collection 介面，它表示一個有序的集合，可以包含重複的元素。List 提供了根據索引位置存取元素的方法，例如 get(index)、set(index, element)等。

4. Set 介面(java.util.Set)：Set 介面繼承自 Collection 介面，它表示一個不包含重複元素的集合。Set 中的元素是無序的，不按照特定順序儲存。

5. Queue 介面(java.util.Queue)：Queue 介面繼承自 Collection 介面，它表示一個先進先出(FIFO)的集合。Queue 通常用於處理按照順序排隊的元素，例如在佇列中等待處理的任務。

以上介面元件構成了 Java 集合框架的基本結構，不同的集合類別實現了這些介面，提供了不同的特性和用途。

## 8-2-1 Iterator 介面

首先，我們來認識 Iterator（迭代器）介面。Iterator 是 Java 集合框架中的一個重要介面，它用於迭代（遍歷）集合中的元素。Iterator 提供了標準的方法來巡訪(Travel)集合中的元素，並且可以在不知道集合內部結構的情況下進行遍歷。以下我們介紹 Iterator 介面的主要方法：

1. boolean hasNext()：這個方法回傳一個布林值(Boolean)，指示集合中是否還有下一個元素可以迭代。如果還有下一個元素，傳回 true；否則傳回 false。

2. Object next()：這個方法傳回集合中的下一個元素。如果還有下一個元素，傳回該元素；否則拋出 NoSuchElementException 異常。

3. void remove()：這個方法從集合中移除(Remove)上一次調用 next()方法回傳的元素（可選操作）。如果在呼叫 next()之前沒有呼叫過

remove()，或者已經呼叫了 remove() 或 add()，則拋出 IllegalStateException 異常。

現在，我們將使用 Iterator 來設計一個範例，展示如何遍歷一個 List 集合：

```java
import java.util.ArrayList;
import java.util.Iterator;
import java.util.List;

public class IteratorExample {
    public static void main(String[] args) {
        // 創建List集合並添加元素
        List<String> list = new ArrayList<>();
        list.add("元素1");
        list.add("元素2");
        list.add("元素3");
        list.add("元素4");

        // 獲取Iterator物件
        Iterator<String> iterator = list.iterator();

        // 使用Iterator遍歷集合並印出元素
        while (iterator.hasNext()) {
            String element = iterator.next();
            System.out.println("Iterator遍歷集合：" + element);
        }
    }
}
```

**▣ 執行結果**

```
Iterator 遍歷集合：元素 1
Iterator 遍歷集合：元素 2
Iterator 遍歷集合：元素 3
Iterator 遍歷集合：元素 4
```

這個程式範例演示了如何使用 Iterator（迭代器）來遍歷集合，以下是程式的運作原理：

1. **建立集合**：首先，我們創建了一個 ArrayList 類型的 List 集合，並且向其中添加了四個字串元素（「元素 1」、「元素 2」、「元素 3」、「元素 4」）。

```java
List<String> list = new ArrayList<>();
list.add("元素 1");
list.add("元素 2");
list.add("元素 3");
list.add("元素 4");
```

2. **取得 Iterator 物件**：接著，我們使用 iterator()方法從集合中獲取了一個 Iterator 物件。這個 Iterator 物件起始時指向集合的第一個元素。

```java
Iterator<String> iterator = list.iterator();
```

3. **使用 Iterator 遍歷集合**：我們進入一個 while 迴圈，該迴圈會持續運行，直到集合中沒有下一個元素為止。在每次循環迭代中，我們使用 hasNext()方法來檢查是否還有下一個元素。如果 hasNext()方法回傳 true，表示還有下一個元素，我們就使用 next()方法來獲取該元素，並將其印出到終端機上。在這個 while 迴圈內部，我們取得了了下一個元素的值，並將其加上文字「Iterator 遍歷集合：」後，印出到螢幕上。當集合中的所有元素都被遍歷完畢後，hasNext()方法回傳 false，迴圈結束，程式執行完成。

```java
while (iterator.hasNext()) {
        String element = iterator.next();
        System.out.println("Iterator 遍歷集合：" + element);
    }
```

我們再舉一個範例來說明 Iterator 介面中主要方法的實作應用：

```java
import java.util.ArrayList;
import java.util.Iterator;
import java.util.List;

public class IteratorExample1 {
    public static void main(String[] args) {
        // 創建List集合並添加元素
        List<String> list = new ArrayList<>();
        list.add("元素1");
        list.add("元素2");
        list.add("元素3");
        list.add("元素4");

        // 獲取Iterator物件
        Iterator<String> iterator = list.iterator();
        System.out.println("集合大小：" + list.size());

        try {
            // 使用Iterator遍歷集合並印出元素
            while (iterator.hasNext()) {
                // 獲取下一個元素
                String element = iterator.next();
                // 印出當前元素
                System.out.printf("Iterator遍歷集合元素：查訪 %s 並將其
刪除%n", element);

                // 使用Iterator的remove方法刪除元素
                iterator.remove();
            }

            //刪除元素後，再次呼叫remove將拋出IllegalStateException異常
            iterator.remove();
        } catch (IllegalStateException e) {
            System.out.println("重複呼叫Iterator的remove方法，產生
IllegalStateException異常。");
        }

        // 再次印出集合內容，確認元素已被刪除
```

```
                System.out.println("遍歷後集合大小：" + list.size());
        }
    }
```

▓ 執行結果

集合大小：4
Iterator 遍歷集合元素：查訪 元素 1 並將其刪除
Iterator 遍歷集合元素：查訪 元素 2 並將其刪除
Iterator 遍歷集合元素：查訪 元素 3 並將其刪除
Iterator 遍歷集合元素：查訪 元素 4 並將其刪除
重複呼叫 Iterator 的 remove 方法，產生 IllegalStateException 異常。
遍歷後集合大小：0

上述程式創建了一個包含四個元素的 List 集合。使用 iterator()方法獲取集合的 Iterator 物件，開始遍歷集合。在 while 迴圈中，使用 hasNext()方法檢查是否還有下一個元素，如果有，使用 next()方法獲取元素並印出，並且在遍歷過程中使用 Iterator 的 remove()方法刪除元素，這樣不會產生 ConcurrentModificationException 異常。

在 try-catch 區塊中，捕獲了 IllegalStateException 異常，顯示「重複呼叫 Iterator 的 remove 方法，產生 IllegalStateException 異常」。最後印出遍歷後集合的大小，確認元素已被刪除。

## 8-2-2 List 介面

List（串列）用於儲存有序的元素集合。它是 java.util 包下的一個介面(Interface)，實作了動態陣列的功能，可以根據需要動態地增加或縮減容量，以下是 List 介面的主要特點：

1. **有序性(Ordering)**：List 中的元素(Element)是有序的，可以按照它們被插入的順序巡訪，第一個元素的索引為 0。

2. **允許重複元素(Duplicates)**：List 中允許存儲重複的元素，即同一個元素可以出現多次。

3. **可變大小(Dynamic Sizing)**：List 的大小是可變的，可以根據需要動態地增加或縮減容量。

List 介面繼承自 Collection 介面，因此它包含了所有 Collection 介面中定義的方法，並且提供了一些額外的操作方法，以下是 List 介面的主要方法：

1. **添加元素**

   (1) void add(int index, E element)：在指定的位置插入元素。

   (2) boolean add(E element)：將元素添加到 List 的末尾。

   (3) boolean addAll(Collection<? extends E> c)：將指定集合的所有元素添加到 List 的末尾。

2. **存取元素**

   (1) E get(int index)：取得指定位置的元素。

   (2) int indexOf(Object o)：傳回指定元素第一次出現在 List 中的索引，如果不存在則回傳-1。

   (3) int lastIndexOf(Object o)：傳回指定元素最後一次出現在 List 中的索引，如果不存在則回傳-1。

3. **刪除元素**

(1) E remove(int index)：移除指定位置的元素，並回傳被移除的元素。

(2) boolean remove(Object o)：從 List 中刪除指定的元素，如果存在的話。

4. **替換元素**：E set(int index, E element)：替換指定位置的元素，並傳回被替換的元素。

5. **列表迭代**：ListIterator<E> listIterator()：傳回一個列表迭代器，可以透過該迭代器遍歷串列。

6. **其他操作**

(1) int size()：傳回 List 中的元素數量。

(2) boolean isEmpty()：判斷 List 是否為空。

(3) void clear()：清空 List 中的所有元素。

List 介面的常見實作類別包括 ArrayList、LinkedList 和 Vector。選擇合適的 List 實作類別取決於具體的需求，例如，如果需要有效率地隨機巡訪元素，可以使用 ArrayList；如果需要在串列中間進行頻繁的插入和刪除操作，可以使用 LinkedList。以下是常見的 List 實現類別：

1. **ArrayList**：ArrayList 是基於動態陣列的實現，它允許快速的隨機存取資料元素，但在插入和刪除操作時，性能較差，因為需要移動元素。當需要頻繁進行隨機巡訪操作時，可選擇使用 ArrayList。

2. **LinkedList**：LinkedList 是基於雙向鏈結串列(Doubly Linked List)的實現，具有快速插入和刪除的操作特性；但在隨機存取時，因為需要從頭部開始遍歷，性能較差。當需要在串列中間進行頻繁的插入和刪除操作時，使用 LinkedList 是一個不錯的選擇。

3. Vector：Vector 是一個較舊的實現類別，性能相對較差。在多執行緒 (Multithreading)環境中，可以使用 Vector。

以下分別為 ArrayList、LinkedList 和 Vector 的 Java 程式碼範例，我們能夠藉由這些 List 實作類別來理解其使用方法。

首先介紹 ArrayList 範例程式運作原理，先採用 "ArrayList<String> arrayList = new ArrayList<>();"建立一個泛型為字串的 ArrayList 物件。再來，使用 "arrayList.add("Element X");"將元素添加到 ArrayList 中，其中 X 代表元素的序號。在這個範例中，我們添加了四個元素。最後，透過 for-each 迴圈，遍歷 ArrayList 中的每個元素，並將其印出。

```java
import java.util.ArrayList;

public class ArrayListExample {
    public static void main(String[] args) {
        // 建立ArrayList，用於儲存字串元素
        ArrayList<String> arrayList = new ArrayList<>();

        // 添加元素到ArrayList
        arrayList.add("Element 1"); // 添加第一個元素
        arrayList.add("Element 2"); // 添加第二個元素
        arrayList.add("Element 3"); // 添加第三個元素
        arrayList.add("Element 4"); // 添加第四個元素

        // 使用for迴圈印出ArrayList中的元素
        System.out.println("ArrayList Element:");
        for (String element : arrayList) {
            System.out.println(element); // 印出ArrayList中的每個元素
        }
    }
}
```

```
⧖ 執行結果

ArrayList Element:
Element 1
Element 2
Element 3
Element 4
```

ArrayList 是 Java 中一個類似於陣列的集合物件,可動態存放一至多個元素,其實作了 Collection 介面,並且是 List 介面的實作類別。ArrayList 具有順序性,可以動態增減陣列內元素資料,與陣列不同,ArrayList 的內容大小可以動態調整,且元素資料型態不必相同。以下簡述 ArrayList 與 Array 之差異:

| ArrayList | Array |
|---|---|
| 1. 如同動態陣列,可以根據需要自動動態配置空間大小<br>2. 可以存放不同資料型態,例如,採 ArrayList<String> 表示只能存放字串類型的元素;當使用泛型(Generics),採 ArrayList<>表示可以存放不同資料型態<br>3. 提供了豐富的方法用於操作元素,如增加、刪除、查詢等<br>4. ArrayList 實現了 List 介面,繼承 Collection 介面,提供有序、可重複的元素序列<br>5. 內部實現需要較多記憶體 | 1. 固定配置空間大小<br>2. 必須存放相同資料型態<br>3. 可直接使用索引存取元素<br>4. 較為節省記憶體 |

以下針對 ArrayList 常用操作方法,加以說明。這些操作方法提供了對 ArrayList 進行建立、添加、查詢、修改、刪除、清空等多方面的靈活操作。

| 操作 | 方法 | 範例 | 說明 |
|------|------|------|------|
| 建立 ArrayList | ArrayList\<String> list = new ArrayList<>(); | ArrayList\<Integer> numbers = new ArrayList<>(); | 使用指定元素型別建立一個新的 ArrayList |
| 加入元素 | add(Object o) | list.add("元素 1"); | 在 ArrayList 尾端加入一個元素 |
| 取得元素個數 | size() | int size = list.size(); | 獲取 ArrayList 中的元素數量 |
| 查詢元素是否存在 | contains(Object o) | boolean contains = list.contains("測試"); | 檢查特定元素是否存在於 ArrayList 中 |
| 判斷是否為空 | isEmpty() | boolean isEmpty = list.isEmpty(); | 檢查 ArrayList 是否為空 |
| 修改資料 | set(int index, Object o) | list.set(0, "新元素"); | 修改指定索引位置的元素 |
| 取得資料 | get(int index) | String element = list.get(1); | 獲取指定索引位置的元素 |
| 查詢索引位置 | indexOf(Object o) | int index = list.indexOf("元素 2"); | 查詢特定元素的索引位置 |
| 刪除資料 | remove(int index) | String removedElement = list.remove(0); | 刪除指定索引位置的元素 |
| 刪除資料 | remove(Object o) | boolean isRemoved = list.remove("元素 2"); | 刪除指定元素 |
| 清空 ArrayList | clear() | list.clear(); | 清空 ArrayList 中的所有元素 |
| 轉換為陣列 | toArray() | Object[] array = list.toArray(); | 將 ArrayList 轉換為陣列 |
| 迭代元素 | For-each 迴圈 | for (String element : list) { /* 在此處進行操作 */ } | 使用 for-each 迴圈迭代 ArrayList 中的元素 |

以下這個程式是一個學生成績管理系統，使用 ArrayList 來存儲學生資訊。

```java
import java.util.ArrayList;

public class StudentArrayListExample {

    public static void main(String[] args) {
        // 創建一個包含學生資訊的 ArrayList
        ArrayList<Student> studentList = new ArrayList<>();

        // 加入學生資訊
        studentList.add(new Student("Andy", 85));
        studentList.add(new Student("Ben", 92));
        studentList.add(new Student("Candy", 88));
        studentList.add(new Student("David", 78));

        // 輸出學生資訊
        System.out.println("學生列表：");
        printStudentList(studentList);

        // 查詢特定學生是否存在
        String searchName = "Candy";
        if (containsStudent(studentList, searchName)) {
            System.out.println(searchName + " 學生存在於列表中。");
        } else {
            System.out.println(searchName + " 學生不存在於列表中。");
        }

        // 修改學生資訊
        String targetName = "Ben";
        int newScore = 90;
        updateStudentScore(studentList, targetName, newScore);

        // 輸出更新後的學生資訊
        System.out.println("\n更新後的學生列表：");
        printStudentList(studentList);

        // 刪除學生資訊
        String removeName = "Candy";
        removeStudent(studentList, removeName);
```

```java
            // 輸出刪除後的學生資訊
            System.out.println("\n刪除後的學生列表：");
            printStudentList(studentList);
        }

        // 印出學生列表的方法
        private static void printStudentList(ArrayList<Student> students) {
            for (Student student : students) {
                System.out.println("姓名：" + student.getName() + "，分
數：" + student.getScore());
            }
        }

        // 查詢特定學生是否存在的方法
        private static boolean containsStudent(ArrayList<Student> students,
String name) {
            for (Student student : students) {
                if (student.getName().equals(name)) {
                    return true;
                }
            }
            return false;
        }

        // 修改學生分數的方法
        private static void updateStudentScore(ArrayList<Student> students,
String name, int newScore) {
            for (Student student : students) {
                if (student.getName().equals(name)) {
                    student.setScore(newScore);
                    System.out.println(name + " 學生的分數已更新為 " +
newScore + "。");
                    return;
                }
            }
            System.out.println(name + " 學生不存在於列表中，無法更新分數。");
        }

        // 刪除學生資訊的方法
        private static void removeStudent(ArrayList<Student> students, String
```

```java
name) {
            for (int i = 0; i < students.size(); i++) {
                if (students.get(i).getName().equals(name)) {
                    students.remove(i);
                    System.out.println(name + " 學生已從列表中刪除。");
                    return;
                }
            }
            System.out.println(name + " 學生不存在於列表中，無法刪除。");
        }

    }

    // 定義學生類別
    class Student {
        private String name;
        private int score;

        // 學生類別的建構子，用於初始化學生物件
        public Student(String name, int score) {
            this.name = name;
            this.score = score;
        }

        // 取得學生姓名的方法
        public String getName() {
            return name;
        }

        // 取得學生分數的方法
        public int getScore() {
            return score;
        }

        // 設定學生分數的方法
        public void setScore(int score) {
            this.score = score;
        }
    }
```

## 執行結果

學生列表：

姓名：Andy，分數：85

姓名：Ben，分數：92

姓名：Candy，分數：88

姓名：David，分數：78

Candy 學生存在於列表中。

Ben 學生的分數已更新為 90。

更新後的學生列表：

姓名：Andy，分數：85

姓名：Ben，分數：90

姓名：Candy，分數：88

姓名：David，分數：78

Candy 學生已從列表中刪除。

刪除後的學生列表：

姓名：Andy，分數：85

姓名：Ben，分數：90

姓名：David，分數：78

上述這個程式示範了如何使用 ArrayList 動態的存儲和操作學生資訊，包括新增、查詢、修改和刪除操作。首先，創建一個 ArrayList 物件，其中每個元素都是 Student 類型的物件。

```
ArrayList<Student> studentList = new ArrayList<>();
```

在來加入學生資訊，使用 add 方法將 Student 物件添加到 studentList 中，每個 Student 物件代表一位學生，包含姓名和分數。

```
studentList.add(new Student("Andy", 85));
studentList.add(new Student("Ben", 92));
studentList.add(new Student("Candy", 88));
studentList.add(new Student("David", 78));
```

隨即輸出學生資訊，呼叫 printStudentList 方法，印出學生列表的姓名和分數。

```
printStudentList(studentList);
```

再來查詢特定學生是否存在，使用 containsStudent 方法查詢是否存在特定姓名的學生。

```
String searchName = "Candy";
if (containsStudent(studentList, searchName)) {
    System.out.println(searchName + " 學生存在於列表中。");
} else {
    System.out.println(searchName + " 學生不存在於列表中。");
}
```

然後，修改學生資訊，使用 updateStudentScore 方法修改指定學生的分數。輸出更新後的學生資訊，再次印出刪除後的學生列表。

```
String targetName = "Ben";
int newScore = 90;
updateStudentScore(studentList, targetName, newScore);
printStudentList(studentList);
```

另外，必須定義 Student 類別，包含建構子和取得／設定學生姓名及分數的方法。

```
class Student {
    // 學生類別的建構子，用於初始化學生物件
    public Student(String name, int score) {
```

```
            // ...
        }

        // 取得學生姓名的方法
        public String getName() {
            // ...
        }

        // 取得學生分數的方法
        public int getScore() {
            // ...
        }

        // 設定學生分數的方法
        public void setScore(int score) {
            // ...
        }
    }
```

　　我們接著採用以下範例程式介紹 LinkedList 運作原理，首先以 "LinkedList<String> linkedList = new LinkedList<>();"建立一個泛型為字串的 LinkedList 物件。進一步使用"linkedList.add("Element");"將元素添加到 LinkedList 的末尾。在這個範例中，我們添加了四個不同顏色的元素。然後使用 for-each 迴圈，遍歷 LinkedList 中的每個元素，並將其印出。

```
import java.util.LinkedList;

public class LinkedListExample {
    public static void main(String[] args) {
        // 建立LinkedList，用於儲存字串元素
        LinkedList<String> linkedList = new LinkedList<>();

        // 添加元素到LinkedList
        linkedList.add("Red");      // 添加紅色元素
        linkedList.add("Orange");   // 添加橙色元素
        linkedList.add("Yellow");   // 添加黃色元素
```

```
        linkedList.add("Green");     // 添加綠色元素

    // 使用for迴圈印出LinkedList中的元素
    System.out.println("LinkedList Element:");
    for (String color : linkedList) {
        System.out.println(color); // 印出LinkedList中的每個元素
    }
  }
}
```

▣ 執行結果

```
LinkedList Element:
Red
Orange
Yellow
Green
```

以下這個程式展示了如何使用 LinkedList 進行動態水果管理，包括在特定位置添加水果、將其轉換為陣列，最後輸出整體水果列表。

```
import java.util.LinkedList;
import java.util.Arrays;

public class FruitUsingToArray {
    public static void main(String[] args) {
        // 創建包含初始水果的字串陣列
        String[] fruits = {"apple", "banana", "orange"};

        // 將字串陣列轉換為 LinkedList
        LinkedList<String> links = new LinkedList<>(Arrays.asList(fruits));

        // 在 LinkedList 中添加水果
```

```
        links.addLast("strawberry"); // 加在最後面
        links.add("pineapple"); // 加在最後面
        links.add(3, "grape"); // 加在第三個位置
        links.addFirst("kiwi"); // 加在最前面
        links.add(7, "apple"); // 加在第七個位置

        // 將 LinkedList 元素轉換為陣列
        fruits = links.toArray(new String[links.size()]);

        // 顯示水果
        System.out.println("fruits: ");

        // 遍歷並輸出水果陣列
        for (String fruit : fruits) {
            System.out.println(fruit);
        }
    }
}
```

**圖 執行結果**

```
fruits:
kiwi
apple
banana
orange
grape
strawberry
pineapple
apple
```

以上程式的執行原理如下：

1.  **初始化水果陣列**：程式一開始使用 String[] fruits = {"apple", "banana", "orange"}; 宣告了一個包含三種初始水果的字串陣列。

2.  **轉換為 LinkedList**：使用 LinkedList<String> links = new LinkedList<>(Arrays.asList(fruits)); 將上述的字串陣列轉換為 LinkedList。這樣可以方便後續的動態操作。

3.  **在 LinkedList 中添加水果**：需特別注意，LinkedList 的索引是從 0 開始計數的。

    (1) links.addLast("strawberry");：將草莓加在 LinkedList 最後面。

    (2) links.add("pineapple");：將鳳梨加在 LinkedList 最後面。

    (3) links.add(3, "grape");：在 LinkedList 的第三個位置插入葡萄。

    (4) links.addFirst("kiwi");：將奇異果加在 LinkedList 最前面。

    (5) links.add(7, "apple");：在 LinkedList 的第七個位置插入蘋果。

4.  **轉換回陣列**：使用 fruits = links.toArray(new String[links.size()]); 將 LinkedList 中的元素轉換回字串陣列。這麼做的原因是在 LinkedList 中的操作完成後，需要將最終的結果以陣列的形式呈現或進行其他處理。

5.  **輸出水果**：最後使用迴圈 for (String fruit:fruits) 遍歷並輸出水果陣列。這段程式碼會將水果一一列印出來，顯示最終的水果列表。

　　再來，我們用以下範例程式介紹 Vector 運作原理，首先以 "Vector<Integer> vector = new Vector<>();"建立一個泛型為整數的 Vector 物件。進一步使用「vector.add(數字);」將整數元素添加到 Vector 的末尾。在這個範例中，我們添加了四個整數。然後，透過 for-each 迴圈，我們遍歷 Vector 中的每個整數元素，並將其印出。

```
import java.util.Vector;

public class VectorExample {
    public static void main(String[] args) {
        // 建立Vector，用於儲存整數元素
        Vector<Integer> vector = new Vector<>();

        // 添加元素到Vector
        vector.add(1);    // 添加第一個元素
        vector.add(2);    // 添加第二個元素
        vector.add(3);    // 添加第三個元素
        vector.add(4);    // 添加第四個元素

        // 使用for迴圈印出Vector中的元素
        System.out.println("Vector Element:");
        for (int num : vector) {
            System.out.println(num); // 印出Vector中的每個元素
        }
    }
}
```

### ⧖ 執行結果

```
Vector Element:

1

2

3

4
```

## 隨|堂|練|習

請設計一個 Java 程式 FruitCollectionTest.java，實現以下功能：

1. 創建一個 ArrayList 用於儲存水果名稱。

2. 從字串陣列中初始化 ArrayList，字串陣列內容包括至少五個不同的水果名稱。例如：String[] fruits = {"蘋果", "香蕉", "橘子", "葡萄", "芒果", "百香果"};

3. 創建另一個 ArrayList 用於儲存要從第一個 ArrayList 中刪除的水果名稱。例如：String[] removeFruits = {"橘子", "芒果"};

4. 從字串陣列中初始化第二個 ArrayList，字串陣列內容包括至少兩個在第一個 ArrayList 中已存在的水果名稱。

5. 使用迭代器遍歷第一個 ArrayList，並使用條件判斷移除在第二個 ArrayList 中存在的水果名稱。

輸出執行移除後的第一個 ArrayList 的內容。

程式 class FruitCollectionTest 基於上述程式功能之執行結果，顯示如下：

```
水果列表:
蘋果 香蕉 橘子 葡萄 芒果 百香果

移除指定水果後的水果列表:
蘋果 香蕉 葡萄 百香果
```

### 解答

```java
import java.util.ArrayList;
import java.util.Collection;
import java.util.Iterator;
import java.util.List;

public class FruitCollectionTest {
    public static void main(String[] args) {
        // 將水果加入到ArrayList中
        String[] fruits = {"蘋果", "香蕉", "橘子", "葡萄", "芒果", "百香果"};
```

```java
List<String> fruitList = new ArrayList<>();

// 將水果逐一加入到ArrayList的末尾
for (String fruit : fruits) {
    fruitList.add(fruit);
}

// 將要移除的水果加入到另一個ArrayList中
String[] removeFruits = {"橘子", "芒果"};
List<String> removeFruitList = new ArrayList<>();

// 將要移除的水果逐一加入到移除ArrayList的末尾
for (String fruit : removeFruits) {
    removeFruitList.add(fruit);
}

// 輸出水果ArrayList的內容
System.out.println("水果列表: ");

// 使用for迴圈輸出水果ArrayList的內容
for (int count = 0; count < fruitList.size(); count++) {
    System.out.printf("%s ", fruitList.get(count));
}

// 從水果ArrayList中移除在移除ArrayList中的水果
removeColors(fruitList, removeFruitList);

// 輸出執行移除後的水果ArrayList
System.out.printf("%n%n移除指定水果後的水果列表:%n");

// 使用for-each迴圈輸出移除後的水果ArrayList的內容
for (String fruit : fruitList) {
    System.out.printf("%s ", fruit);
}
}

// 從集合1中移除集合2指定的元素
private static void removeColors(Collection<String> collection1,
                                Collection<String> collection2) {
    // 取得迭代器
    Iterator<String> iterator = collection1.iterator();
```

```
            // 在集合還有元素的情況下進行迭代
            while (iterator.hasNext()) {
                    if (collection2.contains(iterator.next())) {
                            iterator.remove(); // 移除當前元素
                    }
            }
        }
    }
```

## 程式說明

這個程式的主要目的是使用 ArrayList 集合，將水果添加到一個 ArrayList 中，然後根據另一個 ArrayList 中的指定水果進行移除。以下是程式的詳細執行原理：

1. 創建水果 ArrayList：用 for-each 迴圈，將字串陣列 fruits 中的每個水果逐一添加到名為 fruitList 的 ArrayList 中。

2. 創建要移除的水果 ArrayList：同樣，使用 for-each 迴圈，將字串陣列 removeFruits 中的每個水果逐一添加到名為 removeFruitList 的 ArrayList 中。

3. 輸出原始水果 ArrayList 的內容：使用 for 迴圈遍歷 fruitList，並輸出每個水果的名稱。

4. 從水果 ArrayList 中移除指定水果：這個方法接受兩個 Collection 物件作為參數，使用 Iterator 迭代器遍歷 collection1（即 fruitList），並檢查每一個元素是否存在於 collection2（即 removeFruitList）中，如果存在，則使用迭代器的 remove 方法將該元素從 collection1 中移除。

5. 輸出執行移除後的水果 ArrayList 的內容：使用 for-each 迴圈再次遍歷更新後的 fruitList，並輸出每個水果的名稱。此時，已經移除了 removeFruitList 中指定的水果。

🗂️ 隨|堂|練|習

　　請設計一個 Java 程式 FruitListTest.java，使用 LinkedList 實現以下功能：

1. 創建一個包含不同水果的陣列，例如蘋果、香蕉、橙子等。

　　即：String[] fruits = {"Apple", "Banana", "Orange", "Grape", "Mango", "Passion-Fruit"};

2. 創建一個 LinkedList 物件，將 fruits 陣列中的水果逐一加入 LinkedList 中。

3. 創建另一個包含更多水果的陣列，例如橘子、草莓、蓮霧等。

　　即：String[] moreFruits = {"Orange", "Strawberry", "Lychee", "Guava", "Watermelon"};

4. 創建第二個 LinkedList 物件，將 moreFruits 陣列中的水果逐一加入第二個 LinkedList 中。

5. 將第二個 LinkedList 的元素加入到第一個 LinkedList 中，實現串聯功能。

6. 釋放第二個 LinkedList 的資源。

7. 輸出串聯後的 LinkedList 中的所有水果。

8. 將 LinkedList 中的水果轉換為大寫字串。

9. 輸出更新後的 LinkedList 中的所有水果。

10. 刪除 LinkedList 中的第 4 至第 7 個元素（即第 4 至第 6 個元素被刪除）。

11. 輸出更新後的 LinkedList 中的所有水果，以相反的順序。

　　程式 class FruitListTest 基於上述程式功能之執行結果，顯示如下：

```
<List>:
Apple Banana Orange Grape Mango Passion-Fruit Orange Strawberry
Lychee Guava Watermelon

<將List元素轉換為大寫字串>
<List>:
```

APPLE BANANA ORANGE GRAPE MANGO PASSION-FRUIT ORANGE STRAWBERRY LYCHEE GUAVA WATERMELON

<刪除元素4到6...>
<List>:
APPLE BANANA ORANGE GRAPE STRAWBERRY LYCHEE GUAVA WATERMELON

<相反順序的List>:
WATERMELON GUAVA LYCHEE STRAWBERRY GRAPE ORANGE BANANA APPLE

**解答**

```java
import java.util.List;
import java.util.LinkedList;
import java.util.ListIterator;

public class FruitListTest {
    public static void main(String[] args) {
        // 將水果元素添加到List 1
        String[] fruits = {"Apple", "Banana", "Orange", "Grape", "Mango",
        "Passion-Fruit"};
        List<String> list1 = new LinkedList<>();

        for (String fruit : fruits) {
            list1.add(fruit);
        }

        // 將更多水果元素添加到List 2
        String[] moreFruits = {"Orange", "Strawberry", "Lychee", "Guava",
        "Watermelon"};
        List<String> list2 = new LinkedList<>();

        for (String fruit : moreFruits) {
            list2.add(fruit);
        }

        list1.addAll(list2); // 串聯兩個List
        list2 = null; // 釋放資源
```

```
        printList(list1); // 輸出List 1的元素

        convertToUppercaseStrings(list1); // 將List元素轉換為大寫字串
        System.out.printf("%n<將List元素轉換為大寫字串>");
        printList(list1); // 輸出List 1的元素

        System.out.printf("%n<刪除元素4到6...>");
        removeItems(list1, 4, 7); // 刪除List 中的元素4-6
        printList(list1); // 輸出更新後的List 1的元素
        printReversedList(list1); // 以相反順序輸出List
    }

    // 輸出列表的內容
    private static void printList(List<String> list) {
        System.out.printf("%n<List>:%n");

        for (String fruit : list) {
            System.out.printf("%s ", fruit);
        }

        System.out.println();
    }

    // 尋找字串物件並轉換為大寫
    private static void convertToUppercaseStrings(List<String> list) {
        ListIterator<String> iterator = list.listIterator();

        while (iterator.hasNext()) {
            String fruit = iterator.next(); // 取得項目
            iterator.set(fruit.toUpperCase()); // 轉換為大寫
        }
    }

    // 獲取子List並使用clear方法刪除子List的項目
    private static void removeItems(List<String> list, int start, int end) {
        list.subList(start, end).clear(); // 刪除項目
    }

    // 輸出相反順序的List
    private static void printReversedList(List<String> list) {
        ListIterator<String> iterator = list.listIterator(list.size());
```

```
        System.out.printf("%n<相反順序的List>:%n");

        // 以相反順序輸出列表
        while (iterator.hasPrevious()) {
            System.out.printf("%s ", iterator.previous());
        }
    }
}
```

## 程式說明

　　這個程式主要透過 LinkedList 實作一些與水果 List 操作相關的功能。以下是程式的運作原理：

1. 建立兩個水果 List（List 1 和 List 2）：

   (1) String[] fruits = {"Apple", "Banana", "Orange", "Grape", "Mango", "Passion-Fruit"}; 創建了一個包含不同水果的陣列。

   (2) List<String> list1 = new LinkedList<>(); 建立了一個 LinkedList 物件，用來存放水果。

2. 將水果加入到 List 1：使用 for 迴圈將水果陣列中的水果逐一加入 List 1。

3. 建立第二個水果列表(List 2)：

   (1) String[] moreFruits = {"Orange", "Strawberry", "Lychee", "Guava", "Watermelon"}; 創建了另一個包含更多水果的陣列。

   (1) List<String> list2 = new LinkedList<>(); 建立了第二個 LinkedList 物件。

4. 將更多水果加入到 List 2：使用 for 迴圈將更多水果陣列中的水果逐一加入 List 2。

5. 串聯兩個 List：list1.addAll(list2); 將 List 2 的元素加入到 List 1 中，實現串聯功能。

6. 釋放資源：list2 = null; 將 List 2 設置為 null，釋放相應的資源。

7. 輸出 List 1 的元素：printList(list1); 使用 printList 方法輸出 List 1 的所有元素。

8. 將 List 元素轉換為大寫字串：convertToUppercaseStrings(list1); 使用 convertToUppercaseStrings 方法將 List 1 的所有元素轉換為大寫字串。

9. 輸出更新後的 List 1 的元素：printList(list1); 再次使用 printList 方法輸出更新後的 List 1 的所有元素。

10. 刪除 List 中的元素 4-6：removeItems(list1, 4, 7); 使用 removeItems 方法刪除 List 1 中的元素 4-6。

11. 輸出相反順序的 List：printReversedList(list1); 使用 printReversedList 方法輸出 List 1 的所有元素，以相反的順序。

12. 程式中的三個方法 printList、convertToUppercaseStrings 和 printReversedList 分別用於輸出列表、將列表元素轉換為大寫字串、以及以相反順序輸出列表。

## 8-2-3　Set 介面

Set 是 java.util 之下的一個集合介面，可運用於儲存無序、不重複元素的集合，常見的實現類別包括 HashSet、LinkedHashSet 以及 TreeSet 等。Set 中的元素是無序的(Unordered)，即元素的儲存沒有固定的順序，不像 List 那樣可以按照插入順序巡訪。Set 中不允許儲存重複的元素(No Duplicates)，即同一個元素在 Set 中只能出現一次。Set 介面繼承自 Collection 介面，因此它包含了所有 Collection 介面中定義的方法，允許存入 null 元素，但不允許重複元素的資料結構，因此不會添加重複元素於容器中。

因此 Set 介面提供了以下特有的操作方法：

1. boolean add(E e)：將指定元素添加到 Set 中，如果 Set 中已包含該元素，則不進行操作並傳回 false，否則添加該元素並傳回 true。

2. boolean remove(Object o)：如果存在指定的元素，則從 Set 中刪除該指定的元素。

當使用 Set 時，我們需要注意以下幾點：

1. **Set 之效能**：Set 的查詢資料通常比 List 快，特別是確保集合中的資料元素唯一性時。但是，若需要根據索引巡訪元素，則應該使用 List。

2. **Set 之適用場景**：Set 通常用於需要保持元素唯一性的情況，例如，存儲不重複的關鍵字，或者將唯一性的識別碼儲存於集合中。

3. **Set 之無序性**：Set 中的元素是無序的，我們不能依賴其元素的順序來巡訪。如果需要一個有序的集合，應該使用 List 而不是 Set。以下程式示範了 HashSet 無序性和 ArrayList 有序性之間的差異，以及它們在處理重複元素方面的不同行為。

   (1) HashSet 部分：使用 HashSet 創建了一個 Set 集合。向 HashSet 中添加了幾個字串元素，包括 "Barbara"、"Andy"、"Black"、"Candy"、"Andy"（重複的元素，不會被加入集合）、"Zoe"，以及 "Candy"（重複的元素，不會被加入集合）。由於 HashSet 保證元素的無序性，所以輸出的元素順序是不固定的，並且不包含重複的元素。

   (2) ArrayList 部分：使用 ArrayList 創建了一個 List 集合。向 ArrayList 中添加了相同的字串元素，包括 ""Barbara"、"Andy"、"Black"、"Candy"、"Andy"（可以加入重複的元素）、"Zoe"，以及 "Candy"（可以加入重複的元素）。由於 ArrayList 保持元素的插入順序，所以輸出的元素順序和添加的順序一致，並且可以包含重複的元素。

```java
import java.util.Set;
import java.util.HashSet;
import java.util.List;
import java.util.ArrayList;

public class HashSetDemo {
    public static void main(String[] args) {
```

```
            // 使用HashSet，這是一個Set的實現，保證元素無序性
            Set<String> set = new HashSet<>();
            // 向集合中添加元素
            set.add("Barbara");
            set.add("Andy");
            set.add("Black");
            set.add("Candy");
            set.add("Andy"); // 重複的元素，不會被加入集合
            set.add("Zoe");
            set.add("Candy"); // 重複的元素，不會被加入集合

            // 使用ArrayList，這是一個List的實現，保證元素有序性
            List<String> list = new ArrayList<>();
            list.add("Barbara");
            list.add("Andy");
            list.add("Black");
            list.add("Candy");
            list.add("Andy"); // 可以加入重複的元素
            list.add("Zoe");
            list.add("Candy"); // 可以加入重複的元素

            // 輸出Set中的元素，觀察元素的無序性
            System.out.println("Set中的元素（無序性）: " + set);

            // 輸出List中的元素，觀察元素的有序性
            System.out.println("List中的元素（有序性）: " + list);
        }
    }
```

🔲 執行結果

Set 中的元素（無序性）: [Zoe, Barbara, Candy, Black, Andy]

List 中的元素（有序性）: [Barbara, Andy, Black, Candy, Andy, Zoe, Candy]

4. **Set 實現類別之選擇**：根據需求選擇 HashSet、LinkedHashSet 以及 TreeSet。如果需要快速的搜尋，並確保元素的唯一性，應使用 HashSet。如果需要保持元素的插入順序，同時也具有 Set 的特性，可以使用 LinkedHashSet。如果需要元素按照自然順序（或者自定義的排序方式）排列，可以使用 TreeSet。以下程式示範了使用 HashSet、LinkedHashSet 和 TreeSet 的差異，包括無序性、保持插入順序、按照自然順序排列等特性。

(1) HashSet 部分：使用 HashSet 創建了一個集合，並加入數字元素 5、2、8、1、9、3。在 HashSet 中，重複的元素會被自動去除，確保元素的唯一性。由於 HashSet 保證元素的無序性和唯一性，輸出的元素順序可能不同，並且重複的元素只出現一次。

(2) LinkedHashSet 部分：使用 LinkedHashSet 創建了一個集合，並加入數字元素。LinkedHashSet 保持元素的插入順序，同時具有 Set 的特性，即保證元素的唯一性。由於 LinkedHashSet 保持插入順序，輸出的元素順序與添加的順序一致，並且重複的元素只出現一次。

(3) TreeSet 部分：使用 TreeSet 創建了一個集合，並加入數字元素。TreeSet 會按照元素的自然順序（數字的大小順序）排列元素，同時確保元素的唯一性。由於 TreeSet 按照自然順序排列元素，輸出的元素會按照數字的大小順序排列，並且重複的元素只出現一次。

```java
import java.util.HashSet;
import java.util.LinkedHashSet;
import java.util.TreeSet;
import java.util.Set;

public class SetComparisonExample {
    public static void main(String[] args) {
        // 使用HashSet，保證快速搜尋和元素的唯一性
```

```
        Set<Integer> hashSet = new HashSet<>();
        hashSet.add(5);
        hashSet.add(2);
        hashSet.add(2);
        hashSet.add(8);
        hashSet.add(1);
        hashSet.add(1);
        hashSet.add(9);
        hashSet.add(3);

        // 使用LinkedHashSet，保持元素的插入順序，同時具有Set的特性
        Set<Integer> linkedHashSet = new LinkedHashSet<>();
        linkedHashSet.add(5);
        linkedHashSet.add(2);
        linkedHashSet.add(2);
        linkedHashSet.add(8);
        linkedHashSet.add(1);
        linkedHashSet.add(1);
        linkedHashSet.add(9);
        linkedHashSet.add(3);

        // 使用TreeSet，按照元素的自然順序（數字的大小順序）排列元素
        Set<Integer> treeSet = new TreeSet<>();
        treeSet.add(5);
        treeSet.add(2);
        treeSet.add(2);
        treeSet.add(8);
        treeSet.add(1);
        treeSet.add(1);
        treeSet.add(9);
        treeSet.add(3);

        // 輸出各集合的元素，觀察它們之間的差異
        System.out.println("HashSet的元素: " + hashSet);
        System.out.println("LinkedHashSet的元素: " + linkedHashSet);
        System.out.println("TreeSet的元素: " + treeSet);
    }
}
```

**執行結果**

HashSet 的元素: [1, 2, 3, 5, 8, 9]

LinkedHashSet 的元素: [5, 2, 8, 1, 9, 3]

TreeSet 的元素: [1, 2, 3, 5, 8, 9]

5. **SortedSet 元素自動排序且不重複**：SortedSet 是 Set 介面的一個子介面，其保證集合中的元素是唯一的，並且按照元素的自然順序(Natural Order)或者根據應用程序提供的 Comparator 來進行排序。例如，以下程式使用 TreeSet 來實現 SortedSet 介面，確保集合中的元素是唯一的並且按照字母順序排序。程式開始時，創建了一個 TreeSet 的實例，這是 SortedSet 介面的一個具體實現類別。TreeSet 是基於紅黑樹(Red-Black Tree)實現的，它可以確保集合中的元素是唯一的並且按照自然順序（字母順序）進行排序。接著，程式向 sortedSet 集合中添加了幾個字串元素，包括"Barbara"、"Andy"、"Black"、"Candy"、"Andy"（重複的元素，不會被加入集合）、"Zoe"，以及"Candy"（重複的元素，不會被加入集合）。在這裡，TreeSet 會確保集合中的元素是唯一的，因此重複的元素只會出現一次。

```java
import java.util.SortedSet;
import java.util.TreeSet;

public class SortedSetDemo {
    public static void main(String[] args) {
        // 創建一個TreeSet，這個集合會按照元素的自然順序（字母順序）進行排序
        SortedSet<String> sortedSet = new TreeSet<>();

        // 向集合中添加元素
        sortedSet.add("Barbara");
        sortedSet.add("Andy");
```

```
            sortedSet.add("Black");
            sortedSet.add("Candy");
            sortedSet.add("Andy"); // 重複的元素，不會被加入集合
            sortedSet.add("Zoe");
            sortedSet.add("Candy"); // 重複的元素，不會被加入集合

            // 輸出排序後的集合
            System.out.println("Sorted Set的元素（按照字母順序排序）: " + sortedSet);
        }
    }
```

**執行結果**

Sorted Set 的元素（按照字母順序排序）: [Andy, Barbara, Black, Candy, Zoe]

## 8-2-4　Queue 介面

Queue（佇列）是一種常見的資料結構，它遵循先進先出(First In First Out; FIFO)的原則，就像在高鐵站售票櫃台排隊買票一樣。在 Java 中，Queue 介面定義了佇列的行為，並提供了將元素加入佇列、取出佇列元素等操作方法。

Queue 的特性如下：

1. **FIFO 原則**：Queue 中的元素按照加入的順序排列，最早加入的元素會最早被取出。

2. **實作類別**：Java 提供了多個實作 Queue 介面的類別，其中包括 LinkedList。LinkedList 既實作了 List 介面，也實作了 Queue 的行為，因此可以將 LinkedList 當作佇列來使用。

3. **方法**：Queue 繼承自 Collection 介面，因此具有 Collection 的基本方

法，如 add()、remove()、isEmpty()等。此外，Queue 還定義了自己的方法，如 offer()、poll()、peek()等。

(1) offer(E e)：將指定元素加入佇列的尾部。如果佇列已滿，則回傳 false，否則回傳 true。

(2) poll()：取出並刪除佇列的頭部元素。如果佇列為空，則回傳 null。

(3) peek()：取得佇列的頭部元素，但不刪除它。如果佇列為空，則回傳 null。

4. **例外處理**：Queue 的方法在操作失敗時會採取不同的處理方式。例如，add()、remove()、element()等方法在操作失敗時會拋出例外，而 offer()方法在佇列已滿時會回傳 false，poll()方法在佇列為空時回傳 null。

Queue 的適用場景包括許多需要按照特定順序處理元素的應用，例如排程系統、資源管理等。當需要使用佇列的時候，可以根據具體的需求選擇適合的 Queue 實作類別。在 Java 中，具有許多常見的 Queue 實作類別，適用於不同的使用場景，以下列舉一些常見的 Queue 實作類別並說明其特性：

1. **LinkedList**：LinkedList 同時實現了 List 和 Queue 介面。可以當作普通的 List 使用，也可以當作佇列使用，支援 FIFO 操作。其優點是插入和刪除的操作效率較高，適用於需要頻繁插入和刪除元素的場景。例如以下程式之執行原理，首先我們創建了一個 LinkedList 的實例，並將其當作佇列(Queue)使用。藉由使用 offer()方法將四個元素依次加入佇列的尾部。佇列中的順序是："元素 1" -> "元素 2" -> "元素 3" -> "元素 4"。使用 poll()方法實現 FIFO（先進先出）操作。當我們呼叫 poll()方法時，它會回傳佇列的頭部元素（最早加入的元素），同時將該元素從佇列中刪除。這樣就保證了元素的處理順序是按照加入佇列的順序，即"元素 1" -> "元素 2" -> "元素 3" -> "元素 4"。在程式執行過程中，我們使用迴圈不斷呼叫 poll()方法，直到佇列為空，印出取出的元素。

```java
import java.util.LinkedList;
import java.util.Queue;

public class LinkedListQueueExample {

    public static void main(String[] args) {
        // 創建一個LinkedList作為佇列
        Queue<String> queue = new LinkedList<>(); // 建 立 一 個
LinkedList實例，同時它實現了Queue介面，用來當作佇列使用

        // 將元素加入佇列
        queue.offer("元素1"); // 使用offer()方法將元素1加入佇列的尾部
        queue.offer("元素2"); // 使用offer()方法將元素2加入佇列的尾部
        queue.offer("元素3"); // 使用offer()方法將元素3加入佇列的尾部
        queue.offer("元素4"); // 使用offer()方法將元素4加入佇列的尾部

        // 使用FIFO操作，將元素從佇列中取出並印出
        System.out.println("從佇列中取出的元素：");
        while (!queue.isEmpty()) {// 當佇列不為空時，持續執行以下操作
            System.out.println(queue.poll()); // 使用poll()方法從佇列的
頭部取出元素並印出，同時刪除取出的元素
        }
    }
}
```

```
從佇列中取出的元素：
元素 1
元素 2
元素 3
元素 4
```

2. ArrayDeque：ArrayDeque 是一個雙端（雙向）佇列實作類別，支援在佇列的頭部和尾部進行插入和刪除操作，因此既可以當作 Queue 使用，也可以當作堆疊(Stack)使用。例如以下程式之執行原理，我們分別創建 ArrayDeque 物件，分別實現了 Queue 介面和 Deque 介面，用來當作佇列和堆疊使用。作為 Queue，我們使用 offer()方法將元素加入佇列的尾部，然後使用 poll()方法實現 FIFO 操作，即從佇列的頭部取出元素。作為堆疊，我們使用 push()方法將元素壓入堆疊的頂部，然後使用 pop()方法實現 LIFO 操作，即從堆疊的頂部取出元素。這樣就實現了堆疊的後進先出(Last-In-First-Out)特性。

```java
import java.util.ArrayDeque;
import java.util.Queue;
import java.util.Deque;

public class ArrayDequeExample {

    public static void main(String[] args) {
        // 創建一個ArrayDeque作為Queue使用
        Queue<String> queue = new ArrayDeque<>(); // 創建一個
ArrayDeque物件，同時實現了Queue介面，用來當作佇列使用

        // 將元素加入佇列
        queue.offer("元素1"); // 使用offer()方法將元素1加入佇列的尾部
        queue.offer("元素2"); // 使用offer()方法將元素2加入佇列的尾部
        queue.offer("元素3"); // 使用offer()方法將元素3加入佇列的尾部
```

```
            queue.offer("元素4"); // 使用offer()方法將元素4加入佇列的尾部

            // 使用FIFO操作，將元素從佇列中取出並印出
            System.out.println("作為Queue使用：");
            while (!queue.isEmpty()) { // 當佇列不為空時，持續執行以下操作
                System.out.println(queue.poll()); // 使用poll()方法從佇列的
頭部取出元素並印出，同時刪除取出的元素
            }

            // 創建一個ArrayDeque作為堆疊使用
            Deque<String>  stack  =  new  ArrayDeque<>();  // 創 建 一 個
ArrayDeque物件，同時實現了Deque介面，用來當作堆疊使用

            // 將元素壓入堆疊
            stack.push("元素1"); // 使用push()方法將元素1壓入堆疊的頂部
            stack.push("元素2"); // 使用push()方法將元素2壓入堆疊的頂部
            stack.push("元素3"); // 使用push()方法將元素3壓入堆疊的頂部
            stack.push("元素4"); // 使用push()方法將元素4壓入堆疊的頂部

            // 使用LIFO操作，將元素從堆疊中取出並印出
            System.out.println("作為Stack使用：");
            while (!stack.isEmpty()) { // 當堆疊不為空時，持續執行以下操作
                System.out.println(stack.pop()); // 使用pop()方法從堆疊的
頂部取出元素並印出，同時刪除取出的元素
            }
        }
    }
```

### 執行結果

```
作為 Queue 使用：
元素 1
元素 2
元素 3
元素 4
```

作為 Stack 使用：
元素 4
元素 3
元素 2
元素 1

3. PriorityQueue：PriorityQueue 實現了一個最小堆積(Min Heap)的佇
列，元素按照自然順序或者指定的 Comparator 進行排序。在
PriorityQueue 中，元素被取出的順序是基於其優先級，具有最小優先
級的元素會被最先取出。例如以下程式之執行原理，我們創建了
Integer 型別的 PriorityQueue 的實例。因為 Integer 類型實現了
Comparable 介面，這個 PriorityQueue 會按照自然順序（數字的大小）
來排序元素。所以，使用 offer()方法將五個數字(3, 1, 4, 2, 5)加入
PriorityQueue，PriorityQueue 會按照最小優先級（自然順序，最小的
元素優先）來排列這些數字。再來，使用 poll()方法，我們從
PriorityQueue 的頭部取出元素。在這個範例中，取出的順序是 1, 2, 3,
4, 5，當 PriorityQueue 不再包含元素時則迴圈結束。

```java
import java.util.PriorityQueue;

public class PriorityQueueExample {

    public static void main(String[] args) {
        // 創建一個PriorityQueue實例，這裡的元素會按照自然順序進
行排序（假設元素類型實現了Comparable介面）
        PriorityQueue<Integer> priorityQueue = new PriorityQueue<>();

        // 加入元素到PriorityQueue
        priorityQueue.offer(3); // 將數字3加入PriorityQueue
        priorityQueue.offer(1); // 將數字1加入PriorityQueue
        priorityQueue.offer(4); // 將數字4加入PriorityQueue
        priorityQueue.offer(2); // 將數字2加入PriorityQueue
```

```
                priorityQueue.offer(5); // 將數字5加入PriorityQueue

                // 使用PriorityQueue的特性，按照最小優先級取出元素
                System.out.println("使用PriorityQueue取出的元素：");
                while (!priorityQueue.isEmpty()) { // 當 PriorityQueue 不為空
        時，持續執行以下操作
                        System.out.println(priorityQueue.poll()); // 使用poll()方法
        從PriorityQueue的頭部取出元素並印出，同時刪除取出的元素
                }
            }
        }
```

---

### ▣ 執行結果

使用 PriorityQueue 取出的元素：

1

2

3

4

5

---

## 8-3 · 應用範例 🔍

### 📖8-3-1　品牌排名管理

　　假設我們需要建立一個品牌排名管理系統，必須運用下列 Collections 機制完成任務：

```
import java.util.ArrayList;
import java.util.Arrays;
import java.util.Collections;
import java.util.List;
```

1. 建立一個 Java 類別 BrandRanking，該類別應包含以下屬性：

   (1) name：品牌名稱（字串）

   (2) rank：品牌排名（整數）

2. 在 BrandRanking 類別中實現一個建構子，用於初始化品牌名稱和排名。

3. 覆寫 toString 方法，以自訂格式回傳品牌名稱和排名的字串表示。

4. 創建一個 Java 類別 CollectionAddall，用於執行品牌排名管理的主要程式。該類別應該包含一個 main 方法。

5. 在 main 方法中完成以下任務：

   (1) 建立一個 List 型別的物件 oldBrandRankList，用於存儲舊的品牌排名。

   (2) 將幾個品牌的排名資訊加入 oldBrandRankList。

   (3) 印出當前品牌排名清單。

   (4) 建立一個包含新品牌排名的陣列 newBrandRank。

   (5) 將新品牌排名陣列轉換為 List 型別的物件 newBrandRankList。

   (6) 印出額外的品牌排名清單。

   (7) 使用 Collections.addAll 將新品牌排名加入到舊品牌排名清單中。

   (8) 印出更新後的品牌排名清單。

   (9) 使用 Collections.copy 將新品牌排名複製到舊品牌排名清單中。

   (10) 印出最終的品牌排名清單。

   (11) 使用 Collections.frequency 方法獲取 "Happy-Mart" 在舊品牌排名序列中的頻率，並輸出結果。

為了完成以上任務，確保程式能順利執行，我們將程式撰寫如下：

```java
import java.util.ArrayList;
import java.util.Arrays;
import java.util.Collections;
import java.util.List;

// 表示品牌排名的類別
class BrandRanking {
    private String name;    // 品牌名稱
    private int rank;       // 排名

    // 建構子
    public BrandRanking(String name, int rank) {
        this.name = name;
        this.rank = rank;
    }

    // 覆寫toString方法，以便在輸出時使用自訂格式
    @Override
    public String toString() {
        return name + "(" + rank + ")";
    }
}

// 主要類別
public class CollectionAddall {
    public static void main(String[] args) {
        // 建立一個包含舊品牌排名的序列
        List<BrandRanking> oldBrandRankList = new ArrayList<>();
        oldBrandRankList.add(new BrandRanking("SuperMart", 1));
        oldBrandRankList.add(new BrandRanking("F-Mart", 2));
        oldBrandRankList.add(new BrandRanking("PT-Mart", 3));
        oldBrandRankList.add(new BrandRanking("711-Mart", 4));
        oldBrandRankList.add(new BrandRanking("ABC-Mart", 5));

        // 印出當前品牌排名序列
        System.out.printf("Current Brand(Rank):%n %s%n", oldBrandRankList);

        // 建立一個新品牌排名的陣列
        BrandRanking[] newBrandRank = {
```

```
                    new BrandRanking("NG-Mart", 6),
                    new BrandRanking("Happy-Mart", 7),
                    new BrandRanking("Life-Mart", 8)
            };

            // 將新品牌排名陣列轉換為序列
            List<BrandRanking> newBrandRankList = Arrays.asList(newBrandRank);

            // 印出額外的品牌排名序列
            System.out.printf("%nAdditional Brand(Rank):%n %s%n",
            newBrandRankList);

            // 將新品牌排名加入到舊品牌排名序列中
            Collections.addAll(oldBrandRankList, newBrandRank);
            System.out.printf("%nAdd additional Brand(Rank) to Current
Brand(Rank):%n %s%n", oldBrandRankList);

            // 將新品牌排名複製到舊品牌排名序列中
            Collections.copy(oldBrandRankList, newBrandRankList);
            System.out.printf("%ncopy additional Brand(Rank) to Current
Brand(Rank):%n %s%n%n", oldBrandRankList);

            // 取得 "Happy-Mart" 之出現頻率
            int frequency = Collections.frequency(oldBrandRankList, newBrandRank[1]);
            System.out.println("Frequency of " + newBrandRank[1] + " in
            oldBrandRankList: " + frequency);
        }
    }
```

**▨ 執行結果**

Current Brand(Rank):

[SuperMart(1), F-Mart(2), PT-Mart(3), 711-Mart(4), ABC-Mart(5)]

Additional Brand(Rank):

[NG-Mart(6), Happy-Mart(7), Life-Mart(8)]

Add additional Brand(Rank) to Current Brand(Rank):

[SuperMart(1), F-Mart(2), PT-Mart(3), 711-Mart(4), ABC-Mart(5), NG-Mart(6), Happy-Mart(7), Life-Mart(8)]

copy additional Brand(Rank) to Current Brand(Rank):

[NG-Mart(6), Happy-Mart(7), Life-Mart(8), 711-Mart(4), ABC-Mart(5), NG-Mart(6), Happy-Mart(7), Life-Mart(8)]

Frequency of Happy-Mart(7) in oldBrandRankList: 2

這個程式的主要運作原理如下：

1. 建立舊品牌排名序列：在程式一開始，建立一個 List 型態的物件 oldBrandRankList，其中包含了一些舊品牌的排名資訊。

2. 印出當前品牌排名序列：使用 System.out.printf 印出當前品牌排名序列，顯示舊品牌排名的內容。

3. 建立新品牌排名陣列：建立一個 BrandRanking 類型的陣列 newBrandRank，其中包含了一些新品牌的排名資訊。

4. 轉換為新品牌排名序列：使用 Arrays.asList 將新品牌排名陣列轉換為 List 型態的物件 newBrandRankList。

5. 印出額外的品牌排名序列：使用 System.out.printf 印出額外的品牌排名序列，顯示新品牌排名的內容。

6. 加入新品牌排名到舊品牌排名序列：使用 Collections.addAll 將新品牌排名加入到舊品牌排名清單中。"Collections.addAll(oldBrandRankList, newBrandRank);"會將 newBrandRank 的元素增加在 oldBrandRankList 的前方。

7. 印出更新後的品牌排名序列：使用 System.out.printf 印出更新後的品牌排名序列，顯示包含舊品牌和新品牌排名的內容。

8. 複製新品牌排名到舊品牌排名序列：使用 Collections.copy 將新品牌排名複製到舊品牌排名序列中，確保兩者具有相同的內容。"Collections.copy(oldBrandRankList, newBrandRankList);" 會 將 newBrandRank 的元素，依序複製並覆蓋 oldBrandRankList 的前方元素。

9. 印出最終的品牌排名序列：使用 System.out.printf 印出最終的品牌排名序列，顯示包含複製後的新品牌排名的內容。

10. 運用"Collections.frequency(oldBrandRankList, newBrandRank[1]);"取得並印出"Happy-Mart"之出現頻率。

這個程式主要是操作品牌排名的資料結構，並透過 Collections.addAll 和 Collections.copy 方法進行序列的修改和複製。

### 8-3-2 堆疊資料結構

若已知堆疊(Stack)資料結構為 FILO，試設計一 class Stack 包含有：push()、pop()以及 sizeStack()等方法，使其得以配合下述 class StackDemo 運作堆疊(stack)的資料結構。

```java
import java.util.LinkedList;

public class StackDemo {
    public static void main(String[] args) {
        Stack stack = new Stack();
        stack.sizeStack();
        stack.push("Benz");
        stack.push("BMW");
        stack.sizeStack();
        stack.push("Ford");
```

```
        stack.pop();
        stack.push("Honda");
        stack.push("Jaguar");
        stack.sizeStack();
        stack.pop();
        stack.pop();
        stack.pop();
        stack.pop();
        stack.pop();
    }
}
```

執行結果與互動過程之顯示訊息列舉如下：

```
The stack size: 0
Push: Benz
Push: BMW
The stack size: 2
Push: Ford
Pop: Ford
Push: Honda
Push: Jaguar
The stack size: 4
Pop: Jaguar
Pop: Honda
Pop: BMW
Pop: Benz
The stack is Empty!!
```

為了完成以上任務，我們將完整程式撰寫如下：

```java
import java.util.LinkedList;

//主程式類別
public class StackDemo {
    public static void main(String[] args) {
        // 建立堆疊物件
```

```java
        Stack stack = new Stack();

        // 顯示初始堆疊大小
        stack.sizeStack();

        // 推入元素到堆疊
        stack.push("Benz");
        stack.push("BMW");

        // 顯示目前堆疊大小
        stack.sizeStack();

        // 推入更多元素，並彈出元素
        stack.push("Ford");
        stack.pop();

        // 推入更多元素到堆疊
        stack.push("Honda");
        stack.push("Jaguar");

        // 顯示目前堆疊大小
        stack.sizeStack();

        // 逐一彈出元素
        stack.pop();
        stack.pop();
        stack.pop();
        stack.pop();
        stack.pop();
    }
}

//堆疊類別
class Stack {
  private LinkedList<String> linkedList; // 使用LinkedList實作堆疊

  // 堆疊類別的建構子
  public Stack() {
      linkedList = new LinkedList<String>();
  }
```

```java
// 推入元素到堆疊
public void push(String element) {
    System.out.println(" Push: " + element);
    linkedList.addFirst(element);
}

// 彈出堆疊頂部的元素
public String pop() {
    if (!linkedList.isEmpty()) {
        String element = linkedList.removeFirst();
        System.out.println(" Pop: " + element);
        return element;
    }
    else {
        System.out.println(" The stack is Empty!!");
        return " The stack is Empty!!";
    }
}

// 顯示目前堆疊的大小
public int sizeStack() {
    System.out.println(" The stack size: " + linkedList.size());
    return linkedList.size();
}
}
```

**▣ 執行結果**

The stack size: 0

Push: Benz

Push: BMW

The stack size: 2

Push: Ford

Pop: Ford

Push: Honda

Push: Jaguar

```
The stack size: 4
Pop: Jaguar
Pop: Honda
Pop: BMW
Pop: Benz
The stack is Empty!!
```

以下是針對此程式的運作原理的說明：

1. **堆疊(Class Stack)類別**

    (1) 建立 LinkedList：在堆疊類別中，使用了 Java 的 LinkedList 來實作堆疊。在建構子中，初始化一個 LinkedList 物件，該物件用於保存堆疊中的元素。

    (2) 推入元素：push 方法用於將元素推入堆疊。這裡使用 LinkedList 的 addFirst 方法，將元素加到 LinkedList 的頭部，實現後進先出(LIFO)的堆疊結構。

    (3) 彈出元素：pop 方法用於從堆疊中彈出頂部的元素。在這裡，使用 LinkedList 的 removeFirst 方法取得頂部元素並移除，同時顯示該元素。如果堆疊為空，則顯示"The stack is Empty!!"。

    (4) 顯示堆疊大小：sizeStack 方法用於顯示目前堆疊的大小，透過 LinkedList 的 size 方法獲取元素數目。

2. **StackDemo(Class StackDemo)類別**

    (1) 建立堆疊物件：在 main 方法中建立了一個 Stack 物件，這個物件使用 LinkedList 實現，LinkedList 是 Java 集合框架中的一種雙向鏈結串列。

    (2) 初始化堆疊：使用 sizeStack 方法顯示初始堆疊大小，此時為 0。

(3) 推入元素：使用 push 方法推入"Benz"和"BMW"兩個元素到堆疊，同時使用 sizeStack 方法顯示目前堆疊的大小。

(4) 再次初始化堆疊：顯示目前堆疊大小，此時應為 2。

(5) 推入更多元素、彈出元素：推入"Ford"元素後，使用 pop 方法彈出一個元素。

(6) pop 方法會顯示彈出的元素，如果堆疊為空，則顯示"The stack is Empty!!"。

(7) 再次推入元素：推入"Honda"和"Jaguar"兩個元素到堆疊，同時使用 sizeStack 方法顯示目前堆疊的大小。

(8) 再次初始化堆疊：顯示目前堆疊大小，此時應為 4。

(9) 彈出元素：使用 pop 方法逐一彈出堆疊的元素，同時顯示被彈出的元素。最後一次 pop 應該顯示"The stack is Empty!!"，因為堆疊已經空了。

此程式碼使用 LinkedList 實作堆疊，展示了堆疊的基本操作，包括推入(Push)和彈出(Pop)元素，以及查詢堆疊大小。另外，在 pop 方法中的例外處理來判斷堆疊是否為空，處理可能發生的例外情況。

題目　象棋的發牌

設計一個 Java 程式，模擬兩位玩家進行象棋的發牌過程。象棋共有 32 枚棋子，其中 16 枚屬於紅色一方，16 枚屬於黑色一方。你需要寫一個程式（必須採用 ArrayList），完成以下任務：

1. 初始化 32 枚象棋棋子，包括一枚將／帥、2 枚士／仕、2 枚象／相、2 枚馬／傌、2 枚車／俥、2 枚砲／炮、5 枚卒／兵。

2. 將這 32 枚棋子洗牌，打亂它們的順序。

3. 發牌給兩位玩家，確保每位玩家都有 16 枚棋子。

4. 顯示玩家 1 和玩家 2 手中的棋子。

　　請按照上述要求設計程式，確保所有的棋子都能被發出，每位玩家應該獲得 8 枚紅色和 8 枚黑色的棋子。程式必須能夠正確執行洗牌和發牌過程。

---

**⧗ 執行結果**

玩家 1 手中的棋子：
紅色兵
黑色士
黑色砲
黑色馬
黑色卒
黑色卒
紅色相
紅色兵
紅色傌
紅色相
紅色炮
黑色象
紅色帥
黑色士
紅色傌
黑色將

玩家 2 手中的棋子：

黑色車

黑色車

紅色兵

紅色俥

紅色炮

紅色兵

黑色卒

黑色卒

黑色砲

黑色象

紅色仕

黑色馬

紅色仕

紅色俥

紅色兵

黑色卒

**題目** **撲克牌發牌**

　　請設計一個 Java 程式，實現撲克牌發牌的模擬。你的程式應該包含以下兩個類別：

1. Cards 類別：Cards 類別代表一張撲克牌，具有兩個屬性 face 和 suit，分別代表牌的面值和花色。此外，請實作 toString 方法，用於回傳撲克牌的描述字串，以便在輸出時顯示。

2. DeckOfCardsList 類別

    (1) DeckOfCardsList 類別用於表示一副撲克牌，包含一個 List<Cards> 來存儲所有的撲克牌。在建構子中，請利用兩個陣列 faces 和 suits 初始化整副撲克牌。使用雙重迴圈將面值和花色進行組合，創建 Cards 物件，並將其添加到 deck 中。

    (2) 實現 shuffle 方法，使用 Collections.shuffle 將牌的順序隨機打亂，模擬真實的洗牌過程。實現 dealCard 方法，用於發牌，每次呼叫時回傳 currentCard 指向的牌，同時將 currentCard 往後移動。當所有牌都發完後，再次呼叫 dealCard 將回傳 null。

3. 主程式：在主程式 class DeckOfCardsListTest 中，創建一個 DeckOfCardsList 物件，進行洗牌操作，然後模擬發牌過程，連續發出所有牌，每次發出四張牌換行顯示。

    提示：

    (1) 請使用 printf 控制輸出格式，以使輸出在控制台上整齊顯示。

    (2) 參考上述的 DeckOfCardsListTest 類別的 main 方法來實現主程式部分。

    (3) 確保程式碼能夠達到與上述程式碼相似的功能，包括洗牌、發牌和輸出撲克牌的過程。

    (4) 必須使用 Collection 元件，如 List、ArrayList 等

    上述程式架構之所有類別與方法，可藉由如下驅動類別(Driver Class) DeckOfCardsListTest 實作並執行：

```java
import java.security.SecureRandom;
import java.util.ArrayList;
import java.util.Collections;
import java.util.List;

public class DeckOfCardsListTest {
```

```
public static void main(String[] args) {
    DeckOfCardsList myDeckOfCards = new DeckOfCardsList();
    myDeckOfCards.shuffle();

    for (int i = 1; i <= 52; i++) {
        Cards dealtCard = myDeckOfCards.dealCard();
        System.out.printf("%-19s", dealtCard);

        if (i % 4 == 0) {
            System.out.println();
        }
    }
}
```

### ⧗ 執行結果

| | | | |
|---|---|---|---|
| \|9  ♥\| | \|7  ♦\| | \|Q  ♣\| | \|4  ♣\| |
| \|5  ♣\| | \|3  ♥\| | \|5  ♦\| | \|J  ♣\| |
| \|6  ♦\| | \|8  ♣\| | \|6  ♥\| | \|2  ♣\| |
| \|2  ♠\| | \|7  ♥\| | \|K  ♥\| | \|K  ♣\| |
| \|10 ♦\| | \|6  ♣\| | \|8  ♦\| | \|9  ♦\| |
| \|A  ♠\| | \|5  ♠\| | \|6  ♠\| | \|J  ♠\| |
| \|3  ♣\| | \|K  ♦\| | \|Q  ♦\| | \|2  ♥\| |
| \|Q  ♠\| | \|4  ♦\| | \|J  ♦\| | \|8  ♥\| |
| \|10 ♠\| | \|7  ♠\| | \|2  ♦\| | \|10 ♥\| |
| \|J  ♥\| | \|A  ♣\| | \|A  ♥\| | \|4  ♠\| |
| \|A  ♦\| | \|5  ♥\| | \|9  ♠\| | \|3  ♦\| |
| \|4  ♥\| | \|10 ♣\| | \|K  ♠\| | \|Q  ♥\| |
| \|3  ♠\| | \|7  ♣\| | \|8  ♠\| | \|9  ♣\| |

## 題目　水果排序與數量統計

請設計一個 Java 程式 BinarySearchDemo.java，實現以下功能：

1. 創建一個字串陣列(String[])fruits 包含多個水果名稱。如下：

   String[] fruits = {"apple", "orange", "orange", "banana", "strawberry", "grape",　"pear", "orange", "orange"};

2. 利用該字串陣列 fruits 創建一個 ArrayList<String>，命名為 list。

   (1) 以原始順序輸出 list 內容，並在螢幕上顯示「未排序的 ArrayList：」。

   (2) 使用 Collections 類別的 sort 方法對 list 進行排序。

   再次輸出 list 內容，並在螢幕上顯示「已排序的 ArrayList：」。

3. 設計一個名為 searchResults 的方法，該方法接受一個 List<String>和一個 String 參數，並執行二分搜尋，輸出搜尋結果。如下：

   private static void searchResults(List<String> list, String key)

4. 請在主程式中

   (1) 使用 earchResults 方法，分別搜尋以下水果："apple"、"banana"、"strawberry"、"tomato"、"tangerine"。

   (2) 以 Collections 類別的 frequency 方法計算並輸出 "orange" 在 list 中的出現次數。

### 🖥 執行結果

未排序的 ArrayList：[apple, orange, orange, banana, strawberry, grape, pear, orange, orange]

已排序的 ArrayList：[apple, banana, grape, orange, orange, orange, orange, pear, strawberry]

搜尋：apple

在索引 0 找到

搜尋：banana

在索引 1 找到

搜尋：strawberry

在索引 8 找到

搜尋：tomato

未找到（-10）

搜尋：tangerine

未找到（-10）

水果序列中 orange 的出現次數：4

---

**題目** 使用優先級佇列來排序水果列表

請設計一個程式 FruitPriorityQueueTest.java，使用優先級佇列 (PriorityQueue)來排序水果列表。水果的排序標準是按照水果的名稱（英文字母順序）進行升序排序，要求功能如下：

1. 創建一個優先級佇列(PriorityQueue)用於儲存水果。如下：

   PriorityQueue<String> fruitQueue = new PriorityQueue<>();

2. 將以下水果按照以下順序添加到優先級佇列 fruitQueue 中：

   (1) 加入<orange>

(2) 加入<apple>

(3) 加入<banana>

(4) 加入<strawberry>

(5) 加入<kiwi>

(6) 加入<grape>

(7) 加入<kiwi>

(8) 加入<grape>

(9) 加入<strawberry>

3.  使用優先級佇列的 poll 方法，取出並印出排序後的水果（升序排序）。

**⧗ 執行結果**

加入<orange>

加入<apple>

加入<banana>

加入<strawberry>

加入<kiwi>

加入<grape>

加入<kiwi>

加入<grape>

加入<strawberry>

取出的水果（升序排序）：

apple banana grape grape kiwi kiwi orange strawberry strawberry

題目 不重複的水果列表

請設計一個程式 ShowUniqueFruits.java，實現以下功能：

1. 創建一個字串陣列，包含多個水果名稱，其中包含重複的水果名稱。
   如下：

   > String[] fruits = {"apple", "orange", "banana", "strawberry",
   >
   > "kiwi", "grape", "kiwi", "grape", "strawberry"};

2. 將該字串陣列轉換為 List。

3. 設計並呼叫 showNonDuplicates(list)方法，用以刪除該 List 的重複項目
   （即重複之水果名稱），然後列印唯一的值。

4. 最後，請列出所有水果（不得重複列印）。

請注意，需要實現 showNonDuplicates 方法，該方法接受一個
Collection（例如 List）作為參數，並將其中的重複元素刪除後，列印出不
重複的元素。

🏺 執行結果

水果列表：[apple, orange, banana, strawberry, kiwi, grape, kiwi, grape, strawberry]

列出所有水果(不得重複列印)：orange banana apple kiwi strawberry grape

作業

1. Java 為什麼需要使用包裹類別(Wrapper Classes)？它們在程式中的實際應用是什麼？

2. 請解釋自動裝箱(Auto Boxing)和自動拆箱(Auto Unboxing)的概念，以及它們在 Java 中的作用。

3. 集合框架的層次結構中，提到了哪些介面和類別？

4. List 介面的主要特點有哪些？簡要說明 List 的有序性、允許重複元素以及可變大小的特性。

5. 請簡要比較 ArrayList、LinkedList 和 Vector 這三種 List 的實現類別，並根據不同的需求選擇適合的實現類別。

6. 請解釋 Set 介面的特性以及在 Java 中的常見實現類別，包括其適用場景和注意事項。

7. 請簡述 Queue 的特性以及在 Java 中的常見實現類別，並說明 offer、poll、peek 方法的作用。

 Java

**09**
*CHAPTER*

 泛型與集合（下）

## 9-1 映射框架介紹

映射框架(Map Framework)應用於需要映射關聯資訊的場景，其提供了一個靈活而有效的方式處理鍵-值對(Key-Value Pair)，以滿足不同應用需求。Map 根據特定的映射規則進行排序，以下說明 Map 的功能及方法：

1. **儲存 Key/Value 值**：Map 可以儲存鍵(Key)／值(Value)對(Key/Value Pairs)，即可以使用鍵來尋找相對應的值。

2. **不可出現相同 Key 值**：每一個鍵在 Map 中是唯一的，如此才可確保每一個鍵都對應唯一的值。

3. **Collection Views 方法**：Map 提供了三種不同的 collection views 方法，用於取得 Map 中的鍵、值或鍵值對的集合：
   (1) keySet()方法：傳回包含 Map 中所有鍵的 Set 集合。
   (2) values()方法：傳回包含 Map 中所有值的 Collection 集合。
   (3) entrySet()方法：傳回包含 Map 中所有鍵值對(Entry)的 Set 集合。

Map 有多種常用實作方式，常見的包括：

1. **HashMap**：使用雜湊表(Hash Table)實現，對於尋找和插入操作有較高的效率。

2. **TreeMap**：使用紅黑樹(Red–Black Tree)實現，提供有序的 Key 集合。

3. **WeakHashMap**：使用弱引用(Weak Reference)來實現對鍵的儲存，當鍵不再被引用時，將會被回收（可能在任何時刻被回收）。

4. **EnumMap**：使用 Enum 類型作為鍵的實現，提供高效的列舉類型映射。

5. LinkedHashMap：保持插入順序，同時擁有 HashMap 的元素尋找效率。

　　Map 提供有效的方式來管理和檢索具有唯一標識的值，適用於需要快速查詢、統計以及管理關聯資料的場景。以下列舉 Map 可能的應用範疇：

1. **資料搜尋**：使用 Map 可以根據鍵(Key)快速搜尋相應的值(Value)。

2. **資料統計**：可以使用 Map 來統計某些資料的出現頻率。

3. **配置管理**：常用來儲存配置資訊，以鍵值對的形式進行配置管理。

4. **資料緩衝儲存**：Map 的可用於資料緩衝儲存，提高資料的快取效率。

　　Map Framework 的核心介面是 Map，並非繼承自 Collection，而是獨立存在。Map Framework 提供了多種不同的實作類別，以滿足不同的需求。常見的實作類別包括 HashMap、TreeMap、WeakHashMap，以及 LinkedHashMap 等。以下是 Map Framework 中一些核心介面和實作類別的繼承和實作關係（僅列舉部分常用的類別）：

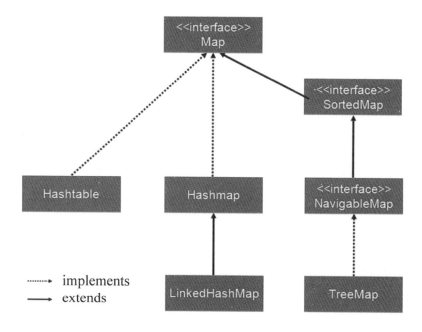

將 Map Framework 核心介面之繼承和實作關係，詳加說明：

Map 介面：為最基本的映射介面，不繼承其他介面。具體的映射實現類別都直接實現了 Map 介面，例如 HashMap、TreeMap 等。

1. SortedMap 介面：繼承自 Map 介面，擴展了對鍵的排序。具體的實現類有 TreeMap。

2. NavigableMap 介面：繼承自 SortedMap 介面，擴展了導航方法。具體的實現類有 TreeMap。

3. TreeMap 實作類別：實作了 AbstractMap（抽象類別，提供了 Map 的基本實現），以及 NavigableMap 介面。實現了 NavigableMap 介面，同時滿足了 SortedMap 介面的要求，其資料元素插入時，採用基於紅黑樹的有序映射。

4. Hashtable 實作類別：Hashtable 沒有繼承其他介面，直接實作了 Map 介面，同時是一個同步的映射實現。

5. HashMap 實現：實作了 Map 介面，是一個非同步的、使用雜湊表實現的映射。其資料元素之處理是基於雜湊的映射，不保證順序。

6. LinkedHashMap 實現：繼承自 HashMap，實現了 Map 介面，同時保持了插入順序，也就是其資料元素插入時，採具有順序的雜湊映射。

7. EnumMap 實現：不繼承其他介面，實作了 Map 介面，使用 Enum 作為鍵的特定映射實現。

## 9-2 映射框架的介面元件

映射(Map)是 Java Collections Framework 中的一種介面，它並不屬於 Collection 介面，而是定義了鍵(Key)和值(Value)之間的映射。每一個鍵都有一個相對應的值，而每一個鍵在 Map 中是唯一的。Map 不允許相同的鍵存在，但不同的鍵可以映射到相同的值。

### 9-2-1 SortedMap 與 TreeMap

SortedMap 是 Map 介面的一個子介面(Sub Interface)，它繼承了 Map 並在基本映射的基礎上引入了有序的特性。有序映射意味著其中的鍵(Key)是按照它們的自然順序或者特定的比較器順序來排序的。

SortedMap 介面的主要方法：

1. 比較器(Comparator)：Comparator<? super K> comparator()：回傳按照此映射排序鍵的比較器；如果此映射使用鍵的自然順序，則回傳 null。

2. 子映射(Submap)
   (1) SortedMap<K,V> subMap(K fromKey, K toKey)：回傳此映射的部分鍵值對的集合範圍，其鍵的範圍從 fromKey（包括）到 toKey（不包括）。
   (2) SortedMap<K,V> headMap(K toKey)：回傳此映射的部分鍵值對的集合範圍，其鍵小於 toKey。
   (3) SortedMap<K,V> tailMap(K fromKey)：回傳此映射的部分鍵值對的集合範圍，其鍵大於等於 fromKey。

3. 範圍查詢(Range Queries)
   (1) K firstKey()：回傳此映射中當前第一個（最小的）鍵。

(2) K lastKey()：回傳此映射中當前最後一個（最大的）鍵。

TreeMap 是 SortedMap 介面的主要實作類別，其基於紅黑樹資料結構，確保了鍵的有序性。讓我們來看一個 TreeMap 的實例：

```java
import java.util.*;

public class TreeMapExample {

    public static void main(String[] args) {
        // 創建一個 TreeMap 實例，使用 String 作為鍵，Integer 作為值
        SortedMap<String, Integer> treeMap = new TreeMap<>();

        // 向 TreeMap 中添加鍵值對
        treeMap.put("Andy", 38);
        treeMap.put("Candy", 15);
        treeMap.put("Bill", 38);
        treeMap.put("Peter", 53);
        treeMap.put("Mable", 50);
        treeMap.put("Ben", 22);

        // 輸出 TreeMap 的鍵值對（按鍵排序）
        System.out.println("按鍵(Key)排序的 TreeMap：");
        for (Map.Entry<String, Integer> entry : treeMap.entrySet()) {
            System.out.println(entry.getKey() + ": " + entry.getValue());
        }

        // 使用 subMap 獲取部分鍵值對的集合範圍元素，指定範圍為 "Andy"
        到 "Candy"
        SortedMap<String, Integer> subMap = treeMap.subMap("Andy", "Candy");
        System.out.println("\nSubMap（從 Andy 到 Candy）：");
        for (Map.Entry<String, Integer> entry : subMap.entrySet()) {
            System.out.println(entry.getKey() + ": " + entry.getValue());
        }
    }
}
```

┌─ ⧗ 執行結果 ─────────────────────────────────────┐

按鍵(Key)排序的 TreeMap：

Andy: 38

Ben: 22

Bill: 38

Candy: 15

Mable: 50

Peter: 53


SubMap（從 Andy 到 Candy）：

Andy: 38

Ben: 22

Bill: 38

└──────────────────────────────────────────────┘

以上這個 TreeMapExample 程式展示了如何使用 Java 中的 TreeMap 來創建有序映射，並透過 subMap 方法取得指定範圍的子映射。以下是程式的詳細解說：

1.  **TreeMap 的創建**：SortedMap<String, Integer> treeMap = new TreeMap<>();創建了一個新的 TreeMap 實例，它使用字串作為鍵，整數作為值。這個 TreeMap 會根據鍵的自然順序（字母順序）進行排序。

2.  **添加鍵值對**：使用 treeMap.put("Andy", 38); 依次向 treeMap 中添加多組鍵值對，每個人名（鍵）對應一個年齡（值）。

3.  **輸出 TreeMap 的鍵值對（按鍵排序）**：使用 for 迴圈遍歷 treeMap 的 entrySet()，這樣可以按照鍵的自然順序（字母順序）輸出鍵值對。entrySet()傳回一個包含 Map.Entry 物件的 Set，每個 Map.Entry 物件代表一個鍵值對(Key-Value Pair)。

4. **使用 subMap 獲取部分鍵值對的集合範圍元素**：指定範圍為"Andy"到"Candy"，使用 SortedMap<String, Integer> subMap = treeMap.subMap("Andy", "Candy"); 取得 treeMap 中"Andy"到"Candy"這個範圍（不包含 Candy）的子映射。需特別注意，subMap 的範圍指定必須確保 fromKey 小於等於 toKey，否則會引發 IllegalArgumentException 錯誤。

5. **輸出 SubMap 結果**：使用 for 迴圈遍歷 subMap 的 entrySet()，輸出指定範圍內的鍵值對。這裡會輸出"Andy"和"Bill"這兩個人的年齡。

以上程式演示了 TreeMap 的使用方式，以及如何使用 subMap 方法取得特定範圍的子映射。在這個範例中，我們以人名作為鍵，年齡作為值，展示了如何根據人名的字母順序排序並取得部分範圍的子映射。

### 9-2-2　HashMap

HashMap 是 Java 中 Map 介面的一個實作類別，用於儲存鍵值對。HashMap 使用一個稱為雜湊表(Hash Table)的資料結構，透過計算鍵的雜湊碼來快速查找和巡訪鍵值對。雜湊碼是由鍵的 hashCode()方法計算得到的，用來確定鍵在雜湊表中的位置。當多個鍵具有相同的雜湊碼（稱為雜湊碰撞），HashMap 使用鏈結表(Linked List)或紅黑樹(Red-Black Tree)來處理碰撞，確保高效的元素尋找。

以下是 HashMap 的主要特點：

1. 允許 null 作為鍵(Key)或值(Value)。

2. 不保證鍵值對的順序。

3. 在理想情況下，資料元素之尋找供插入和刪除鍵值對的時間複雜度為 O(1)。

以下是一個 HashMap 實作範例，展示如何創建、添加元素、尋找元素：

```java
import java.util.*;

public class HashMapExample {

    public static void main(String[] args) {
        // 創建一個 HashMap 實例，使用 String 作為鍵，Integer 作為值
        Map<String, Integer> hashMap = new HashMap<>();

        // 向 HashMap 中添加鍵值對
        hashMap.put("Andy", 38);
        hashMap.put("Candy", 15);
        hashMap.put("Bill", 38);
        hashMap.put("Peter", 53);
        hashMap.put("Mable", 50);
        hashMap.put("Ben", 22);

        // 輸出 HashMap 的鍵值對（順序可能不同）
        System.out.println("鍵(Key)順序可能不同的 HashMap：");
        for (Map.Entry<String, Integer> entry : hashMap.entrySet()) {
            System.out.println(entry.getKey() + ": " + entry.getValue());
        }

        // 使用 keySet 獲取所有鍵
        Set<String> keySet = hashMap.keySet();
        System.out.println("\nHashMap 的所有鍵：");
        for (String key : keySet) {
            System.out.println(key);
        }

        // 使用 values 獲取所有值
        Collection<Integer> values = hashMap.values();
        System.out.println("\nHashMap 的所有值：");
        for (Integer value : values) {
            System.out.println(value);
        }
    }
}
```

**▣ 執行結果**

鍵(Key)順序可能不同的 HashMap：

Candy: 15

Bill: 38

Ben: 22

Peter: 53

Andy: 38

Mable: 50

HashMap 的所有鍵：

Candy

Bill

Ben

Peter

Andy

Mable

HashMap 的所有值：

15

38

22

53

38

50

　　以上這個範例展示了如何使用 HashMap 儲存鍵值對，以及如何取得鍵和值的集合範圍以及其對應之元素。由於 HashMap 不保證順序，輸出的元素順序可能與添加元素的順序不同。程式解說如下：

1. **創建 HashMap 實例**：Map<String, Integer> hashMap = new HashMap <>(); 創建了一個新的 HashMap 實例，用於儲存人名(String)對應的年齡(Integer)。

2. **添加鍵值對到 HashMap**：使用 put 方法將人名和對應的年齡添加到 hashMap 中。

3. **輸出 HashMap 的鍵值對**：使用 for 迴圈遍歷 hashMap 的 entrySet()，輸出所有鍵值對。由於 HashMap 不保證順序，鍵值對的順序可能不同。

4. **使用 keySet 獲取所有的鍵**：使用 keySet 方法取得包含所有鍵的 Set。這樣可以遍歷所有鍵，順序可能不同於添加元素的順序。

5. **使用 values 獲取所有的值**：使用 values 方法取得包含所有值的 Collection。這樣可以遍歷所有值，順序可能不同於添加元素時的順序。

## 9-2-3 LinkedHashMap

LinkedHashMap 是一個實作了 Map 介面的類別，它繼承了 HashMap 並實現了 Map 介面。相對於一般的 HashMap，LinkedHashMap 保留了插入順序，即它按照元素插入的順序維護了鍵值對的鏈結串列。以下是 LinkedHashMap 的重要觀念：

1. **保留插入順序**：LinkedHashMap 使用雙向鏈結串列(Linked List)來維護插入順序。每個鍵值對的插入都在鏈表的末尾，這樣就能夠保留元素的插入順序。

2. **基於鏈結串列的迭代順序**：LinkedHashMap 提供兩種迭代順序：按插入順序迭代（插入順序），以及按存取順序迭代（存取順序）。可以根據需求在建立 LinkedHashMap 時選擇使用其中一種順序。

3. **內部實現**：LinkedHashMap 的內部實現基於桶(Buckets)和鏈結串列。每一個桶是一個鏈結串列的頭部，而鏈結串列則包含具有相同 hash code 的元素。這種結構允許在雜湊碰撞(Hash Collision)的情況下保持插入順序。

4. **適用場景**：LinkedHashMap 適用於需要按插入順序迭代元素的情況，例如 LRU(Least Recently Used)緩存的實現，或者在某些情況下需要有序的 Map。

5. **性能特點**：LinkedHashMap 在尋找和插入操作方面的性能與 HashMap 類似。但由於維護了鏈結串列，插入和刪除操作的性能優於 HashMap。

6. **避免死循環**：LinkedHashMap 在實作上可避免了死循環，也就是無窮迴圈(Infinite Loop)，即使在元素互相引用的情況下也不會出現無窮迴圈。

　　以下實例展示了 LinkedHashMap 保留插入順序的特性，使得迭代時能按照元素插入的順序進行。同時，也展示了如何使用 keySet 和 values 方法獲取所有鍵和所有值的集合範圍。

```java
import java.util.*;

public class LinkedHashMapExample {

    public static void main(String[] args) {
        // 創建一個 LinkedHashMap 實例，使用 String 作為鍵，Integer 作為值
        Map<String, Integer> linkedHashMap = new LinkedHashMap<>();

        // 向 LinkedHashMap 中添加鍵值對
        linkedHashMap.put("Andy", 38);
        linkedHashMap.put("Candy", 15);
        linkedHashMap.put("Bill", 38);
        linkedHashMap.put("Peter", 53);
```

```
            linkedHashMap.put("Mable", 50);
            linkedHashMap.put("Ben", 22);

            // 輸出 LinkedHashMap 的鍵值對（按插入順序）
            System.out.println("按插入順序的 LinkedHashMap：");
            for (Map.Entry<String, Integer> entry : linkedHashMap.entrySet()) {
                System.out.println(entry.getKey() + ": " + entry.getValue());
            }

            // 使用 keySet 獲取所有鍵
            Set<String> keySet = linkedHashMap.keySet();
            System.out.println("\nLinkedHashMap 的所有鍵：");
            for (String key : keySet) {
                System.out.println(key);
            }

            // 使用 values 獲取所有值
            Collection<Integer> values = linkedHashMap.values();
            System.out.println("\nLinkedHashMap 的所有值：");
            for (Integer value : values) {
                System.out.println(value);
            }
        }
    }
```

## 🔳 執行結果

按插入順序的 LinkedHashMap：

Andy: 38

Candy: 15

Bill: 38

Peter: 53

Mable: 50

Ben: 22

```
LinkedHashMap 的所有鍵：
Andy
Candy
Bill
Peter
Mable
Ben

LinkedHashMap 的所有值：
38
15
38
53
50
22
```

程式運作原理解說：

1. **LinkedHashMap 實例建立**：透過 new LinkedHashMap<>()創建了一個 LinkedHashMap 實例，用 String 作為鍵，Integer 作為值。

2. **鍵值對添加**：使用 put 方法將鍵值對加入 LinkedHashMap，六組鍵值對分別是 ("Andy", 38)、("Candy", 15)、("Bill", 38)、("Peter", 53)、("Mable", 50)、("Ben", 22)。

3. **輸出按插入順序的 LinkedHashMap**：透過迴圈遍歷 LinkedHashMap 的 entrySet()，按插入元素順序輸出每個鍵值對。

4. **輸出所有鍵**：使用 keySet()方法獲取 LinkedHashMap 的所有鍵，再透過迴圈輸出。

5. **輸出所有值**：使用 values()方法獲取 LinkedHashMap 的所有值，同樣透過迴圈輸出。

## 9-3 應用範例 🔍

### 📓9-3-1 「Java 程式設計成績」管理程式

試採用 List、Set、Queue 或 Map 等相關 Collections interfaces 搭配 array 預存資料，設計一「Java 程式設計成績紀錄」(Java Programming Score File)的管理程式 FinalEx6.java。此程式可確保沒有重複學生名單，且具有新增與刪除學生成績紀錄之功能。

程式中包含 array 用於產生預設學生名單(String[] student)與成績 (Integer[]score)。

String[] student = {"Alex","Bill","Candy","David"};

Integer[] score = {95,79,61,58};

以上表示為學生"Alex"之成績為 95，學生"David"之成績為 58，以此類推。執行結果與互動過程之顯示訊息列舉如下：

首先，程式會根據 array String[]student = {"Alex","Bill","Candy", "David"} 及 Integer[] score = {95,79,61,58}之預設值(initial values)載入 "Java Programming Score File"的預設成績紀錄。執行結果與互動過程，如下圖所示。

```
*****************************
* Java Programming Score File *
*****************************
Student              Score
---------            -----
```

```
Alex                        95
Bill                        79
Candy                       61
David                       58
*****************************
```

　　完成上述步驟後，緊接著要求加入學生名稱(Please add students' name :)，新加入之連續學生名稱皆以空格區別，並用"END"表示結束。緊接著，要求加入學生名稱所對應之 Java 成績(Please add student's Java programming score :)，個別成績皆以空格區別，並用"END"表示結束。執行結果與互動過程，如下圖所示。

```
Please add students' name :
John Candy Bill Holden END
Added student: John
Added student: Candy
Added student: Bill
Added student: Holden

Please add students' Java programming score :
100 100 99 98 END
Added score: 100
Added score: 100
Added score: 99
Added score: 98
{Alex=95, Holden=98, Bill=99, Candy=100, David=58, John=100}
```

　　完成上述步驟後，緊接著要求輸入學生名稱(Search student:)，以搜尋該學生對應之 Java 成績，並彙整成績紀錄。將完整流程之互動過程，呈現如下：

```
*****************************
* Java Programming Score File *
*****************************
Student                     Score
---------                   -----
```

```
Alex                          95
Bill                          79
Candy                         61
David                         58
******************************
Please add students' name :
John Candy Bill Holden END
Added student: John
Added student: Candy
Added student: Bill
Added student: Holden

Please add students' Java programming score :
100 100 99 98 END
Added score: 100
Added score: 100
Added score: 99
Added score: 98
{Alex=95, Holden=98, Bill=99, Candy=100, David=58, John=100}

Search student:
Holden
The student Holden exists: true
The score of Holden: 98
******************************
* Java Programming Score File *
******************************
Student                     Score
---------                   -----
Alex                          95
Holden                        98
Bill                          99
Candy                         100
David                         58
John                          100
******************************
```

為了完成以上任務，我們將完整程式撰寫如下：

```java
import java.util.Map;
import java.util.Arrays;
import java.util.HashMap;
import java.util.Iterator;
import java.util.LinkedList;
import java.util.Set;
import java.util.Scanner;

// 學生成績管理系統的主程式類別
public class JavaScoreManagement {
    public static void main(String[] args) {

        // 初始化學生姓名和分數陣列
        String[] student = {"Alex", "Bill", "Candy", "David"};
        Integer[] score = {95, 79, 61, 58};

        // 轉換為 LinkedList
        LinkedList<String> linksItem = new LinkedList<>(Arrays.asList(student));
        student = linksItem.toArray(new String[linksItem.size()]);
        LinkedList<Integer> linksScore = new LinkedList<>(Arrays.asList(score));
        score = linksScore.toArray(new Integer[linksScore.size()]);

        // 建立 HashMap 來儲存學生姓名和分數的對應關係
        Map<String, Integer> map = new HashMap<>();
        for (int i = 0; i < linksItem.size(); i++) {
            map.put(linksItem.get(i), linksScore.get(i));
        }

        // 列印初始學生成績
        checkResults(map);

        // 新增學生姓名和分數的記錄
        System.out.println("Please add students' name : ");
        Scanner itemKeyin = new Scanner(System.in);
        while (!itemKeyin.hasNext("END")) {
            String addItem = itemKeyin.next();
            linksItem.add(addItem); // 加到尾端，新增學生
            System.out.println("Added student: " + addItem);
        }
```

```java
// 新增學生 Java programming 分數
System.out.println();
System.out.println("Please add students' Java programming score :");
Scanner priceKeyin = new Scanner(System.in);
while (!priceKeyin.hasNext("END")) {
    int addPrice = priceKeyin.nextInt();
    linksScore.add(addPrice); // 加到尾端，新增分數
    System.out.println("Added score: " + addPrice);
}

// 更新 HashMap 中的資料
for (int i = 0; i < linksItem.size(); i++) {
    map.put(((LinkedList<String>) linksItem).get(i),
    ((LinkedList<Integer>) linksScore).get(i));
}

// 列印更新後的學生成績
System.out.println(map);

// 搜尋學生姓名
Scanner scanner = new Scanner(System.in);
System.out.println();
System.out.println("Search student: ");
String itemSearch = scanner.next();
System.out.println("The student " + itemSearch + " exists: " +
map.containsKey(itemSearch));
System.out.println("The score of " + itemSearch + ": " +
map.get(itemSearch));

// 列印最終學生成績
checkResults(map);
}

// 列印學生成績的輔助方法
private static void checkResults(Map<String, Integer> map) {
    // 獲取 map 集合中的所有鍵的 Set 集合, keySet()
    Set keySet = map.keySet();
    // 有了 set 集合就可以獲取迭代器
    Iterator<String> it = keySet.iterator();
    System.out.printf("****************************%n");
    System.out.printf("* Java Programming Score File *%n");
```

```
        System.out.printf("*******************************%n");
        System.out.printf("%-20s%10s%n", "Student", "Score");
        System.out.printf("%-20s%10s%n", "---------          ", "-----");

        while (it.hasNext()) {
            String key = it.next();
            // 有了 Key 就可以通過 map 集合的 get 方法獲取其對應的值
            Integer value = map.get(key);
            System.out.printf("%-20s%10s%n", key, value);
        }
        System.out.printf("*******************************%n");
    }
}
```

### 🔲 執行結果

```
*****************************
* Java Programming Score File *
*****************************
Student                  Score
---------                -----
Alex                        95
Bill                        79
Candy                       61
David                       58
*****************************
Please add students' name :
Andy Alex Frank Gray END
Added student: Andy
Added student: Alex
Added student: Frank
Added student: Gray

Please add students' Java programming score :
66 77 88 99 END
Added score: 66
Added score: 77
Added score: 88
Added score: 99
{Alex=77, Gray=99, Bill=79, Candy=61, David=58, Andy=66, Frank=88}
```

```
Search student:
Alex
The student Alex exists: true
The score of Alex: 77
*****************************
* Java Programming Score File *
*****************************
Student                Score
---------              -----
Alex                   77
Gray                   99
Bill                   79
Candy                  61
David                  58
Andy                   66
Frank                  88

*****************************
```

以下是針對此學生成績管理系統程式的運作原理說明：

1. **初始化學生姓名和分數**：程式一開始建立了兩個陣列，student 包含學生姓名，score 包含對應的分數。這些資料被轉換為 LinkedList，分別為 linksItem 和 linksScore。

2. **建立 HashMap**：接著，程式使用 HashMap 來建立一個映射，將學生姓名和分數一一對應起來。這樣的資料結構有助於以學生姓名查詢其對應的分數，其中學生姓名作為鍵(Key)，分數作為值(Value)。

3. **檢查結果**：透過 checkResults 方法用於列印目前的學生姓名和對應的分數。這一步驟旨在顯示一開始的學生成績資料。

4. **新增學生和分數**：程式透過使用者的輸入，動態地新增了新的學生姓名和對應的分數到 LinkedList 中，並且再將 LinkedList 的資料更新到 HashMap 中。

5. **搜尋學生**：使用者可以輸入欲搜尋的學生姓名，程式將透過 HashMap 檢查是否存在該學生，如果存在，則顯示該學生的分數。

6. **再次檢查結果**：最後，程式再次使用 checkResults 方法列印更新後的學生姓名和對應的分數，這一步驟確保了使用者新增學生或分數後的正確性。

這段程式碼展示了如何使用 Java 的資料結構，包括 LinkedList 和 HashMap，來有效地組織和管理學生成績資料，強調利用 HashMap 在對應關聯式資料上的實用性。

程式實作演練

題目　字頻計算

請設計一個程式 WordFrequencyCounter.java，實現以下功能：

1. 使用者輸入一段英文句子。

2. 程式統計並輸出每個單字在句子中的出現次數。

3. 輸出結果按照字母順序排列。

4. 請使用 Map(HashMap)、Set(TreeSet)等適當的資料結構來實現此功能。

程式執行後應該先提示使用者輸入句子，然後輸出每個單字的出現次數。

提示：使用 Map 和 Set 來處理文字。

## 執行結果

Please input a sentence:

This is a term frequency counter. You can use the tool to count the term frequency. To count the term frequency is cool.

The term list:

| Term | Term Frequency |
|------|----------------|
| a | 1 |
| can | 1 |
| cool. | 1 |
| count | 2 |
| counter. | 1 |
| frequency | 2 |
| frequency. | 1 |
| is | 2 |
| term | 3 |
| the | 3 |
| this | 1 |
| to | 2 |
| tool | 1 |
| use | 1 |
| you | 1 |

Size: 15

is empty: false

作業

1. 什麼是映射(Map)框架？列舉幾個 Java 中常見的 Map 實現類別，並簡述其特點。

2. 什麼是 LinkedHashSet？它與 HashSet 有何不同之處？適用於什麼樣的場景？

3. SortedMap 與 TreeMap 的關係是什麼？請列舉並簡要說明 SortedMap 的主要方法。

 Java

**10**

*CHAPTER*

 # 例外處理

## 10-1　例外處理的基本概念

Java 例外處理(Exception Handling)旨在介紹如何有效處理程式執行中可能發生的異常狀況。我們將介紹例外處理的核心概念及不同類型的例外，包括常見的例外類型、Checked 和 Unchecked 例外，以及如何自訂例外類型。

除此之外，我們將學習使用 try-catch 區塊的技巧，包括處理多個 catch 區塊和使用 finally 區塊。進一步，將深入探討例外的傳播機制，方法中的例外處理方式，以及如何處理 checked 例外。最後，我們也將學習建立自訂例外並在程式中應用。

### 10-1-1　Java 的例外處理架構

Java 例外處理(Exception Handling)用於處理程式執行過程中可能發生的異常狀況，異常在 Java 中以可拋出(Throwable)的物件形式存在，Throwable 類別是所有例外類別的根類別，因此這些物件都是 Throwable 類別或其子類別的實例。Throwable 類別提供了取得訊息和堆疊追蹤(Stack Trace) 等方法，並有兩個主要的子類別：java.lang.Error 和 java.lang.Exception。

首先，錯誤(Error)及其子類別代表嚴重的系統錯誤，例如硬體層面的錯誤、JVM 錯誤或記憶體不足等問題。雖然理論上可以使用 try-catch 來處理 Error 物件，但一般來說不建議這麼做。當發生嚴重系統錯誤時，Java 應用程式本身是無法回復的。舉例來說，如果 JVM 所需的記憶體不足，使用 try-catch 來處理並無法解決問題。因此，通常建議在發生 Error 時，讓它自行傳播至 JVM 並中斷程式，或者留下日誌訊息(Log)供開發者除錯(Debug)時參考。

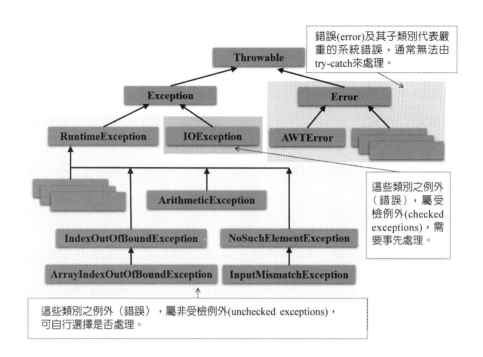

若在程式中拋出了 Throwable 物件，而沒有任何 catch 區塊捕捉到這個物件，最終這個例外會由 JVM 捕捉到。JVM 的基本處理方式是顯示錯誤物件包裹之訊息並中斷程式。我們必須強調例外處理在 Java 中的重要性，因為若不適當地處理例外，整個程式可能因為未處理的異常而終止執行。然而，對於程式開發者來說，更常見的是使用 Exception 處理程式設計本身可能發生的錯誤，也就是所謂的錯誤例外處理 (Exception Handling)。Exception 及其子類別通常表示程式邏輯錯誤或其他可預見的異常狀況。

在繼承架構中，如果某個方法宣告會拋出 Throwable 或 Exception 等，但不屬於 Error 或 java.lang.RuntimeException 或其子類別實例，就必須明確使用 try-catch 語法來進行處理，或者在方法宣告中使用 throws，否則會導致編譯失敗。

特別是，屬於執行時期例外(Runtime Exception)衍生出來的類別實例，通常代表 API(Application Programming Interface)設計者實作某方法時，特定條件下可能引發之錯誤，而且認為 API 的客戶端應該於呼叫方法之前先行進行檢查，以避免引發錯誤。這些例外通常不需要在語法上強制處理，因此被稱為非受檢例外(Unchecked Exception)。例如，在使用陣列時，若存取超出索引就會拋出 ArrayIndexOutOfBoundsException，但編譯器並不要求強制處理，因為它是一種 RuntimeException。

Java 將 RuntimeException 視為是一種程式的瑕疵或臭蟲(Bug)，認為在呼叫方法之前應該進行前置檢查，以確保引發此類例外的風險減至最低。對於這類例外，Java 認為這是設計上的選擇權，程式開發者有權利選擇是否使用 try-catch 來處理。Unchecked Exceptions 通常需要在設計和開發階段進行更嚴謹的檢查，以確保程式的穩定性，不同於 Checked Exceptions 需要在語法上明確處理。

總體而言，Java 的例外處理架構用於處理程式執行過程中可能發生的各種異常狀況。了解這個架構，以及何時適當地使用 try-catch 或 throws，是 Java 程式開發者必須具備的重要技能之一。在實際應用中，適當的例外處理能夠提升程式的可靠性、可讀性，同時有助於更有效地進行錯誤追蹤和除錯。

### 10-1-2 Java 的例外處理機制

Java 的例外處理機制用於處理程式執行期間異常狀況的機制，旨在提高程式的穩定性和可靠性。以下是 Java 例外處理的主要機制：

1. **前置檢查(Preconditions)與自訂例外類別**

   (1) 在執行某些操作前進行檢查，以避免引發錯誤，特別是針對執行時期例外的情況。

(2) 程式開發者可以建立自訂的例外類別，繼承自 Exception 或其子類別，以處理特定應用程式的異常情境。

2. **異常類型**

(1) Java 的異常分為兩大類：受檢例外(Checked Exceptions)和非受檢例外(Unchecked Exceptions)。

(2) 受檢例外必須在程式中進行明確處理，通常表示外部狀態的問題，如檔案不存在，可以使用 try-catch 或 throws 來處理。

(3) 非受檢例外通常表示程式邏輯錯誤，不強制要求在程式中處理，例如 ArrayIndexOutOfBoundsException。非受檢例外通常是 RuntimeException 及其子類別，不強制要求在程式中處理，但程式開發者可以選擇處理。

3. **try-catch-finally**

(1) try 區塊用於包裹可能發生異常的程式碼。

(2) catch 區塊用於處理 try 區塊中拋出的異常，可以有多個 catch 區塊處理不同類型的異常。

(3) finally 區塊包含的程式碼將在無論是否發生異常的情況下都會執行，通常用於確保所使用之資源得以正確釋放。

4. **throw 和 throws**

(1) throw 關鍵字於程式中，用來表明拋出一個例外。

(2) throws 關鍵字用於方法之聲明，指定該方法可能拋出的例外，由呼叫該方法的程式碼處理例外或再拋出。

Java 的例外處理機制使程式開發者能夠有效地處理程式執行中可能發生的各種異常狀況，這樣的機制提供了排除不同異常情境的方案，有助於提升程式的穩定性。

## 10-2 → try-catch 與 try-catch-finally 區塊 🔍

### 📓10-2-1　try-catch 區塊運作機制

　　Java 的 try-catch 機制是用於處理例外狀況（異常）的重要工具，此機制允許程式開發者在可能引發異常的程式碼區塊周圍建立一個保護區塊，以確保程式在異常情況下依然能夠優雅地處置。

　　try-catch 區塊之例外處理，包含 try 區塊以及 catch 區塊，try 區塊是用於包裹可能引發異常的程式碼的區塊；當在 try 區塊中的異常發生時，控制權會轉移到對應的 catch 區塊。因此，catch 區塊用於定義對特定異常類型的處理方式；一個 try-catch 例外處理，可以有多個 catch 區塊，catch 區塊中的引數名稱用於接收拋出的異常實例，每一個 catch 區塊處理不同的異常類型。try-catch 區塊的基本結構，如下所示：

```
try {
    // 可能引發異常的程式碼
}
catch (異常類型 1 引數名 1) {
    // 處理異常類型 1 的程式碼
}
catch (異常類型 2 引數名 2) {
    // 處理異常類型 2 的程式碼
}
```

　　我們進一步說明異常的發生與處理流程、多個 catch 區塊的處理順序、以及當沒有符合該異常類型的 catch 區塊時的處置過程。

1. **異常的發生與處理流程**：當 try 區塊內的程式碼執行時，如果有異常發生，控制權會轉移到符合異常類型的第一個 catch 區塊。如果沒有符合的 catch 區塊，異常會傳播至調用 try-catch 區塊的方法中，或者程式終止。

2. **多個 catch 區塊的處理順序**：為了避免異常重複捕捉，安排多個 catch 區塊的順序很重要。如果異常被較前面的 catch 區塊處理，則較後面的 catch 區塊將被忽略。

3. **當沒有符合該異常類型的 catch 區塊**：如果在 try 區塊中發生了異常，但沒有符合該異常類型的 catch 區塊，異常會繼續往上層的方法中傳播。這種情況下，程式會在呼叫 try-catch 區塊的方法中尋找相對應的 catch 區塊。如果連上層方法中也找不到合適的 catch 區塊，異常將導致程式的異常終止，同時在控制台輸出異常的詳細資訊，以協助程式開發者進行除錯。

現在，我們舉一個最簡單的 try-catch 區塊運作機制的範例來說明其實際的運作原理，展示 try-catch 區塊的執行過程：

```java
public class TryCatchExample {
    public static void main(String[] args) {
        try {
            // 嘗試存取陣列元素，但陣列長度為4，嘗試存取索引為3的元素

            int[] numbers = {0, 1, 2, 3};
            int result = numbers[3];

            // 以下程式碼會引發 ArrayIndexOutOfBoundsException
            System.out.println("存取結果：" + result);
            result = numbers[4];

            // 由於上一行引發了異常，這一行的程式碼不會執行
            System.out.println("存取結果：" + result);
        } catch (ArrayIndexOutOfBoundsException e) {
            // 處理陣列索引超出範圍的異常
            System.out.println("發生陣列索引超出範圍的異常：" +
e.getMessage());
```

```
                        }
                    }
                }
```

■ 執行結果

存取結果：3
發生陣列索引超出範圍的異常：Index 4 out of bounds for length 4

這個程式範例演示了如何使用 try-catch 區塊，以下是程式的運作順序：

1. class TryCatchExample 中的陣列變數 numbers 的陣列長度為 4，合理的索引範圍是 0 到 3。

2. 在 try 區塊內，首先嘗試存取索引為 3 的元素，這是合理的操作，不會引發異常。

3. 接著，嘗試存取索引為 4 的元素，這是不合理的操作，會引發 ArrayIndexOutOfBoundsException。

4. 當異常發生後，控制權轉移到 catch 區塊，即 catch(ArrayIndexOutOfBoundsException e) { ... }，並執行相應的異常處理程式碼。

   在 catch (ArrayIndexOutOfBoundsException e) { ... }區塊中，輸出一條訊息表示發生了陣列索引超出範圍的異常，並顯示異常的訊息。

5. 由於有適當的 try-catch 機制，即使發生異常，程式依然能夠在可控制的狀態下處理，不會因為異常而無預警地終止執行。

現在，我們來舉一個具有兩個 catch 區塊的 try-catch 區塊運作機制的範例，展示其執行過程：

```java
public class MultipleCatchExample {
    public static void main(String[] args) {
        try {
            // 嘗試存取陣列元素，但陣列長度為4，嘗試存取索引為3的元素
            int[] numbers = {0, 1, 2, 3};
            int result = numbers[3];

            // 以下程式碼會引發 ArrayIndexOutOfBoundsException
            System.out.println("存取結果：" + result);
            result = numbers[4];

            // 由於上一行引發了異常，這一行的程式碼不會執行
            System.out.println("存取結果：" + result);

            // 嘗試進行除法操作，引發 ArithmeticException
            int divideResult = 123 / 0; // 這一行不會執行，因前面已觸發 exception

            System.out.println("除法結果：" + divideResult); // 這一行不會執行
        } catch (ArrayIndexOutOfBoundsException e) {
            // 處理陣列索引超出範圍的異常
            System.out.println("發生陣列索引超出範圍的異常：" + e.getMessage());
        } catch (ArithmeticException e) {
            // 處理算術異常，這一catch不會被執行
            System.out.println("發生算術異常：" + e.getMessage());
        }
    }
}
```

> **▣ 執行結果**

存取結果：3
發生陣列索引超出範圍的異常：Index 4 out of bounds for length 4

　　這個程式範例演示了具有兩個 catch 區塊的 try-catch 區塊運作機制，在這個例子中，我們另外新增加了一個 catch 區塊，用於處理可能引發的 ArithmeticException（除法操作中的異常）。這樣，當程式執行時，無論是 ArrayIndexOutOfBoundsException 還是 ArithmeticException 發生，都可以有對應的 catch 區塊進行處理。以下是程式的運作順序：

1. try 區塊內的程式碼嘗試進行一系列操作，包括存取陣列元素和進行除法操作。

2. 首先，嘗試存取陣列元素，但陣列長度為 4，嘗試存取索引為 3 的元素，這是合理的操作，不會引發異常。

3. 接著，嘗試存取索引為 4 的元素，這是不合理的操作，會引發 ArrayIndexOutOfBoundsException。

4. 當發生 ArrayIndexOutOfBoundsException 時，控制權轉移到相應的 catch 區塊，執行處理 catch (ArrayIndexOutOfBoundsException e) {...} 這個異常的程式碼，並輸出相應的錯誤訊息。

5. 由於已經處理了 ArrayIndexOutOfBoundsException，所以 int divideResult = 123 / 0;這一行並不會被執行，且程式碼中的 catch (ArithmeticException e)部分亦不會被觸發，因此這一部分的程式碼將被跳過。

　　在這個例子中，ArrayIndexOutOfBoundsException 的處理區塊被執行，而 ArithmeticException 的處理區塊則被跳過。

進一步,我們再來舉一個具有多個 catch 區塊的巢狀 try-catch 區塊運作機制的範例,並說明其運作的情境:

```java
public class ThreeCatchExample {
    public static void main(String[] args) {
        try {
            // 嘗試存取陣列元素,但陣列長度為4,嘗試存取索引為3
的元素
            int[] numbers = {0, 1, 2, 3};
            int result = numbers[3];

            // 以下程式碼會引發 ArrayIndexOutOfBoundsException
            System.out.println("存取結果:" + result);
            result = numbers[4];

            // 由於上一行引發了異常,這一行的程式碼不會執行
            System.out.println("存取結果:" + result);

            // 嘗試進行除法操作,引發 ArithmeticException
            int divideResult = 123 / 0;
            System.out.println("除法結果:" + divideResult); // 這一行
不會執行

            // 嘗試使用 null 參考進行操作,引發 NullPointerException
            String str = null;
            int length = str.length();
            System.out.println("字串長度:" + length); // 這一行不會
執行
        } catch (ArrayIndexOutOfBoundsException e1) {
            // 第一個 catch 區塊,處理陣列索引超出範圍的異常
            System.out.println("發生陣列索引超出範圍的異常:" +
e1.getMessage());

            try {
                // 在 ArrayIndexOutOfBoundsException 的 catch 區塊
中再次嘗試進行除法操作,引發 ArithmeticException
                double divideResult = 456 / 0;
            } catch (ArithmeticException e2) {
                // 內部 catch 區塊,處理嘗試在 ArrayIndexOutOfBoundsException
的 catch 區塊中進行的除法操作引發的 ArithmeticException
```

```
                            System.out.println(" 在 內 部 發 生 算 術 異 常 ： " +
e2.getMessage());
                }
        } catch (NullPointerException e1) {
                // 第二個  catch  區塊，處理空指針異常
                System.out.println("發生空指針異常：" + e1.getMessage());
        } catch (Exception e1) {
                // 第三個  catch  區塊，處理其他異常（Exception是所有
異常的父類別）
                System.out.println("發生其他異常：" + e1.getMessage());
        }
    }
}
```

**執行結果**

存取結果：3
發生陣列索引超出範圍的異常：Index 4 out of bounds for length 4
在內部發生算術異常：/ by zero

這個程式範例演示了具有三個 catch 區塊的巢狀 try-catch 區塊運作機制，在這個例子中，我們另外新增加了一個巢狀 try-catch 區塊於 catch(ArrayIndexOutOfBoundsException e1) {...}內部，用於處理可能引發的 ArithmeticException（除法操作中的異常）。這樣，當程式執行時，無論是 ArrayIndexOutOfBoundsException 還是 ArithmeticException 發生，都可以有對應的 catch 區塊進行處理。以下是程式的運作順序：

1. try 區塊內的程式碼嘗試進行一系列操作，包括存取陣列元素、進行除法操作、使用 null 參考進行操作。

2. 首先，嘗試存取陣列元素，但陣列長度為 4，嘗試存取索引為 3 的元素，這是合理的操作，不會引發異常。

3. 接著，嘗試存取索引為 4 的元素，此操作導致 ArrayIndexOutOfBoundsException。

4. 當發生 ArrayIndexOutOfBoundsException 時，控制權轉移到相應的 catch(ArrayIndexOutOfBoundsException e1) {...}區塊，執行處理這個異常的程式碼，並輸出相應的錯誤訊息。

5. 在 catch (ArrayIndexOutOfBoundsException e1) {...}區塊中，又嘗試進行除法操作 double divideResult = 456 / 0;，但分母為零，這次引發 ArithmeticException。

6. 當發生 ArithmeticException 時，控制權轉移到內部的 catch(ArithmeticException e2)區塊，並執行處理這個異常的程式碼，並輸出相應的錯誤訊息。

7. 由於外層已經處理了 ArrayIndexOutOfBoundsException，因此 String str = null; 以及後續的程式碼將被跳過。因此不會嘗試使用 null 參考進行操作，所以並不會引發 NullPointerException，程式結束。

8. 當發生 NullPointerException 時，控制權轉移到相應的第三個 catch 區塊，執行處理這個異常的程式碼，並輸出相應的錯誤訊息。

## 10-2-2　try-catch-finally 區塊運作機制

Java 的 try-catch-finally 區塊例外處理之基本運作機制如下：

1. **try 區塊**：在這個區塊內放置可能引發例外的程式碼。當在 try 區塊中的程式碼執行過程中發生異常，控制權會立即轉移到相應的 catch 區塊。

2.  **catch 區塊**：用於處理特定類型例外的區塊。當在相應的 try 區塊中發生異常，控制權會轉移到匹配的 catch 區塊，並執行 catch 區塊內的程式碼。每一個 catch 區塊可以處理一種類型的例外。

3.  **finally 區塊**：不論是否發生異常，finally 區塊內的程式碼都會被執行。這裡的程式碼通常用於釋放資源或進行清理操作，確保這些操作無論發生異常與否都會執行。

```java
public class TryCatchFinallyExample {
    public static void main(String[] args) {
        try {
            // 可能引發異常的程式碼
        } catch (ExceptionType1 e1) {
            // 處理 ExceptionType1 的異常
        } catch (ExceptionType2 e2) {
            // 處理 ExceptionType2 的異常
        } finally {
            // 無論是否發生異常，都會執行的程式碼
        }
    }
}
```

現在，我們來舉一個 try-catch-finally 區塊運作機制的範例加以說明其運作原理，展示 try-catch-finally 區塊的執行過程：

```java
public class TryCatchFinallyExample {
    public static void main(String[] args) {
        try {
            // 嘗試存取陣列元素，但陣列長度為4，嘗試存取索引為3
的元素

            int[] numbers = {0, 1, 2, 3};
            int result = numbers[3];

            // 以下程式碼會引發 ArrayIndexOutOfBoundsException
            System.out.println("存取結果：" + result);
```

```
                    result = numbers[4];

                    // 由於上一行引發了異常，這一行的程式碼不會執行
                    System.out.println("存取結果：" + result);

                    // 嘗試進行除法操作，引發 ArithmeticException
                    int divideResult = 123 / 0;
                    System.out.println("除法結果：" + divideResult); // 這一行
不會執行

                    // 嘗試使用 null 參考進行操作，引發 NullPointerException
                    String str = null;
                    int length = str.length();
                    System.out.println("字串長度：" + length); // 這一行不會
執行
            } catch (ArrayIndexOutOfBoundsException e1) {
                    // 第一個 catch 區塊，處理陣列索引超出範圍的異常
                    System.out.println("發生陣列索引超出範圍的異常：" +
e1.getMessage());
            } catch (NullPointerException e1) {
                    // 第二個 catch 區塊，處理空指針異常;不會執行
                    System.out.println("發生空指針異常：" + e1.getMessage());
            } catch (Exception e1) {
                    // 第三個 catch 區塊，處理其他異常（Exception是所有
異常的父類別）;不會執行
                    System.out.println("發生其他異常：" + e1.getMessage());
            } finally {
                    // finally 區塊，不論是否有異常都會執行的程式碼塊
                    System.out.println("這是 finally 區塊，不論是否有異常都
會執行");
            }

            System.out.println("這不是try-catch-finally區塊運作機制中的區
塊!!!");
        }
    }
```

🔲 **執行結果**

存取結果：3

發生陣列索引超出範圍的異常：Index 4 out of bounds for length 4

這是 finally 區塊，不論是否有異常都會執行

這不是 try-catch-finally 區塊運作機制中的區塊!!!

這個程式範例演示了如何使用 try-catch-finally 區塊，以下是程式的執行過程：

1. try 區塊內的程式碼嘗試進行一系列操作，包括存取陣列元素、進行除法操作、使用 null 參考進行操作。

2. 首先，嘗試存取陣列元素，但陣列長度為 4，嘗試存取索引為 3 的元素，這是合法的操作，不會引發異常。

3. 接著，嘗試存取索引為 4 的元素，這是非法的操作，會引發 ArrayIndexOutOfBoundsException。

4. 當發生 ArrayIndexOutOfBoundsException 時，控制權轉移到相應的第一個 catch 區塊，執行處理這個異常的程式碼，並輸出相應的錯誤訊息。

5. 接著的 catch 區塊中，由於沒有再次引發異常，接著執行 finally 區塊，並輸出相應的內容。

6. 最後，執行 System.out.println("這不是 try-catch-finally 區塊運作機制中的區塊!!!");，這是 try-catch-finally 區塊外的程式碼，會在所有區塊執行完畢後執行。

**隨|堂|練|習**

　　請設計一個學生成績管理程式 GradeManagementException.java，具備以下功能：

1. 使用者可以輸入學生的姓名和成績。
2. 程式應該捕捉輸入的成績是否在合理的範圍（例如，0 到 100 之間）。
3. 當輸入的成績不在合理範圍內時，應該拋出自訂的例外。
4. 當使用者輸入"結束"時，程式應該結束輸入並輸出所有學生成績的平均分數。

　　設計提示：

1. 使用 Scanner 進行輸入。
2. 設計一個自訂的例外類別來處理成績不在合理範圍的情況。
3. 使用 try-catch 區塊來捕捉例外。

　　程式 class GradeManagementException.java 基於上述程式功能之執行結果，顯示如下：

```
請輸入學生姓名（輸入"結束"結束輸入）：Andy
請輸入學生成績：100
請輸入學生姓名（輸入"結束"結束輸入）：Ben
請輸入學生成績：80
請輸入學生姓名（輸入"結束"結束輸入）：Candy
請輸入學生成績：-60
成績應在0到100之間
請輸入學生姓名（輸入"結束"結束輸入）：Candy
請輸入學生成績：60
請輸入學生姓名（輸入"結束"結束輸入）：Danny
請輸入學生成績：101
成績應在0到100之間
請輸入學生姓名（輸入"結束"結束輸入）：Danny
請輸入學生成績：80
請輸入學生姓名（輸入"結束"結束輸入）：結束
所有學生成績的平均分數為：80.0
```

🔒 解答

```java
import java.util.ArrayList;
import java.util.InputMismatchException;
import java.util.List;
import java.util.Scanner;

// 自訂例外類別，處理不合理的成績範圍
class InvalidScoreException extends Exception {
    public InvalidScoreException(String message) {
        super(message);
    }
}

public class GradeManagementException {
    public static void main(String[] args) {
        Scanner scanner = new Scanner(System.in);
        List<Integer> scores = new ArrayList<>();

        while (true) {
            System.out.print("請輸入學生姓名（輸入\"結束\"結束輸入）：");
            String name = scanner.nextLine();

            if (name.equals("結束")) {
                break;
            }

            try {
                System.out.print("請輸入學生成績：");
                int score = scanner.nextInt();
                scanner.nextLine(); // 消耗換行符號

                // 檢查成績範圍是否合理，不合理則拋出例外
                if (score < 0 || score > 100) {
                    throw new InvalidScoreException("成績應在0到
100之間");
                }

                scores.add(score);

            } catch (InputMismatchException e) {
                // 處理非數字的輸入
```

```
                    System.out.println("請輸入有效的數字。");
                    scanner.nextLine(); // 清除輸入緩衝區
                } catch (InvalidScoreException e) {
                    // 處理不合理的成績範圍
                    System.out.println(e.getMessage());
                }
            }

            scanner.close();

            // 計算平均成績
            if (scores.isEmpty()) {
                System.out.println("未輸入任何成績。");
            } else {
                double average =
                scores.stream().mapToInt(Integer::intValue).average().orElse(0);
                System.out.println("所有學生成績的平均分數為：" + average);
            }
        }
    }
```

## 程式說明

以上的程式是一個學生成績管理系統，讓使用者能夠輸入學生的姓名和成績。以下是程式的運作原理說明：

1. 程式一開始建立了一個 Scanner 物件，用來接收使用者的輸入。

2. 使用一個 while 迴圈，不斷詢問使用者輸入學生姓名，當使用者輸入"結束"時，跳出迴圈。

3. 在每一輪迴圈中，使用者被要求輸入學生成績，程式使用 nextInt 方法來讀取整數輸入。

4. 接著，使用 nextInt 後的 Scanner 物件可能會保留換行符號，因此需要使用 nextLine 進行清除。

5. 在該迴圈內，程式使用 try-catch 區塊來捕捉可能的例外情況。

6. 如果使用者輸入非數字，會捕捉到 InputMismatchException，並要求使用者重新輸入。

7. 如果成績不在合理範圍（0 到 100 之間），則會拋出自訂的例外 InvalidScoreException。

8. 如果沒有發生例外，則將合理的成績加入 scores 列表中。

9. 使用者輸入"結束"後，程式關閉 Scanner。

10. 最後，計算所有學生成績的平均分數，並輸出結果。

## 10-3 例外傳播 throw 與 throws

例外處理中的 throw 和 throws 關鍵字，在例外處理機制中扮演不同的角色。throw 用於在程式碼內部拋出例外，而 throws 用於聲明一個方法可能拋出的例外，讓呼叫者知道所聲明的方法之潛在風險。在實際開發中，throw 則用於主動拋出例外，throws 主要用於聲明可能發生的例外。其主要的差異如下：

1. "throw"關鍵字用在方法內部，用來拋出異常。

2. "throws"則是用在方法聲明上，表示這個方法可能會拋出異常。

3. "throw"僅能拋出單一異常，"throws"可以一次聲明多個異常。

### 10-3-1 throw

關鍵字 throw 是 Java 中用於主動拋出例外的機制，其運用情境通常是當程式執行過程中，發現一些不正確或不合理的情況，程式開發者希望明確指出這些問題，進而中斷程式的正常流程，轉而執行例外處理的程式碼。throw 的語法與使用方式，可藉由下列各個例子說明。throw 後面接著的是一個例外物件的實例，並且繼承自 Throwable。以下範例之情境，試圖檢查並拋出例外：

```
public int divide(int dividend, int divisor) throws ArithmeticException {
    if (divisor == 0) {
        throw new ArithmeticException("除數不能為零");
    }
    return dividend / divisor;
}
```

在這個例子中，當除數為零時，程式開發者使用 throw 來拋出一個 ArithmeticException 的例外，如此將可以通知呼叫者已發生了一個異常的情況。

當我們處理使用者輸入或外部資源時，throw 可以用來處理可能發生的錯誤。以下是一個容易理解的案例：

```
import java.util.Scanner;

public class AgeValidator {
    public static void main(String[] args) {
        Scanner scanner = new Scanner(System.in);

        System.out.print("請輸入您的年齡：");
        try {
            int age = scanner.nextInt();

            if (age < 0 || age > 150) {
                throw new InvalidAgeException("年齡應在0到150之間");
            }

            System.out.println("您的年齡是：" + age);
        } catch (InvalidAgeException e) {
            System.out.println("錯誤：" + e.getMessage());
        } catch (Exception e) {
            System.out.println("發生未知錯誤：" + e.getMessage());
        } finally {
            scanner.close();
        }
    }
}
```

```
    }

class InvalidAgeException extends Exception {
    public InvalidAgeException(String message) {
        super(message);
    }
}
```

**⊠ 執行結果**

| 請輸入您的年齡：18 <br> 您的年齡是：18 | 請輸入您的年齡：151 <br> 錯誤：年齡應在 0 到 <br> 150 之間 | 請輸入您的年齡：-5 <br> 錯誤：年齡應在 0 到 <br> 150 之間 |
| --- | --- | --- |

　　在這個案例中，我們請求使用者輸入年齡，並使用 throw 來拋出一個自訂的例外 InvalidAgeException，如果輸入的年齡不在合理範圍內（0 到150 歲）。這種方式能夠處理使用者輸入錯誤的情況，提供錯誤訊息，使得程式與使用者的互動更加友善且易於理解。

　　於是，我們瞭解 throw 是 Java 中用於手動拋出例外(Exception)的機制，其運用情境在於當發現某些不正確或不合理的狀況，程式開發者希望在這些情況下顯示明確的錯誤訊息，並中斷正常的程式流程，轉而執行例外處理的程式碼。throw 後面通常接著一個例外物件的實例，這個例外物件應該是某個類別的實例，並繼承自 Throwable；也可以是 Java 內建的例外類別，或是自訂的例外類別。

　　下面這個 Java 程式範例是一個簡單的帳戶餘額管理系統，並利用throw 來處理錯誤情境。

```java
import java.util.Scanner;

public class AccountBalanceExample {
    private double balance;

    // 建構子，初始化帳戶餘額
    public AccountBalanceExample(double initialBalance) {
        if (initialBalance < 0) {
            // 若初始餘額為負數，拋出 IllegalArgumentException
            throw new IllegalArgumentException("初始餘額不能為負數");
        }
        this.balance = initialBalance;
    }

    // 存款操作
    public void deposit(double amount) {
        if (amount <= 0) {
            // 若存款金額為非正數，拋出 IllegalArgumentException
            throw new IllegalArgumentException("存款金額應為正數");
        }
        this.balance += amount;
    }

    // 提款操作
    public void withdraw(double amount) {
        if (amount <= 0) {
            // 若提款金額為非正數，拋出 IllegalArgumentException
            throw new IllegalArgumentException("提款金額應為正數");
        }
        if (amount > balance) {
            // 若提款金額超過餘額，拋出 IllegalStateException
            throw new IllegalStateException("餘額不足");
        }
        this.balance -= amount;
    }

    // 取得目前餘額
    public double getBalance() {
        return balance;
    }
}
```

```java
public static void main(String[] args) {
    Scanner scanner = new Scanner(System.in);
    System.out.println("目前您的餘額為0元，請輸入整數的存款金額：");
    int dollars = scanner.nextInt();

    try {
        // 建立帳戶，初始化餘額
        AccountBalanceExample account = new
        AccountBalanceExample(dollars);

        // 提示使用者輸入提款金額
        System.out.printf("目前您的餘額為%.2f元，請輸入整數的
提款金額：", account.getBalance());
        int withdrawDollars = scanner.nextInt();

        // 進行提款操作
        account.withdraw(withdrawDollars);

        // 顯示操作後的餘額
        System.out.printf("目前您的餘額為%.2f元，結束。",
account.getBalance());
    } catch (IllegalArgumentException e) {
        // 捕捉 IllegalArgumentException 並顯示錯誤訊息
        System.out.println("參數錯誤：" + e.getMessage());
    } catch (IllegalStateException e) {
        // 捕捉 IllegalStateException 並顯示錯誤訊息
        System.out.println("狀態錯誤：" + e.getMessage());
    }

}
```

**執行結果**

| | |
|---|---|
| 目前您的餘額為 0 元，請輸入整數的存款金額：1000<br>目前您的餘額為 1000.00 元，請輸入整數的提款金額：800<br>目前您的餘額為 200.00 元，結束。 | 目前您的餘額為 0 元，請輸入整數的存款金額：-1000<br>參數錯誤：初始餘額不能為負數 |
| 目前您的餘額為 0 元，請輸入整數的存款金額：1000<br>目前您的餘額為 1000.00 元，請輸入整數的提款金額：1500<br>狀態錯誤：餘額不足 | 目前您的餘額為 0 元，請輸入整數的存款金額：1000<br>目前您的餘額為 1000.00 元，請輸入整數的提款金額：-500<br>參數錯誤：提款金額應為正數 |

以下是這個程式的運作原理：

1. 建立 AccountBalanceExample 類別

    (1) 這個類別具有私有成員 balance 代表帳戶餘額。

    (2) 類別提供了建構子 public AccountBalanceExample(double initialBalance)用來初始化帳戶餘額。

    (3) 提供了 deposit 和 withdraw 方法來執行存款和提款操作。

    (4) getBalance 方法用來取得目前的餘額。

2. main 方法

    (1) 在 main 方法中，使用 Scanner 來讀取使用者輸入。

    (2) 初始化帳戶餘額時，若輸入的初始金額為負數，會拋出 IllegalArgumentException。

(3) 進行提款操作時，若提款金額為非正數，也會拋出
IllegalArgumentException。

(4) 若提款金額超過帳戶餘額，則拋出 IllegalStateException。

(5) 使用 try-catch 區塊來捕捉拋出的例外，並顯示相應的錯誤訊息。

### 3. 程式運行流程

(1) 使用者輸入初始金額，初始化帳戶。

(2) 提示使用者輸入提款金額，進行提款操作。

(3) 若輸入的金額不合理，拋出相應的例外，並在 catch 區塊中處理。

(4) 最後，顯示提款後的帳戶餘額。

這個程式範例展示了如何使用 throw 來拋出自訂例外，以及如何在 main 方法中使用 try-catch 區塊捕捉例外，提供更嚴謹的錯誤處理機制。

### 📖 10-3-2　throws

關於 throws 則用於在方法聲明中，聲明可能拋出的例外，表示該方法有可能拋出指定的例外，但不處理。throw 通常用於實際拋出例外的動作，而 throws 則是用於聲明方法可能拋出的例外，提醒使用者注意可能的例外風險。在實際應用中，throw 通常與例外處理直接相關；而 throws 則常用於方法的聲明，提高程式碼的可讀性。

Throws 使用時的語法為：

> 修飾符(private/public 等) 回傳類型 方法名稱(參數) throws 例外類型 1, 例外類型 2, ...;

換句話說，如果在某個方法中可能發生例外，而希望由呼叫該方法的呼叫者來處理，可以使用"throws"關鍵字宣告這個方法將會拋出例外。舉例來說，像是 java.io.BufferedReader 的 readLine() 方法聲明會拋出

java.io.IOException。通常情況下，使用"throws"來宣告丟出例外的時機是在工具類別的某個工具方法中，因為作為被呼叫的工具，這個方法本身不需定義如何處理例外，因此在方法上使用 "throws"宣告拋出例外，由呼叫者自行決定如何處理例外是比較合適的。使用"throws"可以如下所示：

```java
public class ExampleClass {
    public void exampleMethod() throws SomeException {
        // 方法內容，可能會拋出  SomeException
    }
}
```

這樣的寫法讓方法的呼叫者知道這個方法可能會產生某種例外，需要進行相應的處理。

下面的程式範例 ThrowsDemo 展示了在 Java 中如何運用 throws 和 try-catch 來進行異常處理，使程式更具彈性和穩健性。在程式中，我們定義了一個 ThrowsDemo 類別，其中包含一個 main 方法和一個名為 divide 的方法。divide 方法負責執行整數除法運算，並聲明可能拋出算術錯誤異常。

```java
public class ThrowsDemo {

    public static void main(String[] args) {
        ThrowsDemo result = new ThrowsDemo();

        try {
            System.out.println(result.divide(30, 10));   //正常情況下的
除法運算
            // 300/0 除 法 運 算 中 的 除 零 錯 誤 ， 將 拋 出
ArithmeticException異常
            System.out.println(result.divide(300, 0));
            System.out.println(result.divide(3000, 100));//正常情況下的
除法運算
        }
```

```
            catch (ArithmeticException e) {
                System.out.println("算術錯誤：" + e);
            }
        }

        // 執行除法運算，將兩個整數相除
        // throws ArithmeticException 如果除數為零，拋出算術錯誤異常
        public int divide(int a, int b) throws ArithmeticException {
            return a / b;
        }
    }
```

### 🖹 執行結果

```
3
算術錯誤：java.lang.ArithmeticException: / by zero
```

　　在範例 ThrowsDemo 程式的 main 方法中，我們建立一個 ThrowsDemo 物件 result，並使用 try-catch 區塊嘗試執行三個不同的除法運算。首先，我們嘗試正常情況下的除法運算 result.divide(30, 10)，接著我們嘗試一個可能拋出算術錯誤異常的情況 result.divide(300, 0)，最後再進行一次正常的除法運算 result.divide(3000, 100)。當執行 result.divide(300, 0)時，由於除數為零，將拋出 ArithmeticException 異常。這時，程式進入 catch (ArithmeticException e)區塊，並印出相應的錯誤訊息。

　　另外，我們在以下這個範例模擬了一個處理付款的情境，processPayment 方法擁有一個 amount 參數，當這個金額為負數時，會拋出自訂的 InvalidPaymentException 例外。在 main 方法中，我們呼叫 processPayment 兩次，第一次嘗試以正確的金額進行付款，第二次嘗試以

負數金額進行付款。當金額為正數時，程序順利執行，但當金額為負數時，processPayment 方法拋出了 InvalidPaymentException 例外。在 main 方法中，我們使用 try-catch 區塊捕捉這個例外，並輸出相應的錯誤訊息。

```java
public class CustomExceptionDemo {
    public static void main(String[] args) {
        try {
            processPayment(1000); // 嘗試進行付款
            processPayment(-500); // 嘗試以負數金額進行付款
        } catch (InvalidPaymentException e) {
            System.out.println("付款失敗，原因：" + e.getMessage());
        }
    }

    // 模擬處理付款的方法，可能會拋出自訂的例外
    private static void processPayment(double amount) throws InvalidPaymentException {
        System.out.println("開始處理付款...");

        // 檢查金額是否為正數，否則拋出自訂例外
        if (amount <= 0) {
            throw new InvalidPaymentException("付款金額必須是正數");
        }

        // 付款處理的其他邏輯...

        System.out.println("付款處理完成！");
        System.out.println();
    }
}

// 自訂的例外類別，用於表示無效的付款
class InvalidPaymentException extends Exception {
    public InvalidPaymentException(String message) {
        super(message);
    }
}
```

---

### 📜 執行結果

開始處理付款...
付款處理完成！

開始處理付款...
付款失敗，原因：付款金額必須是正數

---

這個範例有助於我們理解在方法中使用 throws 來聲明可能拋出的例外，以及如何處理這些例外。

---

 隨｜堂｜練｜習

設計一個 Java 程式 CustomExceptionHandlingExercise.java 計算兩輸入整數之乘積，實現自定義異常處理及以下功能：

1. 建立一個自訂異常類別 NegativeValueException，繼承自 Exception，當使用者輸入負數時，拋出此異常。請在自訂異常類別中提供一個建構子，可以接受一個字串訊息，並呼叫父類別的建構子。

2. 建立一個類別 CustomExceptionHandlingExercise，包含一個靜態方法 customProduct，該方法接受兩個整數參數，並執行乘法運算。若其中任一參數為負數，則拋出剛才自訂的 NegativeValueException 異常。若兩個參數都為正數，則回傳它們的乘積。

3. 在 main 方法中，使用 Scanner 讀取使用者輸入的兩個整數，呼叫上述的 customProduct 方法進行乘法運算。若使用者輸入的值不是整數，捕捉 InputMismatchException，並顯示錯誤訊息，要求使用者重新輸入。若乘法運算中任一參數為負數，則拋出剛才自訂的 NegativeValueException 異常，捕捉該異常，顯示錯誤訊息，要求使用者重新輸入。只有當輸入成功時，才顯示乘法結果。

4. 使用迴圈確保在輸入不正確的情況下,能夠一直要求使用者重新輸入,
   直到輸入正確為止。

   程式 CustomExceptionHandlingExercise.java 基於上述程式功能之執行結
果,顯示如下:

---

請輸入第一個正整數: -100
請輸入第二個正整數: -10

錯誤: <u>CH10.NegativeValueException</u>: <警告>至少有一輸入數值為負
數!!
請輸入正整數。請再試一次。

請輸入第一個正整數: 100
請輸入第二個正整數: -10

錯誤: <u>CH10.NegativeValueException</u>: <警告>至少有一輸入數值為負數!!
請輸入正整數。請再試一次。

請輸入第一個正整數: abc

錯誤: <u>java.util.InputMismatchException</u> <警告>輸入值不是整數!!
您必須輸入整數。請再試一次。

請輸入第一個正整數: 100
請輸入第二個正整數: abc

錯誤: <u>java.util.InputMismatchException</u> <警告>輸入值不是整數!!
您必須輸入整數。請再試一次。

請輸入第一個正整數: 100
請輸入第二個正整數: 10

結果: 100 * 10 = 1000

---

🔒 解答

```
import java.util.InputMismatchException;
import java.util.Scanner;
```

//自定義異常:當使用者輸入負數時,拋出 NegativeValueException

```java
class NegativeValueException extends Exception {
    public NegativeValueException(String message) {
        super(message);
    }
}

public class CustomExceptionHandlingExercise {
    // 示範方法，處理乘法運算，並拋出自定義異常
    public static int customProduct(int factor1, int factor2) throws NegativeValueException {
        if (factor1 < 0 || factor2 < 0) {
            throw new NegativeValueException("<警告>至少有一輸入數值為負數!!");
        }
        return factor1 * factor2;
    }

    public static void main(String[] args) {
        Scanner scanner = new Scanner(System.in);
        boolean continueLoop = true; // 確定是否需要更多的輸入

        do {
            try {
                // 讀取兩個數字並計算乘積
                System.out.print("請輸入第一個正整數: ");
                int factor1 = scanner.nextInt();
                System.out.print("請輸入第二個正整數: ");
                int factor2 = scanner.nextInt();

                // 呼叫示範方法處理乘法運算
                int result = customProduct(factor1, factor2);
                System.out.printf("%n結果: %d * %d = %d%n", factor1, factor2, result);
                continueLoop = false; // 輸入成功，結束循環
            } catch (InputMismatchException inputMismatchException) {
                System.out.printf("%n錯誤: %s <警告>輸入值不是整數!!%n", inputMismatchException);
                scanner.nextLine(); // 丟棄輸入，以便使用者重試
                System.out.printf("您必須輸入整數。請再試一次。%n%n");
            } catch (NegativeValueException negativeValueException) {
                System.out.printf("%n錯誤: %s%n", negativeValueException);
                System.out.printf("請輸入正整數。請再試一次。%n%n");
```

```
        }
    } while (continueLoop);
  }
}
```

## 程式說明

　　這個程式 CustomExceptionHandlingExercise 主要目的是讓使用者輸入兩個正整數，並計算它們的乘積。如果使用者輸入的其中一個數字是負數，程式會拋出自定義異常 NegativeValueException，並提供相應的錯誤訊息。如果使用者輸入值並非整數，則捕捉 InputMismatchException，印出相應錯誤訊息，並要求使用者重新輸入。

　　以下是這個程式的詳細運作原理：

1. 自定義異常 NegativeValueException：在程式開頭定義了一個自定義的異常類別 NegativeValueException，當使用者輸入負數時會拋出此異常。這個異常繼承自 Java 的 Exception 類別。

2. customProduct 方法：這個方法用來處理乘法運算，接受兩個整數作為參數。如果其中一個或兩個參數為負數，則拋出 NegativeValueException 異常，並包含相應的錯誤訊息。

3. main 方法
   (1) 主程式開始執行，首先建立一個 Scanner 物件來接收使用者的輸入。
   (2) 使用 do-while 迴圈，不斷試圖讀取兩個整數並計算它們的乘積，直到使用者提供有效的輸入。
   (3) 在 try 區塊中，程式試圖讀取兩個整數，並呼叫 customProduct 方法進行乘法運算。
   (4) 如果使用者輸入的是非整數，則捕捉 InputMismatchException，印出相應錯誤訊息，並要求使用者重新輸入。
   (5) 如果使用者輸入的數字是負數，則捕捉 NegativeValueException，印出相應錯誤訊息，並要求使用者重新輸入。
   (6) 如果一切正常，印出計算結果並結束迴圈。

　　這樣的設計讓程式具有更好的容錯性，能夠處理不同類型的異常情況，同時提供明確的錯誤訊息以引導使用者進行正確的輸入。

### 10-3-3 巢狀結構的例外處理

巢狀結構的例外處理是指在一個 catch 區塊中處理一個例外時，可能會再次拋出一個新的例外，進而形成巢狀的例外處理結構。這種結構可以更細緻地處理不同層次的例外情況。

當在一個 catch 區塊中處理某個例外時，我們可以再次使用 try、catch 和 finally 區塊，進行巢狀結構的例外處理。這樣的巢狀結構可以在處理一個例外的同時，進一步處理或拋出其他例外。以下是有關 Java 巢狀結構的例外處理的程式框架：

```
try {
    // 可能拋出例外的程式碼
} catch (ExceptionType1 e1) {
    // 處理 ExceptionType1 類型的例外
    try {
        // 可能拋出巢狀例外的程式碼
    } catch (ExceptionType2 e2) {
        // 處理 ExceptionType2 類型的巢狀例外
    } finally {
        // 不論是否發生例外，都會執行的程式碼
    }
} finally {
    // 不論是否發生例外，都會執行的程式碼
}
```

儘管巢狀例外處理可以更細緻地處理不同層次的例外情況，但同時也要謹慎使用，避免過度將程式碼複雜化。使用巢狀結構時，應確保每一個 catch 區塊的功能明確，並注意例外拋出與捕獲之間的關係，以維持程式碼的可讀性和維護性。所以，使用巢狀結構例外處理，應考量適用之情境：

1. **處理不同層次的例外情況**：巢狀結構可用於處理不同層次或不同類型的例外情況，有利於根據具體的例外情境提供特定的處理邏輯。

2. **避免過於複雜的程式碼**：當一個 catch 區塊中需要處理多種不同的例外時，使用巢狀結構可以將相關的處理邏輯分割成不同的區塊，使程式碼更加組織有序且易於理解。

3. **處理特定類型例外**：巢狀例外處理的每一個 catch 區塊，皆可專注於處理特定類型的例外，以提高程式碼的可讀性。

4. **針對特定例外情境之處理**：巢狀結構允許我們捕捉到一個例外後，進一步處理或拋出另一個例外，其對於需要特定額外處理的情境很有用。

以下是一個典型的巢狀結構的例外處理程式 NestedTryCatch.java 的實作範例，展示巢狀結構的例外處理之例外如何拋出與捕捉之間的關係：

```java
public class NestedTryCatch {
    public static void main(String[] args) {
        try {
            throwException();
        } catch (Exception exception) {
            System.out.println("在main method 捕獲 Exception No.2");
        }

        doesNotThrowException();
    }

    // 示範 try...catch...finally
    public static void throwException() throws Exception {
        try {
            System.out.println("throwException Method 拋出 Exception No.1");
            throw new Exception(); // 拋出 Exception No.1
        } catch (Exception exception) {
            System.out.println("method(throwException) 捕獲 Exception No.1");
            System.out.println("method(throwException) 拋出 Exception No.2");
```

```
            throw exception;    // 拋出  Exception No.2
        } finally {
            System.out.println("執行  throwException()  內部之  Finally!");
        }
    }

    // 示範當沒有例外發生時的  finally  區塊
    public static void doesNotThrowException() {
        try {
            System.out.println("Method  doesNotThrowException  沒  有
捕獲到  Exceptions!!");
        } catch (Exception exception) {    // 沒有捕獲到  Exceptions
            System.out.println(exception);
        } finally {
            System.out.println("執行  doesNotThrowException  內部之  Finally!!");
        }

        System.out.println("完成  doesNotThrowException  之呼叫!!");
    }
}
```

---

### ⧗ 執行結果

throwException Method  拋出  Exception No.1

method(throwException)  捕獲  Exception No.1

method(throwException)  拋出  Exception No.2

執行  throwException()  內部之  Finally!

在  main method  捕獲  Exception No.2

Method doesNotThrowException  沒有捕獲到  Exceptions!!

執行  doesNotThrowException  內部之  Finally!!

完成  doesNotThrowException  之呼叫!!

將以上程式解說如下:

1. main 方法中呼叫 throwException()方法,該方法內部拋出 Exception No.1,然後在 catch 區塊內捕獲並處理 Exception No.1,再拋出 Exception No.2。最後,執行 finally 區塊。在 main 的 catch 區塊中捕獲 Exception No.2。

2. doesNotThrowException() 方法內沒有拋出例外,但有一個 try...catch 結構,該 try 區塊內的程式碼不會拋出例外。不管 try 區塊是否拋出例外,finally 區塊都會執行。在最後印出完成呼叫的訊息。

以下是一鏈式例外(Chained Exceptions)結構的例外處理程式 ChainedExceptions.java 的實作範例,展示鏈式例外結構的例外處理之拋出與捕捉之間的關係:

```java
public class ChainedExceptions {
    public static void main(String[] args) {
        try {
            method1();
        } catch (Exception exception) { // 捕獲由 method1 拋出的例外
            System.out.println("main(): " + exception.getMessage());
            exception.printStackTrace();
        }
    }

    // 呼叫 method2;將例外拋回到 main
    public static void method1() throws Exception {
        try {
            method2();
        } catch (Exception exception) { // 由 method2 拋出的例外
            System.out.println("method1(): " + exception.getMessage());
            // 在 method1 中捕獲 Exception No.2,並以 Exception No.3 拋出
            throw new Exception("method1 捕獲 Exception No.2,拋出 Exception No.3", exception);
        }
    }
```

```
        // 呼叫 method3；將例外拋回到 method1
        public static void method2() throws Exception {
            try {
                method3();
            } catch (Exception exception) { // 由 method3 拋出的例外
                System.out.println("method2(): " + exception.getMessage());
                // 在 method2 中捕獲 Exception No.1，並以 Exception No.2 拋出
                throw new Exception("method2 捕獲 Exception No.1，拋出
                    Exception No.2", exception);
            }
        } // end method method2

        // 將例外拋回到 method2
        public static void method3() throws Exception {
            throw new Exception("method3 拋出 Exception No.1");
        }
    }
```

## 🔲 執行結果

method2(): method3 拋出 Exception No.1

method1(): method2 捕獲 Exception No.1，拋出 Exception No.2

main(): method1 捕獲 Exception No.2，拋出 Exception No.3

java.lang.Exception: method1 捕獲 Exception No.2，拋出 Exception No.3

  at CH10.ChainedExceptions.method1(ChainedExceptions.java:20)

  at CH10.ChainedExceptions.main(ChainedExceptions.java:6)

Caused by: java.lang.Exception: method2 捕獲 Exception No.1，拋出 Exception No.2

  at CH10.ChainedExceptions.method2(ChainedExceptions.java:31)

  at CH10.ChainedExceptions.method1(ChainedExceptions.java:16)

  ... 1 more

Caused by: java.lang.Exception: method3 拋出 Exception No.1

at CH10.ChainedExceptions.method3(ChainedExceptions.java:37)

at CH10.ChainedExceptions.method2(ChainedExceptions.java:27)

... 2 more

將以上程式解說如下：

1. main 方法呼叫 method1()，method1()呼叫 method2()，method2()呼叫 method3()。

2. 在 method3()中，拋出 Exception No.1。

3. method2()捕獲 Exception No.1，並以 Exception No.2 重新拋出。

4. method1()捕獲 Exception No.2，並以 Exception No.3 重新拋出。

5. main() 捕獲 Exception No.3，印出相關訊息和堆疊追蹤(Stack Trace)。

　　這個例子說明當程式在不同層次拋出例外時，如何使用 Exception 將先前的例外連結起來，形成鏈式例外(Chained Exceptions)。透過此案例，可以更清晰地追蹤例外的發生路徑。另外，藉由堆疊追蹤(Stack Trace)，可以呈現出 main 方法呼叫 method1()，method1()呼叫 method2()，method2()呼叫 method3()過程中逐一「push」Exception 到堆疊(Stack)。然後，由 method3()拋出 Exception；回傳 method2()，捕獲 Exception；再回傳 method1()，一直到 main()之過程。最後，main method 裡面的指令 "exception.printStackTrace();"，再逐一地將堆疊(Stack)裡的 Exceptions 逐一"pop"出來，呈現出堆疊 First In Last Out(FILO)的特性。

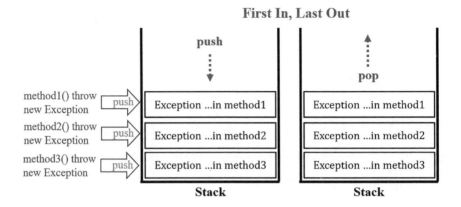

**First In, Last Out**

---

**10-4** ● **應用範例**

### 10-4-1　目錄與檔案管理

設計一個 Java 程式，用於管理目錄與檔案。程式需執行以下操作：

1. **建立目錄與檔案**

   (1) 如果指定目錄 C:\\workspace\\javaFileFolder 不存在，則建立該目錄。

   (2) 如果目錄為空，則創建兩個檔案：javaTest1.txt 和 javaTest2.txt。

   (3) 如果目錄不為空，檢查第一個檔案 javaTest1.txt 是否存在，如果存在，則在其末尾追加兩行文字。

2. **列舉目錄內容**：列印目錄 C:\\workspace\\javaFileFolder 中所有的檔案名稱。

3. **讀取檔案內容**：讀取並列印 javaTest1.txt 檔案的內容。

4. **處理可能的例外**：處理可能的 IOException 錯誤，並列印錯誤訊息。

提示：使用 File 類別來創建目錄和檔案，使用 FileWriter 類別來寫入檔案，使用 BufferedReader 類別來讀取檔案。

基於以上描述，這個程式的執行結果如下：

1. 如果 C:\\workspace\\javaFileFolder 目錄不存在，程式會先創建該目錄。(以下為此程式第一次執行之結果)

```
Not a directory
dir.mkdir():C:\\workspace\\javaFileFoldertrue
```

2. 然後檢查目錄是否為空，如果為空，會創建兩個檔案 javaTest1.txt 和 javaTest2.txt。

   （以下為此程式第二次執行之結果）

```
目錄 javaFileFolder 為空
file1.createNewFile():true
file2.createNewFile():true
```

3. 如果目錄不為空且 javaTest1.txt 存在，將在 javaTest1.txt 的末尾追加兩行文字。

   （以下為此程式第三次執行之結果）

   第一個檔案 - javaTest1.txt 已存在。
   所有檔案如下:
   javaTest1.txt
   javaTest2.txt
   第 1 行: javaTest1.txt (寫入一)
   第 2 行: javaTest1.txt (寫入二)

4. 接著列舉目錄中所有的檔案名稱。

   （以下為此程式第四次執行之結果）

   第一個檔案 - javaTest1.txt 已存在。
   所有檔案如下:
   javaTest1.txt
   javaTest2.txt
   第 1 行: javaTest1.txt (寫入一)

第 2 行: javaTest1.txt (寫入二)
第 3 行: javaTest1.txt (寫入一)
第 4 行: javaTest1.txt (寫入二)

5. 最後，讀取並列印 javaTest1.txt 檔案的內容。

（以下為此程式第五次執行之結果）

第一個檔案 - javaTest1.txt 已存在。
所有檔案如下:
javaTest1.txt
javaTest2.txt
第 1 行: javaTest1.txt (寫入一)
第 2 行: javaTest1.txt (寫入二)
第 3 行: javaTest1.txt (寫入一)
第 4 行: javaTest1.txt (寫入二)
第 5 行: javaTest1.txt (寫入一)
第 6 行: javaTest1.txt (寫入二)

因為這是一個對特定目錄和檔案進行操作的程式，實際執行結果取決於目錄的初始狀態以及是否已經執行過類似的程式。如果目錄已存在，且 javaTest1.txt 已經包含一些文字，程式將在現有內容的末尾追加兩行文字。否則，將創建一個新的 javaTest1.txt 檔案，並在其中寫入兩行文字。

為了完成以上任務，確保程式能順利執行，我們將程式撰寫如下：

```java
import java.io.File;          // 匯入 File 類別
import java.io.FileWriter;    // 匯入 FileWriter 類別
import java.io.FileReader;    // 匯入 FileReader 類別
import java.io.BufferedReader; // 匯入 BufferedReader 類別
import java.io.IOException;   // 匯入 IOException 類別處理錯誤

public class CreateFile {
    public static void main(String[] args) throws IOException {
        File dir = new File("C:\\workspace\\javaFileFolder");   // 創建目錄
        File file1 = new File("C:\\workspace\\javaFileFolder\\javaTest1.txt"); //
        創建第一個檔案
        File file2 = new File("C:\\workspace\\javaFileFolder\\javaTest2.txt"); //
        創建第二個檔案
        String contents[] = dir.list(); // 取得目錄下的檔案列表

        try {
            if (!dir.isDirectory()) { // 判斷是否為目錄
                System.out.println("Not a directory");
                System.out.println("dir.mkdir():C:\\\\workspace\\\\
javaFileFolder" + dir.mkdir());
```

```
                            // 創建目錄：C:\\workspace\\javaFileFolder
                } else if (contents.length == 0) { // 目錄為空時
                    System.out.println("目錄 " + dir.getName() + " 為空");
                    System.out.println("file1.createNewFile():" +
                    file1.createNewFile()); // 創建第一個檔案
                    System.out.println("file2.createNewFile():" +
                    file2.createNewFile()); // 創建第二個檔案
                } else if (file1.exists()) { // 第一個檔案存在時
                    System.out.println("第一個檔案 - " + file1.getName() + "
                    已存在。");
                    FileWriter file1Writer = new
                    FileWriter("C:\\workspace\\javaFileFolder\\javaTest1.txt", true);
                    // FileWriter(File file, boolean append) ==> "true" 代表
追加，"false" 代表非追加，預設為 "false"
                    file1Writer.write("javaTest1.txt (寫入一)\r\n");
                    file1Writer.write("javaTest1.txt (寫入二)\r\n");
                    file1Writer.close();

                    System.out.println("所有檔案如下:");
                    for (int i = 0; i < contents.length; i++) { // 列舉目錄中
的所有檔案

                        System.out.println(contents[i]);
                    }

                    BufferedReader file1Reader = null;
                    file1Reader = new BufferedReader(new
                    FileReader("C:\\workspace\\javaFileFolder\\javaTest1.txt"));
                    String tempString = null;
                    int line = 1;

                    while ((tempString = file1Reader.readLine()) != null) {
                        // 逐行讀取檔案內容
                        System.out.println("第 " + line + " 行: " + tempString);
                        line++;
                    }
                    file1Reader.close();
                }
            } catch (IOException e) {
                System.out.println("發生錯誤。");
                e.printStackTrace();
```

```
            }
        }
    }
```

## 執行結果

（以下為此程式第一次執行之結果）

```
Not a directory
dir.mkdir():C:\\workspace\\javaFileFoldertrue
```

（以下為此程式第二次執行之結果）

```
目錄 javaFileFolder 為空
file1.createNewFile():true
file2.createNewFile():true
```

（以下為此程式第三次執行之結果）

```
第一個檔案 - javaTest1.txt 已存在。
所有檔案如下:
javaTest1.txt
javaTest2.txt
第 1 行: javaTest1.txt (寫入一)
第 2 行: javaTest1.txt (寫入二)
```

（以下為此程式第四次執行之結果）

```
第一個檔案 - javaTest1.txt 已存在。
所有檔案如下:
javaTest1.txt
javaTest2.txt
第 1 行: javaTest1.txt (寫入一)
第 2 行: javaTest1.txt (寫入二)
```

第 3 行: javaTest1.txt (寫入一)
第 4 行: javaTest1.txt (寫入二)

（以下為此程式第五次執行之結果）

第一個檔案 - javaTest1.txt 已存在。
所有檔案如下：
javaTest1.txt
javaTest2.txt
第 1 行: javaTest1.txt (寫入一)
第 2 行: javaTest1.txt (寫入二)
第 3 行: javaTest1.txt (寫入一)
第 4 行: javaTest1.txt (寫入二)
第 5 行: javaTest1.txt (寫入一)
第 6 行: javaTest1.txt (寫入二)

這個程式的主要運作原理如下：

1. **建立目錄與檔案**

   (1) 程 式 開 始 時 ， 它 創 建 一 個 File 物 件 dir 代 表 目 錄 C:\\workspace\\javaFileFolder。

   (2) 透過 dir.mkdir()方法判斷目錄是否存在，如果不存在，則使用 dir.mkdir()創建目錄。

   (3) 使用 dir.list()取得目錄中的檔案列表。

2. **檢查目錄狀態**

   (1) 如果目錄為空（即檔案列表為空），則使用 File 類別創建兩個新檔 案 javaTest1.txt 和 javaTest2.txt。

   (2) 如果目錄不為空，檢查第一個檔案 javaTest1.txt 是否存在，如果存 在，則在其末尾使用 FileWriter 寫入兩行文字。

3. **列舉目錄內容**：使用 dir.list()取得目錄中的檔案列表，並將其列印出來。

4. **讀取檔案內容**：使用 BufferedReader 讀取 javaTest1.txt 的內容，並將其逐行列印。

5. **處理例外**：使用 try-catch 塊來處理可能發生的 IOException 錯誤，並將錯誤訊息列印出來。

這個程式主要使用 Java 的檔案操作相關類別，包括 File、FileWriter 和 BufferedReader，來執行目錄和檔案的建立、寫入、讀取和列舉等操作。

| 題目 | 除法運算與例外處理 |

試設計一採用 try{...} catch(){...}搭配 throws 之 exception handling 的程式，用於判斷 exception 產生的可能原因。程式運作流程如下述：

step 1：顯示"Please input an integer number A:"，要求使用者輸入一整數值，表示為 A

step 2：顯示"Please input an integer number B:"，要求使用者輸入另一整數值，表示為 B

step 3：顯示"Please input an floating number C:"，要求使用者輸入一浮點數值，表示為 C

step 4：若完全符合數值要求且無異常錯誤，則顯示 A / B 與 A / C 之計算結果。否則，判斷程式可能出錯原因，列出程式設計除錯碼 (Programming Debug No.)，並印出警告訊息(Warning)及錯誤產生的可能原因(the Possible Issues)。

　　請設計此 class MathExceptions 使之能達到上述功能，並至少具備下述執行結果與互動過程。

---

**⧖ 執行結果**

Please input an integer number A:

**100**

Please input an integer number B:

**3**

Please input a floating number C:

**9.5**

The answers are:

A / B = 100/3=33

A / C = 100/9.5=10.526315789473685


Please input an integer number A:

**100**

Please input an integer number B:

**0**

Please input a floating number C:

**9.5**

Programming debug No. #001

[The possible issues] java.lang.ArithmeticException: <Waring>Integer number is divided by integer zero!


Please input an integer number A:

**100**

Please input an integer number B:

3

Please input a floating number C:

0

Programming debug No. #002

[The possible issues] java.lang.ArithmeticException: <Waring>Integer number is divided by floating zero!

Please input an integer number A:

100

Please input an integer number B:

0

Please input a floating number C:

0

Programming debug No. #001

Programming debug No. #002

[The possible issues] java.lang.ArithmeticException: <Waring>Integer numbers are divided by both integer zero and floating zero!

1. Java 中的 Throwable 類別有哪兩個主要的子類別，分別是什麼？

2. 請解釋 Error 及其子類別在 Java 中的角色，以及為什麼一般不建議使用 try-catch 來處理 Error 物件？

3. 當程式中拋出 Throwable 物件，且沒有任何 catch 區塊捕捉到該物件時，最終由誰捕捉到這個例外？

4. 什麼是 Checked Exceptions 和 Unchecked Exceptions？它們在程式開發中的使用有何不同？

5. 在 try-catch 區塊中，當多個 catch 區塊存在時，異常的處理順序是如何決定的？

6. 請解釋 try-catch 區塊中異常的發生與處理流程。

7. 為什麼在處理 Checked Exceptions 時，需要在方法宣告中使用 throws 或在方法內使用 try-catch 語法進行處理？

8. 在 try-catch 區塊中，如果異常被前面的 catch 區塊處理，後面的 catch 區塊會發生什麼情況？

9. 請說明 try-catch-finally 語句的基本結構，並解釋 finally 區塊的作用？

10. 請解釋 throws 關鍵字在 Java 中的作用是什麼？在方法聲明中使用 throws 有什麼目的？

11. throw 與 throws 在 Java 中的使用有何區別？請舉例說明其用途。

12. 在什麼情況下，finally 區塊中的程式碼可能不會執行？

## 參|考|文|獻

**CHAPTER 01**

1.  Azrour, M., Mabrouki, J., Guezzaz, A., Benkirane, S., & Asri, H. (2023). Implementation of Real-Time Water Quality Monitoring Based on Java and Internet of Things. In Integrating Blockchain and Artificial Intelligence for Industry 4.0 Innovations (pp. 133-143). Cham: Springer International Publishing.

2.  Bachs de Lacoma, B. (2023). Development of an Android mobile application to monitor and control daily health of users.

3.  Bakar, M. A., Mukhtar, M., & Khalid, F. (2019). The development of a visual output approach for programming via the application of cognitive load theory and constructivism. International Journal of Advanced Computer Science and Applications, 10(11).

4.  Batiha, Q., Sahari, N., Aini, N., & Mohd, N. (2022). Adoption of visual programming environ-ments in programming learning. International Journal on Advanced Science, Engineering and Information Technology, 12(5), 1921.

5.  Birillo, A., Tigina, M., Kurbatova, Z., Potriasaeva, A., Vlasov, I., Ovchinnikov, V., & Gerasimov, I. (2024). Bridging Education and Development: IDEs as Interactive Learning Platforms. arXiv preprint arXiv:2401.14284.

6.  Blewitt, A., Bundy, A., & Stark, I. (2005, November). Automatic verification of design patterns in Java. In Proceedings of the 20th

IEEE/ACM international Conference on Automated software engineering (pp. 224-232).

7. Bodemer, O. (2023). Revolutionizing Enterprise Resource Planning: Integrating Java and AI to Propel Web-Based ERP Systems into the Future.

8. Bonteanu, A. M., & Tudose, C. (2022, December). Multi-platform Performance Analysis for CRUD Operations in Relational Databases from Java Programs Using Hibernate. In International Conference on Big Data Intelligence and Computing (pp. 275-288). Singapore: Springer Nature Singapore.

9. Cosmina, I., & Cosmina, I. (2022). An Introduction to Java and Its History. Java 17 for Absolute Beginners: Learn the Fundamentals of Java Programming, 1-31.

10. Gong, L., Mueller, M., Prafullchandra, H., & Schemers, R. (1997). Going beyond the sandbox: An overview of the new security architecture in the Java Development Kit 1.2. In USENIX Symposium on Internet Technologies and Systems (USITS 97).

11. Gosling, J. (1995). Java™: An Overview. Recuperado d e http://www. cs. dartmouth. edu/~ mckeeman/cs118/references/OriginalJavaWhitep aper. pdf.

12. Gosling, J. (2000). The Java language specification. Addison-Wesley Professional.

13. Gosling, J., Holmes, D. C., & Arnold, K. (2005). The Java programming language.

14. Kaczorowski, C. (2023). A comparative analysis of contemporary integrated java environments. Journal of Computer Sciences Institute, 26, 42-47.

15. Korotkova, T., & Kuzmina, Y. (2019, November). Decision algorithm with uncertainties in a multi-purpose flight safety system. In AIP Conference Proceedings (Vol. 2181, No. 1). AIP Publishing.

16. Ramadhani, E. (2023). Design and Implementation of Mobile Native Application. International Journal of Computer and Information System (IJCIS), 4(1), 38-44.

17. Rizzardi, A., Sicari, S., & Coen-Porisini, A. (2024). Towards rapid modeling and prototyping of indoor and outdoor monitoring applications. Sustainable Computing: Informatics and Systems, 41, 100951.

18. Satav, S. K., Satpathy, S. K., & Satao, K. J. (2011). A Comparative Study and Critical Analysis of Various Integrated Development Environments of C, C++, and Java Languages for Optimum Development. Universal Journal of Applied Computer Science and Technology, 1, 9-15.

19. Tan, X., Lv, X., Jiang, J., & Zhang, L. (2024). Understanding Real-time Collaborative Programming: a Study of Visual Studio Live Share. ACM Transactions on Software Engineering and Methodology.

20. Tran, Q. Q., Nguyen, B. D., Nguyen, L. T. T., & Nguyen, O. T. T. (2023). Big Data Processing with Apache Spark. TRA VINH UNIVERSITY JOURNAL OF SCIENCE; p-ISSN: 2815-6072; e-ISSN: 2815-6099.

21. Victoria, T. A. D. (2023). Penerapan Algoritma Dijkstra dalam Pemetaan UMKM Berbasis Android. Bulletin of Computer Science Research, 3(6), 420-426.

22. Vyas, B. (2023). Java in Action: AI for Fraud Detection and Prevention. International Journal of Scientific Research in Computer Science, Engineering and Information Technology, 58-69.

23. Wiegand, J. (2004). Eclipse: A platform for integrating development tools. IBM Systems Journal, 43(2), 371-383.

24. Zhang, Y., Shao, S., Ji, M., Qiu, J., Tian, Z., Du, X., & Guizani, M. (2020). An automated refactoring approach to improve IoT software quality. Applied Sciences, 10(1), 413.

### CHAPTER 02

1. Al Farsi, G., Tawafak, R. M., Malik, S. I., & Khudayer, B. H. (2022). Facilitation for undergraduate college students to learn java language using e-learning model. iJIM, 16(08), 5

2. Aung, S. T., Funabiki, N., Aung, L. H., Htet, H., Kyaw, H. H. S., & Sugawara, S. (2022, April). An implementation of Java programming learning assistant system platform using Node. js. In 2022 10th International Conference on Information and Education Technology (ICIET) (pp. 47-52). IEEE.

3. Brown, N. C., Weill-Tessier, P., Sekula, M., Costache, A. L., & Kölling, M. (2022). Novice use of the Java programming language. ACM Transactions on Computing Education, 23(1), 1-24.

4. Espinal, A., Vieira, C., & Guerrero-Bequis, V. (2022). Student ability and difficulties with transfer from a block-based programming language into other programming languages: a case study in Colombia. Computer Science Education, 1-33.

5. Gutiérrez, L. E., Guerrero, C. A., & López-Ospina, H. A. (2022). Ranking of problems and solutions in the teaching and learning of object-oriented programming. Education and Information Technologies, 27(5), 7205-7239.

6. Kesler, A., Shamir-Inbal, T., & Blau, I. (2022). Active learning by visual programming: Pedagogical perspectives of instructivist and constructivist code teachers and their implications on actual teaching strategies and students' programming artifacts. Journal of Educational Computing Research, 60(1), 28-55.

7. Li, PhD, H., & Li, PhD, H. (2022). Introduction to numerical methods in Java. Numerical Methods Using Java: For Data Science, Analysis, and Engineering, 1-69.

8. Schulte, C. (2008, September). Block Model: an educational model of program comprehension as a tool for a scholarly approach to teaching. In Proceedings of the fourth international workshop on computing education research (pp. 149-160).

9. Schulte, C., Clear, T., Taherkhani, A., Busjahn, T., & Paterson, J. H. (2010). An introduction to program comprehension for computer science educators. Proceedings of the 2010 ITiCSE working group reports, 65-86.

10. Sentance, S., Waite, J., & Kallia, M. (2019). Teaching computer programming with PRIMM: a sociocultural perspective. Computer Science Education, 29(2-3), 136-176.

11. Sivasakthi, M., & Rajendran, R. (2011). Learning difficulties of 'object-oriented programming paradigm using Java': students' perspective. Indian Journal of Science and Technology, 4(8), 983-985.

12. Syaifudin, Y. W., Funabiki, N., Kuribayashi, M., & Kao, W. C. (2020). A proposal of Android programming learning assistant system with implementation of basic application learning. International Journal of Web Information Systems, 16(1), 115-135.

**CHAPTER 03**

1. Altherr, P., & Cremet, V. (2007, July). Adding type constructor parameterization to Java. In workshop on Formal Techniques for Java-like Programs (FTfJP'07) at the European Conference on Object-Oriented Programming (ECOOP).

2. Charatan, Q., & Kans, A. (2022). Java Methods. In Programming in Two Semesters: Using Python and Java (pp. 339-355). Cham: Springer International Publishing.

3. Counsell, S., Loizou, G., & Najjar, R. (2010). Evaluation of the 'replace constructors with creation methods' refactoring in Java systems. IET software, 4(5), 318-333.

4. Giallorenzo, S., Montesi, F., & Peressotti, M. (2024). Choral: Object-oriented choreographic programming. ACM Transactions on Programming Languages and Systems, 46(1), 1-59.

5. Goldman, K. J. (2004). An interactive environment for beginning Java programmers. Science of Computer Programming, 53(1), 3-24.

6. Khoirom, S., Sonia, M., Laikhuram, B., Laishram, J., & Singh, T. D. (2020). Comparative analysis of Python and Java for beginners. Int. Res. J. Eng. Technol, 7(8), 4384-4407.

7. Ortin, F., Facundo, G., & Garcia, M. (2023). Analyzing syntactic constructs of Java programs with machine learning. Expert Systems with Applications, 215, 119398.

**CHAPTER 04**

1. Bacchiani, L., Bravetti, M., Giunti, M., Mota, J., & Ravara, A. (2022). A Java typestate checker supporting inheritance. Science of Computer Programming, 221, 102844.

2. Espinal, A., Vieira, C., & Guerrero-Bequis, V. (2022). Student ability and difficulties with transfer from a block-based programming language into other programming languages: a case study in Colombia. Computer Science Education, 1-33.

3. Gil, J., & Lenz, K. (2010). The use of overloading in Java programs. In ECOOP 2010–Object-Oriented Programming: 24th European Conference, Maribor, Slovenia, June 21-25, 2010. Proceedings 24 (pp. 529-551). Springer Berlin Heidelberg.

4. Harrison, W., Barton, C., & Raghavachari, M. (2000, October). Mapping UML designs to Java. In Proceedings of the 15th ACM SIGPLAN conference on Object-oriented programming, systems, languages, and applications (pp. 178-187).

5. Kulkarni, R. N., & Prasad, P. P. R. (2021). Abstraction of UML class diagram from the input java program. International Journal Of Advanced Networking And Applications, 12(4), 4644-4649.

6. Li, PhD, H., & Li, PhD, H. (2022). Introduction to numerical methods in Java. Numerical Methods Using Java: For Data Science, Analysis, and Engineering, 1-69.

7. Niaz, I. A., & Tanaka, J. (2004, February). Mapping UML statecharts to java code. In IASTED Conf. on Software Engineering (pp. 111-116).

8. Parsons, D., & Parsons, D. (2020). Inheritance, Polymorphism and Interfaces. Foundational Java: Key Elements and Practical Programming, 177-224.

9. Schulte, C. (2008, September). Block Model: an educational model of program comprehension as a tool for a scholarly approach to teaching. In Proceedings of the fourth international workshop on computing education research (pp. 149-160).

10. Tempero, E. D., Counsell, S., & Noble, J. (2010, January). An empirical study of overriding in open source Java. In ACSC (Vol. 10, pp. 3-12).

## CHAPTER 05

1. Aung, S. T., Funabiki, N., Syaifudin, Y. W., Kyaw, H. H. S., Aung, S. L., Dim, N. K., & Kao, W. C. (2021). A proposal of grammar-concept understanding problem in Java programming learning assistant system. J. Adv. Inform. Tech.(JAIT), 12(4).

2. Ernst, E. (2001, June). Family polymorphism. In European Conference on Object-Oriented Programming (pp. 303-326). Berlin, Heidelberg: Springer Berlin Heidelberg.

3. Ikromovna, A. Z. (2023). Programming Environments for Creating Mobile Applications on the Android Operating System. American Journal of Public Diplomacy and International Studies (2993-2157), 1(10), 305-309.

4. Kulkarni, R. N., & Prasad, P. P. R. (2021). Abstraction of UML class diagram from the input java program. International Journal Of Advanced Networking And Applications, 12(4), 4644-4649.

5. Li, H., Wang, T., Pan, W., Wang, M., Chai, C., Chen, P., ... & Wang, J. (2021). Mining key classes in java projects by examining a very small number of classes: a complex network-based approach. IEEE Access, 9, 28076-28088.

6. Li, L., Lu, Y., & Xue, J. (2017, February). Dynamic symbolic execution for polymorphism. In Proceedings of the 26th International Conference on Compiler Construction (pp. 120-130).

7. Parsons, D., & Parsons, D. (2020). Inheritance, Polymorphism and Interfaces. Foundational Java: Key Elements and Practical Programming, 177-224.

8. Sivilotti, P. A., & Lang, M. (2010, March). Interfaces first (and foremost) with Java. In Proceedings of the 41st ACM technical symposium on Computer science education (pp. 515-519).

CHAPTER 06

1. Brusca, V. G. (2022). Encapsulation, Inheritance, and Polymorphism. In Introduction to Java Through Game Development: Learn Java Programming Skills by Working with Video Games (pp. 189-222). Berkeley, CA: Apress.

2. Kulkarni, R. N., & Prasad, P. P. R. (2021). Abstraction of UML class diagram from the input java program. International Journal Of Advanced Networking And Applications, 12(4), 4644-4649.

3. Li, PhD, H., & Li, PhD, H. (2022). Introduction to numerical methods in Java. Numerical Methods Using Java: For Data Science, Analysis, and Engineering, 1-69.

4. Manju, B. P. K. (2020). Impact of dynamic polymorphism on quality of a system. J Sci Technol, 5(2), 54-59.

5. Miecznikowski, J., & Hendren, L. (2001, October). Decompiling Java using staged encapsulation. In Proceedings Eighth Working Conference on Reverse Engineering (pp. 368-374). IEEE.

6. Niaz, I. A., & Tanaka, J. (2004, February). Mapping UML statecharts to java code. In IASTED Conf. on Software Engineering (pp. 111-116).

7. Schulte, C. (2008, September). Block Model: an educational model of program comprehension as a tool for a scholarly approach to teaching. In Proceedings of the fourth international workshop on computing education research (pp. 149-160).

8. Tang, Z., Zhai, J., Li, B., & Zhao, J. (2017, July). Are Your Classes Well-Encapsulated? Encapsulation Analysis for Java. In 2017 IEEE

International Conference on Software Quality, Reliability and Security (QRS) (pp. 208-215). IEEE.

## CHAPTER 07

1.  Balland, E., Moreau, P. E., & Reilles, A. (2014). Effective strategic programming for Java developers. Software: Practice and Experience, 44(2), 129-162.

2.  Bijlsma, L. A., Kok, A. J., Passier, H. J., Pootjes, H. J., & Stuurman, S. (2022). Evaluation of design pattern alternatives in Java. Software: Practice and Experience, 52(5), 1305-1315.

3.  Brusca, V. G. (2022). Encapsulation, Inheritance, and Polymorphism. In Introduction to Java Through Game Development: Learn Java Programming Skills by Working with Video Games (pp. 189-222). Berkeley, CA: Apress.

4.  Eales, A. (2006). Implementing the Observer Pattern. New Zealand Journal of Applied Computing & Information Technology, 10(1).

5.  Hannemann, J., & Kiczales, G. (2002, November). Design pattern implementation in Java and AspectJ. In Proceedings of the 17th ACM SIGPLAN conference on Object-oriented programming, systems, languages, and applications (pp. 161-173).

6.  Joy, B., Steele, G., Gosling, J., & Bracha, G. (2000). The Java language specification.

7.  Kulkarni, R. N., & Prasad, P. P. R. (2021). Abstraction of UML class diagram from the input java program. International Journal Of Advanced Networking And Applications, 12(4), 4644-4649.

8. Psaila, G. (2006, April). Loosely coupling java algorithms and xml parsers: A performance-oriented study. In 22nd International Conference on Data Engineering Workshops (ICDEW'06) (pp. 89-89). IEEE.

## CHAPTER 08

1. Charatan, Q., & Kans, A. (2022). Java: Interfaces and Lambda Expressions. In Programming in Two Semesters: Using Python and Java (pp. 455-479). Cham: Springer International Publishing.

2. Funabiki, N., Yamaguchi, M., Kuribayashi, M., Kyaw, H. H. S., Wint, S. S., Aung, S. T., & Kao, W. C. (2020, March). An extension of code correction problem for Java programming learning assistant system. In Proceedings of the 2020 8th International Conference on Information and Education Technology (pp. 110-115).

3. Ketkar, A., Tsantalis, N., & Dig, D. (2020, November). Understanding type changes in java. In Proceedings of the 28th ACM Joint Meeting on European Software Engineering Conference and Symposium on the Foundations of Software Engineering (pp. 629-641).

4. Orso, A., Rao, A., & Harrold, M. J. (2002, October). A technique for dynamic updating of Java software. In International Conference on Software Maintenance, 2002. Proceedings. (pp. 649-658). IEEE.

5. Pasquarelli, L. (2022). Extending Java Collections for List and Set Data Structures (Bachelor's thesis, University of Twente).

6. Pereira, A. L. (2021). Evaluation of Classical Data Structures in the Java Collections Framework. In Advances in Software Engineering, Education,

and e-Learning: Proceedings from FECS'20, FCS'20, SERP'20, and EEE'20 (pp. 493-508). Springer International Publishing.

7. Vairale, V. S., & Honwadkar, K. N. (2010). Wrapper generator using Java Native interface. AIRCC's International Journal of Computer Science and Information Technology, 125-139.

## CHAPTER 09

1. AbuHemeida, D., & Alsaid, M. (2023). Estimating the energy consumption of Java Programs: Collections & Sorting algorithms.

2. Gil, J., & Shimron, Y. (2011, October). Smaller footprint for java collections. In Proceedings of the ACM international conference companion on Object oriented programming systems languages and applications companion (pp. 191-192).

3. Hasan, S., King, Z., Hafiz, M., Sayagh, M., Adams, B., & Hindle, A. (2016, May). Energy profiles of java collections classes. In Proceedings of the 38th International Conference on Software Engineering (pp. 225-236).

4. Oliveira, W., Oliveira, R., Castor, F., Pinto, G., & Fernandes, J. P. (2021). Improving energy-efficiency by recommending Java collections. Empirical Software Engineering, 26, 1-45.

5. Parsons, D., & Parsons, D. (2020). The Collections Framework and Generics. Foundational Java: Key Elements and Practical Programming, 299-337.

6. Zukowski, J. (2001). Sorting. In Java™ Collections (pp. 211-225). Berkeley, CA: Apress.

**CHAPTER 10**

1.  Charatan, Q., & Kans, A. (2022). Java: Exceptions. In Programming in Two Semesters: Using Python and Java (pp. 481-499). Cham: Springer International Publishing.

2.  Mejia Alvarez, P., Gonzalez Torres, R. E., & Ortega Cisneros, S. (2024). Introduction to Exception Handling. In Exception Handling: Fundamentals and Programming (pp. 1-16). Cham: Springer Nature Switzerland.

3.  Pawlan, M. (1999). Essentials of the java programming language. Sun Developers Network Tutorials & Code Camps.

4.  Rees-Hill, J. A. (2022). Error Handling Approaches in Programming Languages (Doctoral dissertation, Oberlin College).

5.  Sarcar, V., & Sarcar, V. (2020). Managing Exceptions. Interactive Object-Oriented Programming in Java: Learn and Test Your Programming Skills, 239-280.

6.  Zhong, H. (2022, October). Which Exception Shall We Throw?. In Proceedings of the 37th IEEE/ACM International Conference on Automated Software Engineering (pp. 1-12).

MEMO

MEMO

國家圖書館出版品預行編目資料

JAVA 物件導向程式設計：理論與實作/胡志堅編著. --
二版. -- 新北市：新文京開發出版股份有限公司,
2024.07
　　面；　　公分

ISBN　978-626-392-027-9（平裝）

1.CST：Java（電腦程式語言）　2.CST：物件導向程式

312.32J3　　　　　　　　　　　　　　113008616

# JAVA 物件導向程式設計：理論與實作（第二版）

（書號：D067e2）

| | |
|---|---|
| 編 著 者 | 胡志堅 |
| 出 版 者 | 新文京開發出版股份有限公司 |
| 地　　址 | 新北市中和區中山路二段 362 號 9 樓 |
| 電　　話 | (02) 2244-8188（代表號） |
| F A X | (02) 2244-8189 |
| 郵　　撥 | 1958730-2 |
| 初　　版 | 西元 2024 年 02 月 01 日 |
| 二　　版 | 西元 2024 年 07 月 05 日 |

有著作權　不准翻印　　　　　　　　建議售價：580 元
法律顧問：蕭雄淋律師
ISBN　978-626-392-027-9

# New Wun Ching Developmental Publishing Co., Ltd.

New Age · New Choice · The Best Selected Educational Publications—NEW WCDP

新文京開發出版股份有限公司
NEW
WCDP
新世紀・新視野・新文京 — 精選教科書・考試用書・專業參考書